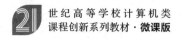
21 世纪高等学校计算机类
课程创新系列教材·微课版

C语言程序设计

微课视频版

段华琼 / 主编

孙 炼 段雨梅 / 副主编

U0232951

清华大学出版社

北京

内 容 简 介

本书通过大量实例，系统、全面地讲解了用 C 语言进行程序设计的相关知识。全书共分为 9 章，包括概述、C 语言语法基础、C 程序的控制结构、数组、函数、指针、用户自定义数据类型、文件和综合实训。本书第 1～8 章设计了配套习题及实验，方便教师开展实践教学和布置课后练习。第 9 章"综合实训"以学生档案管理系统为例，从软件工程的角度出发，详细介绍了程序开发流程，将理论联系实际，帮助读者理解和掌握 C 语言本质。

配套慕课已在"学堂在线"平台上线，本书第 1～8 章内容均有对应的教学视频。本书还提供丰富的教学资源，包括精心制作的 PPT 课件，所有实例、实验和综合实训的源代码，各章习题答案和源代码。所有源代码均经过验证，可直接编译和运行。

本书以 C 语言编程的入门学习和能力提高为主线，内容循序渐进，知识结构合理，符合本科教学大纲要求，可以作为高等院校程序设计类课程的教材，也可供开发人员参考使用。

本书封面贴有清华大学出版社防伪标签。无标签者不得销售。

版权所有，侵权必究。举报：010-62782989，beiqinquan@tup.tsinghua.edu.cn。

图书在版编目（CIP）数据

C 语言程序设计：微课视频版 / 段华琼主编. —北京：清华大学出版社，2022.8（2022.11 重印）
21 世纪高等学校计算机类课程创新系列教材：微课版
ISBN 978-7-302-61091-5

Ⅰ. ①C…　Ⅱ. ①段…　Ⅲ. ①C 语言－程序设计－高等学校－教材　Ⅳ. ①TP312.8

中国版本图书馆 CIP 数据核字（2022）第 101033 号

责任编辑：付弘宇　薛　阳
封面设计：刘　键
责任校对：胡伟民
责任印制：杨　艳

出版发行：清华大学出版社
　　　　　网　　址：http://www.tup.com.cn，http://www.wqbook.com
　　　　　地　　址：北京清华大学学研大厦 A 座　　　　　邮　编：100084
　　　　　社 总 机：010-83470000　　　　　　　　　　　邮　购：010-62786544
　　　　　投稿与读者服务：010-62776969，c-service@tup.tsinghua.edu.cn
　　　　　质量反馈：010-62772015，zhiliang@tup.tsinghua.edu.cn
　　　　　课件下载：http://www.tup.com.cn，010-83470236
印 装 者：三河市龙大印装有限公司
经　　销：全国新华书店
开　　本：185mm×260mm　　　印　　张：20.5　　　字　　数：512 千字
版　　次：2022 年 9 月第 1 版　　　　　　　　　　印　　次：2022 年 11 月第 2 次印刷
印　　数：1501～2500
定　　价：69.00 元

产品编号：086464-01

C 语言是 Combined Language（组合语言）的简称，其应用非常广泛，既可以编写系统程序，也可以编写应用程序，还可以应用到单片机及嵌入式系统的开发中。C 语言一直占据着编程语言排行榜的前两名位置，是大多数开发人员初学编程的首选语言。

编者在多年从事大学 C 语言课程教学的基础上，根据多年的教学经验和学生学习编程的特点和规律，精心组织编写了本书。书中各知识点循序渐进，逐步展现 C 语言的各技术要点，让学习变得轻松自如。本书所有例题都是编者从实际教学内容中精选而得。

本书主要针对 C 语言的初学者，以应用为中心，以提高编程能力为目标。读者在学习各章的基础知识后，可以根据各章最后的实验进行相应的上机练习，并结合第 9 章的综合实训，锻炼编程能力，实现学以致用，最终能够用 C 语言编程去解决实际问题。

本书对应的慕课已在慕课平台"学堂在线"上线，包含本书第 1~8 章的内容，并对知识进行了精简，通过视频讲解了 C 语言最核心、最重要、最实用的知识点，有助于读者快速掌握 C 语言程序设计。读者在平台上注册后即可免费加入学习，如图 1 所示。

图 1　本书的配套慕课主页

本书作为教材使用时，建议理论教学安排 32~40 学时，实验教学安排 24~32 学时。每章分配的课时数可参考表 1。

表1　课时分配表

章序号	1	2	3	4	5	6	7	8	9
理论课时（32 学时）	2	4	4	4	4	6	4	2	2
实验课时（32 学时）	1	4	4	4	4	4	2	1	8

　　本书由段华琼任主编，段华琼编写第1、2、6、7、9章，孙炼编写第3、4章，段雨梅编写第5、8章，全书由段华琼统稿。

　　编者本着科学、严谨的态度编写本书，力求无误，但疏漏之处在所难免，望广大读者批评指正。

　　本书为成都锦城学院教材建设专项资金资助项目，本书的编写得到了许多同行的支持，在此一并表示感谢。

　　关于本书的 PPT 课件、教学大纲等配套资源，读者可以从清华大学出版社官方微信公众号"书圈"（见封底）下载，或者从清华大学出版社网站的本书页面下载。读者扫描封底的"文泉课堂"二维码，绑定微信账号，即可观看教学视频。关于本书及资源使用中的问题，请联系 404905510@qq.com。

编者

2022 年 3 月

目 录

概　述

1.1　程序设计语言

计算机通过执行程序来完成计算、通信、控制等工作。计算机程序就是一组能完成指定工作的指令和数据的集合。

程序设计语言是指用来编写和设计计算机程序所使用的计算机语言，是人和计算机之间进行交流的工具。随着计算机技术的发展，程序设计语言经历了从简单到复杂、从初级到高级的不断演进的过程。按照程序设计语言的发展过程，可以将其分为机器语言、汇编语言和高级语言三类。

1. 机器语言

机器语言是计算机诞生和发展初期使用的语言，表现为二进制的编码形式，是 CPU 可以直接识别的、一组由 0 和 1 序列构成的指令码。这种机器语言是从属于硬件设备的，不同的计算机设备有不同的机器语言。如今，机器语言仍然是计算机硬件所能"理解"的唯一语言。在计算机发展初期，人们直接使用机器语言来编写程序，那是一项相当复杂和烦琐的工作。

例如，下面列出一组二进制编码：

$$00000100\ 00001010$$

这条命令完成将累加器 AL 中的内容与 10 相加的操作，结果仍存储在 AL 中。

从上面的例子可以看出以下几点。

（1）用机器语言进行程序设计比较烦琐。首先，程序员要熟记所用计算机的全部指令集及每条指令的含义；其次，在程序编写过程中，程序员要自己处理每条指令和每组数据的存储、分配和输入输出，还要记住每步中所使用的工作单元处于何种状态。由于程序员既要驾驭程序全局，又要深入每个局部细节，因此程序的开发周期长、可靠性差。

（2）机器语言编写的程序都是由 0 和 1 构成的符号串，可读性差，还容易出错，不易识别和维护。

（3）机器语言编程的思维及表达方式与程序员日常的思维和表达方式差距较大，程序员需要经过长期的训练才能胜任编程。

（4）机器语言程序设计严重依赖于计算机的专用指令集，编写出的程序可移植性和重用性差。

2. 汇编语言

鉴于机器语言编程的烦琐，为减小程序员在编程中的劳动强度，20世纪50年代中期，人们开始用一些"助记符号"来代替0、1码编程，即用助记符代替机器指令中的操作码，用地址符号或标号代替机器指令中的地址码，将机器语言变成了汇编语言。汇编语言也称为符号语言，即符号化的机器语言，提高了程序的可读性和程序开发的效率。例如，上面的机器指令可以表示为：

```
ADD  AL, 10
```

汇编语言用助记符而不是0和1序列来表示指令，程序的生产效率和质量都有所提高。但是使用汇编语言编写的程序，计算机不能直接识别，必须有一种程序将汇编语言翻译成机器语言，这种程序被称为汇编程序（assembler），汇编程序把汇编语言翻译成机器语言的过程称为汇编（assembling）。

汇编语言程序经汇编得到的目标程序占用内存空间少，运行速度快，有着高级语言不可替代的作用，因此汇编语言常用来编写系统软件和过程控制软件。

汇编语言和机器语言都与具体的机器有关，它们都称为面向机器的语言，也称为低级语言。程序员用它们编程时，不仅要考虑解题思路，还要熟悉机器的内部构造，并且要"手工"进行存储器分配，编程的复杂度仍然很大，这些仍然阻碍着计算机的普及和推广。

3. 高级语言

无论是机器语言还是汇编语言，它们都是面向硬件具体操作的。语言对机器的过分依赖，要求使用者必须对硬件结构及其工作原理都十分熟悉，非计算机专业人员难以做到这一点，这对于计算机的推广、应用十分不利。计算机的发展，促使人们去寻求一些与人类自然语言相接近且能为计算机所接受的语意确定、规则明确、自然直观和通用易学的计算机语言。这种与自然语言相近并能为计算机所接受和执行的计算机语言称为高级语言。高级语言是面向用户的语言。无论何种机型的计算机，只要配备相应的高级语言的翻译程序，用该高级语言编写的程序就可以在该机器上运行。

例如，在高级语言中写出如下语句：

```
X=(5+7)/(1+2)
```

与之等价的汇编语言程序如下，其中的 AX 和 BL 均为 CPU 寄存器。

```
MOV AX, 5
ADD AX, 7
MOV BL, 1
ADD BL, 2
DIV BL
```

显然，前者比后者易读易写得多。

高级语言可读性好，机器独立性强，具有程序库，可以在运行时进行一致性检查从而检测程序中的错误，这使得高级语言几乎在所有的编程领域取代了机器语言和汇编语言。高级语言也随着计算机技术的发展而不断发展，目前广泛使用的高级程序设计语言有 C、C++、Java、C#、JavaScript、JSP 等。

计算机的指令系统只能执行自己的指令程序，不能执行其他语言的程序。因此，若想用高级语言，则必须有这样一种程序，它把用汇编语言或高级语言编写的程序（称为源程序）翻译成等价的机器语言程序（称为目标程序），这种翻译程序称为翻译器。汇编语言的翻译器为汇编程序，高级语言的翻译器为编译程序。

翻译器的"翻译"通常有两种方式，即编译方式和解释方式。编译方式是事先编好一个称为编译程序的机器语言程序，作为系统软件存放在计算机内，当用户把由高级语言编写的源程序输入计算机后，编译程序便把源程序整体翻译成用机器语言表示的、与之等价的目标程序，然后计算机再执行该目标程序，以完成源程序要处理的运算并取得结果。编译程序将源程序翻译成目标程序的过程发生在翻译时间，翻译得到的目标代码随后运行的时间称为运行时间。解释方式是源程序进入计算机时，解释程序边扫描边解释，逐句输入，逐句翻译，计算机逐句执行，并不产生目标程序。

C、C++、Visual Basic、Visual C++等高级语言采用编译方式。Java 语言则以解释方式为主。而 C、C++等语言是能编写编译程序的高级程序设计语言。

三类语言的特点总结如表 1-1 所示。

表 1-1　三类语言的特点比较

机器语言	机器指令（由 0 和 1 组成），可直接执行	难学、难记 依赖计算机的类型
汇编语言	用助记符代替机器指令，用变量代替各类地址	克服记忆的难点 依赖计算机的类型
高级语言	类似数学语言，接近自然语言	具有通用性和可移植性 不依赖具体的计算机类型

1.2　C 语言的发展及特点

1.2.1　C 语言的发展

C 语言的祖先是 BCPL。1967 年，剑桥大学的 Martin Richards 对 CPL 进行了简化，产生了 BCPL（basic combined programming language）。1970 年，美国电话电报公司（AT&T）贝尔实验室的肯尼斯·蓝·汤普森（Kenneth Lane Thompson）以 BCPL 为基础，设计出很简单且很接近硬件的 B 语言（取 BCPL 的首字母）。他用 B 语言写出了第一个 UNIX 操作系统。1972 年，贝尔实验室的丹尼斯·麦卡利斯泰尔·里奇（Dennis MacAlistair Ritchie）在 B 语言的基础上设计出了一种新的语言，最终他取了 BCPL 的第二个字母作为这种语言的名字，这就是 C 语言。紧接着，汤普森和里奇用 C 语言完全重写了 UNIX。

基于 C 语言强大的可移植性，为了推广 UNIX 操作系统，1977 年，丹尼斯·里奇发表了不依赖于具体机器系统的 C 语言编译文本《可移植的 C 语言编译程序》。1978 年，贝尔实验室正式发布了 C 语言。ANSI（American National Standards Institute，美国国家标准学会）于 1983 年夏天，在 CBEMA（Computer and Business Equipment Manufacturers Association，计算机和商业设施制造商协会）的领导下建立了 X3J11 委员会，目的是创建一个 C 标准。

该委员会由 C 语言作者、应用程序员、硬件厂商、编译器及其他软件工具生产商、软件设计师、顾问和学术界人士组成。X3J11 委员会在 1989 年年末发布了 ANSI89 报告。随后，ANSI 发布了第一个完整的 C 语言标准 ANSI X3.159—1989，简称 C89，也就是 ANSI C 或 C89 标准。1990 年，这个标准被 ISO（International Organization for Standards，国际标准化组织）接受为 ISO/IEC 9899：1990，并称为 C90 标准。但实际上，C90 标准与 C89 标准完全相同。1995 年，ISO 对 C90 标准做了一些修订，即"1995 基准增补 1（ISO/IEC/9899/AMD1：1995)"。1999 年，ISO 又对 C 语言标准进行了修订，在基本保留原有 C 语言特征的基础上，增加了一些功能，尤其是 C++中的一些功能，并命名为 ISO/IEC9899：1999，简称 C99。之后，2001 年和 2004 年，ISO 又先后进行了两次技术修正。2011 年 12 月 8 日，ISO 正式发布了 C 语言的标准 ISO/IEC 9899：2011，简称 C11。新标准提高了对 C++的兼容性，并增加了一些新特性。截至 2020 年，最新的 C 语言标准为 2018 年 6 月发布的 C18。

1.2.2　C 语言的特点

C 语言的特点可以概括如下。

（1）C 语言简洁、紧凑、灵活。C 语言的核心内容很少，只有 32 个关键字和 9 种控制语句，程序书写格式自由，省略了一切不必要的成分。

（2）C 语言表达方式简练、实用。C 语言有一套强大的运算符，多达 44 种，可以构造出多种形式的表达式，用一个表达式就可以实现其他语言可能要用多条语句才能实现的功能。

（3）C 语言具有丰富的数据类型。数据类型越多，数据的表达能力就越强。C 语言具有现代语言的各种数据类型，如字符型、整型、实型、数组、指针、结构体和共用体等，可以实现诸如链表、堆栈、队列、树等各种复杂的数据结构。其中，指针使参数的传递简单、迅速，而且节省内存。

（4）C 语言具有低级语言的特点。C 语言具有与汇编语言相近的功能和描述方法，如地址运算、二进制数位运算等，对硬件端口等资源可以直接操作，可充分使用计算机资源。C 语言既具有高级语言便于学习和掌握的特点，又具有机器语言或汇编语言对硬件的操作能力。所以，C 语言既可以作为系统描述语言，又可以作为通用的程序设计语言。

（5）C 语言是一种结构化语言，适合于大型程序的模块化设计。C 语言提供了编写结构化程序的基本控制语句，如 if-else 语句、switch 语句、while 语句、do-while 语句等。C 程序是函数的集合，函数是构成 C 程序的基本单位，每个函数具有独立的功能，函数之间通过参数传递数据。除了用户编写的函数外，不同的编译系统、操作系统还提供了大量的库函数供用户使用，如输入/输出函数、数学函数、字符串处理函数等。灵活使用库函数可以简化程序的设计。

（6）C 语言各种版本的编译系统都提供了预处理命令和预处理程序。预处理扩展了 C 语言的功能，提高了程序的可移植性，为大型程序的调试提供了方便。

（7）C 语言可移植性好。C 程序从一个环境不经改动或稍加改动就可移植到另一个完全不同的环境中运行。这是因为系统库函数和预处理程序将可能出现的、与机器有关的因素与源程序隔开，这就容易在不同的 C 编译系统之间重新定义有关内容。

（8）C 语言生成的目标代码质量高。由 C 程序得到的目标代码的运行效率比汇编语言程序的目标代码只低 10%～20%，可充分发挥机器的效率。

（9）C 语言的语法限制不严，程序设计自由度大。C 程序在运行时不进行诸如数组下标越界和变量类型兼容性等检查，而是由编程者自己保证程序的正确性。C 语言几乎允许所有的数据类型的转换，字符型和整型可以自由混合使用，所有类型均可作逻辑型，可自己定义新的类型，还可以把某类型强制转换为指定的类型。这使编程者有了更大的自主性，能编写出灵活、优质的程序，但也给初学者的学习增加了一定的难度。

C 语言虽然是一种优秀的计算机程序设计语言，但也存在以下缺点，了解这些缺点，才能够在实际使用中扬长避短。

（1）C 程序的错误比较隐蔽。C 语言的灵活性使得用它编写程序时更容易出错，而且 C 语言的编译器不检查这样的错误。与汇编语言类似，只有在程序运行时才能发现这些逻辑错误。C 语言还会有一些隐患，需要程序员重视，比如将等于号 "==" 写成赋值号 "="，语法上没有错误。这样的逻辑错误不易发现，要找出来往往十分费时。

（2）C 程序有时难以理解。C 语言语法成分相对简单，是一种小型语言。但是，其数据类型多，运算符丰富且结合性多样，理解起来有一定的难度。有关运算符和结合性，人们最常说的一句话是"先乘除，后加减，同级运算从左到右"，但是 C 语言远比这要复杂。发明 C 语言时，为了减少字符输入，C 程序语句比较简明，同时也使得 C 语言可以写出常人几乎无法理解的程序。

（3）C 程序有时难以修改。考虑到程序规模的大型化或者说巨型化，现代编程语言通常会提供"类"和"包"之类的语言特性，这样的特性可以将程序分解成更加易于管理的模块。然而 C 语言缺少这样的特性，维护大型程序显得比较困难。

1.2.3　C 语言的应用领域

因为 C 语言既具有高级语言的特点，又具有汇编语言的特点，所以可以作为操作系统设计语言，编写系统软件；也可以作为应用程序设计语言，编写不依赖计算机硬件的应用程序。C 语言应用范围极为广泛，不仅是在软件开发上，各类科研项目也都要用到 C 语言。下面列举了一些常见的 C 语言的应用领域。

（1）应用软件。Linux 操作系统中的应用软件都是使用 C 语言编写的，因此这样的应用软件安全性非常高。

（2）服务器端开发。很多游戏或者互联网公司的后台服务器程序都是用 C++开发的，而且大部分是基于 Linux 操作系统。

（3）对性能要求严格的领域。一般对性能有严格要求的程序都是用 C 语言编写的，比如网络程序的底层和网络服务器端底层、地图查询等。

（4）系统软件和图形处理。C 语言具有很强的绘图能力和可移植性，并且具备强大的数据处理能力，可以用来编写系统软件、制作动画、绘制二维图形和三维图形等。

（5）数字计算。相对于其他编程语言，C 语言是数字计算能力超强的高级语言。

（6）嵌入式设备开发。手机、PDA 等时尚消费类电子产品的内部应用软件、游戏等，很多也是采用 C 语言进行嵌入式开发的。

（7）游戏软件开发。利用 C 语言可以开发很多知名游戏，如推箱子、贪吃蛇等。

上面仅列出了几个主要的 C 语言应用领域。实际上，C 语言几乎可以应用到程序开发的任何领域。

因此，学好了 C 语言，就为学习程序设计奠定了坚实的基础，为以后的工程应用打开了一扇门。

1.3 简单的 C 语言程序举例

用 C 语言编写的程序称为 C 语言源程序，简称 C 程序。C 程序以".c"作为文件扩展名。下面从两个简单的例子入手讲解 C 程序的基本结构，使读者对 C 程序有一个大概的了解。

【例 1-1】 编写一个 C 程序，功能是在屏幕上显示"Hello World！"。

```
#include <stdio.h>              //编译预处理指令
int main( )                     //定义主函数
{                               //函数开始标志
  printf ("Hello World! \n");   //调用标准输出函数 printf 在屏幕上输出信息
  return 0;                     //函数执行完毕时返回函数值 0
}                               //函数结束标志
```

程序运行结果为：

```
Hello World!
```

以上运行结果是在 Dev-C++环境下运行程序时屏幕上的显示内容。

说明：

（1）#include <stdio.h>：这是一条预处理指令，它的功能是要求编译器在对程序进行预处理时，将头文件 stdio.h 的代码嵌入到主程序中。stdio.h 是系统提供的一个文件名，是 standard input & output 的缩写，文件扩展名.h 的意思是头文件，因为这些文件都是放在程序各文件模块开头的。头文件 stdio.h 中包含标准输入输出函数的定义，因此如果要在程序中使用 printf()等函数，就必须在程序中嵌入该语句。

有关预处理的详细内容将在第 2 章进行介绍。

（2）int main()：定义程序的主函数 main()。一个程序可由多个函数组成，而任何一个程序都必须要有一个主函数，且只能有一个主函数。任何程序都是从主函数开始执行的。int 表示主函数的返回值类型是 int 型（整型），在执行主函数后会得到一个值（即函数值），其值为整型。

（3）{ } 必须成对出现，它们括起来的部分称为函数体，包括声明部分和执行部分。

（4）"语句"是组成 C 程序的基本单位，每一条语句必须以"；"结束。本例的主函数函数体中只有一条语句，就是

```
printf ("Hello World! \n");
```

其中，"printf()"是系统预定义的一个标准输入输出函数。它的功能是在屏幕上显示由双引号括起来的字符串（即"Hello World！\n"）。

（5）\n：如果读者仔细观察的话，就会发现字符串中的"\n"并没有显示在屏幕上。这是因为"\n"是 C 语言中的一个转义字符，表示"换行"，即将输出光标移到屏幕的下一行。

（6）return 0 的作用是在 main()函数执行结束前将整数 0 作为返回值，返回到调用函数处，此处返回到操作系统。可以把 return 理解为 main()函数的结果标志。

（7）//表示"注释"，作用是对程序进行必要的说明。写程序时应当写明注释，方便自己和他人理解程序。编译时注释部分不产生目标代码，对运行不起作用。

C 语言有以下两种注释方式。

① 单行注释：以//开始，可以单独占一行，也可以出现在一行中其他内容的右侧。这种注释不能跨行，如果注释内容在一行内写不下，可以用多个单行注释。

② 块式注释：以/* 开始，以 */ 结束。这种注释可以单独占一行，也可以包含多行，编译系统在发现一个/* 后，会开始找注释结束符 */，把二者间的内容作为注释。

（8）最后需要强调的是，函数是 C 语言中一个十分重要的概念。在一个函数中可以包含一条或多条语句。函数正是通过这些语句的不同组合来实现不同的功能，而不同的函数可以进一步组合，以实现更为强大的功能。在本例中出现了两个函数，主函数 main()和标准输入输出函数 printf()。

【例 1-2】 计算两个整数之和。

```c
#include <stdio.h>
int main( )
{
  int a,b,sum;                //定义三个整型变量 a、b 和 sum
  printf("Enter two number: ");
  scanf("%d%d",&a,&b);        //输入 a、b
  sum = a + b;               //计算 a、b 之和，并存入 sum
  printf("sum =%d\n",sum);    //输出两个整数之和
  return 0;
}
```

程序运行结果为：

```
Enter two number: 3  5
sum=8
```

说明：

（1）本程序的功能是计算两个整数 a、b 之和，并将计算结果存入变量 sum。

（2）程序第 4 行是声明部分，定义变量 a、b、sum 为整型（int）变量。

（3）程序第 6 行是一条输入语句，其功能是接收从键盘输入的两个数据并存入变量 a 和 b 中。scanf() 和 printf() 一样也是预定义的标准输入输出函数。

（4）程序第 7 行计算 a、b 之和并存入 sum。第 8 行输出程序运行的结果。

1.4　C 语言程序的基本结构

通过例 1-1 和例 1-2 可以看出一个 C 语言程序的结构有以下特点。

（1）一个程序由一个或多个源程序文件组成。规模较小的程序只包括一个源程序文件。例 1-1 和例 1-2 都只有一个源程序文件。在一个源程序文件中可以包括以下 3 个部分。

① 预处理指令。C 编译系统在对源程序进行"翻译"以前，先由一个"预处理器"（也称"预处理程序""预编译器"）对预处理指令进行预处理。由预处理得到的结果与程序其他部分一起，组成一个完整的、可以用来编译的源程序，然后由编译程序对该源程序正式进行编译，才得到目标程序。例如：

```
#include <stdio.h>
```

② 全局声明。即在函数之外进行的变量声明。在函数外面声明的变量称为全局变量。如果是在定义函数之前声明的变量，则在整个源程序文件范围内有效。在函数内声明的变量称为局部变量，只在该函数范围内有效。

如果把例 1-2 程序中的"int a,b,sum;"放到 main()函数的前面，就是全局声明，a、b、sum 就是全局变量，整个源程序文件都可以使用这 3 个变量。

③ 函数定义。每个函数用来实现一定的功能，在调用这些函数时，会完成函数定义中指定的功能。如例 1-1 和例 1-2 中的 main()函数，它可以调用其他函数，但不能被其他函数调用。

（2）函数是 C 程序的主要组成部分。

程序的全部工作都是由各个函数分别完成的，函数是 C 程序的基本单位。一个 C 语言程序是由一个或多个函数组成的，其中必须包括一个 main()函数，且只能有一个 main()函数。

（3）一个函数包括两个部分。

① 函数首部。即函数的第一行，包括函数类型、函数名、函数参数（形式参数）名、参数类型。一个函数名后面必须跟一对圆括号，括号内写函数的参数名及类型。如果函数没有参数，可以在圆括号中写 void，也可以是空括号。

例如 int main()，表明此处 main() 函数不带参数。

② 函数体。即函数首部下面的花括号内的部分。如果在一个函数中包括多层花括号，则最外层的一对花括号是函数体的范围。

函数体一般包括以下两个部分。

● 声明部分：包括定义在本函数中所用到的变量、对本函数所调用函数的声明。如例 1-2 中在 main()函数中定义变量"int a,b,sum;"。

● 执行部分：由若干语句组成，指定在函数中所进行的操作。

（4）程序总是从 main()函数开始执行的，而不管 main()函数在整个程序中所处的位置。

（5）程序中对计算机的操作是由函数中的语句完成的。C 程序的书写格式是比较自由的，一行内可以写几个语句，一个语句可以分写在多行上，但为清晰可见，习惯上每行只写一个语句。

（6）在每个数据声明和语句的最后必有一个分号。分号是 C 语句中必要的组成部分。

（7）C 语言本身不提供输入输出语句。输入和输出的操作是由库函数 scanf()和 printf()等函数来完成的。

（8）程序应当包含注释。一个好的、可维护的源程序都应加上必要的注释，以增加程序的可读性。

C 语言程序的结构如图 1-1 所示。

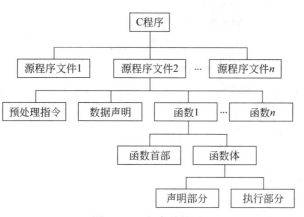

图 1-1 C 程序结构图

1.5 C 语言程序的运行步骤

C 语言程序的编写，应在 C 语言编译器中进行，经过"编辑、编译、连接、运行"等一系列操作后，生成可运行的代码。在这个过程中，如果发现程序代码有错误，必须进行反复地修改和调试。

1. 编辑

编辑是指将 C 语言程序录入计算机生成文本文件的过程。这个文本文件，称为源程序文件，一般以".c"作为扩展名。

2. 编译

编译是指将编辑好的源程序翻译成二进制目标代码的过程。编译过程中，系统首先对源程序进行预处理，然后再进行编译处理。编译时，编译器会对源程序中的语句进行词法分析和语法检查。如果发现错误，会将这些错误按性质和严重程度划分为"警告错误（Warning）"和"致命错误（Error）"两大类，并显示在屏幕上。此时，用户需要根据错误信息提示，重新修改源程序，然后再重新编译，直到不再出现错误为止。编译通过后，编译器自动生成一个以".obj"为扩展名的二进制代码文件，称为目标文件。

需要说明的是，目标文件虽然已经是二进制形式的代码了，但它并不是一个可执行的程序。因为这些目标代码本身只是一些功能单一的质量块，它们还需要与其他目标代码以及各种库代码相连接后，才能成为可以在特定系统下运行的可执行程序。

3. 连接

连接是把当前目标代码与其他编译生成的目标代码（如果有），以及系统提供的标准库函数连接在一起，生成可直接运行的可执行文件的过程。这个可执行文件一般以".exe"为扩展名。

4. 运行

C 语言程序在经过编译和连接后就生成了一个能在特定操作系统下运行的可执行文件。但需要强调的是，即使生成了可执行文件，程序的开发工作也还没有结束。这是因为编译和连接的过程中只检查了程序的语法错误和语义错误，程序中可能还存在一些逻辑错误。例如，计算方法不正确、数据越界、用 0 作除数等。因此，在生成可执行文件后，还需要运行程序，并对程序运行的结果进行验证和分析。如果运行结果正确，则程序开发完成；否则应重复"编辑→编译→连接→运行"的过程，直到获得预期结果为止。

C语言程序运行的整个过程如图1-2所示。

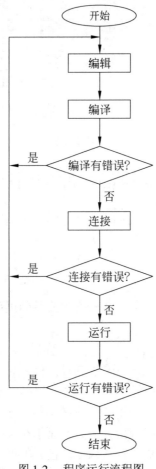

图1-2　程序运行流程图

1.6　集成开发环境 Dev-C++

Dev-C++是 Windows 系统下的一种 C/C++程序的可视化集成开发环境，可以实现 C/C++程序的编辑、预处理、编译、连接、运行和调试。Dev-C++的界面类似 Visual Studio，但比 Visual Studio 小巧很多，对系统配置的要求也较低，非常适合初学者使用。

1.6.1　Dev-C++的安装

首先显示选择安装语言的对话框。请注意，此处选择的是安装语言，而不是安装之后的工作语言。由于可选择的安装语言里面没有中文，因此选择英语（English）。对话框如图1-3所示。

图1-3　安装语言对话框

单击 OK 按钮，显示协议对话框，如图1-4所示。

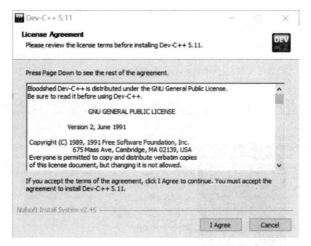

图1-4　协议对话框

单击 I Agree 按钮，显示选择安装类型对话框，程序默认为完全安装（Full）。对话框如图1-5所示。

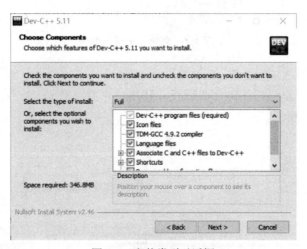

图1-5　安装类型对话框

可以采用程序的默认方式，选择完全安装，然后单击 Next 按钮，随后显示选择安装路径对话框，如图1-6所示。在此对话框中，可以单击 Browse 按钮选择安装路径。如果不修改安装路径，程序将安装在默认路径下。

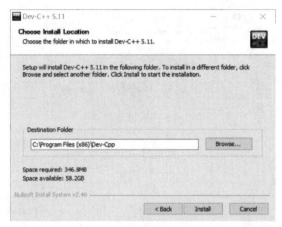

图 1-6　安装路径对话框

单击 Install 按钮后程序开始安装，安装结束后显示安装完毕对话框，如图 1-7 所示。

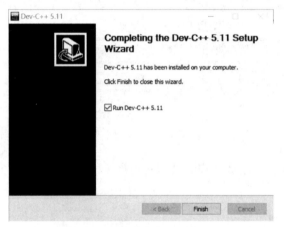

图 1-7　安装完毕对话框

单击 Finish 按钮，结束安装。

安装完成之后，Dev-C++将自动运行并让用户选择工作语言，在此选择"简体中文/Chinese"，如图 1-8 所示。

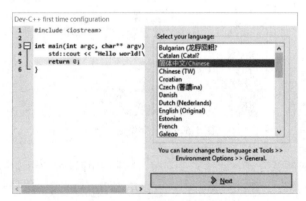

图 1-8　选择工作语言对话框

单击 Next 按钮，可以进行程序运行主题的设置，包括字体、颜色和工具栏图标，如图 1-9 所示。

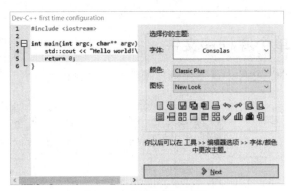

图 1-9　选择主题对话框

单击 Next 按钮，提示设置完成，如图 1-10 所示。

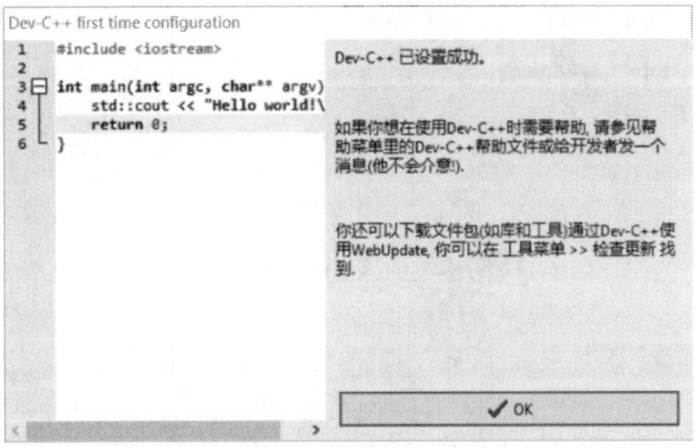

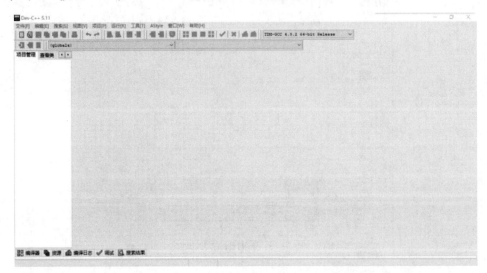

图 1-10　设置完成对话框

单击 OK 按钮，显示 Dev-C++运行窗口，初始界面如图 1-11 所示。

图 1-11　Dev-C++初始界面

也可以从"开始"菜单或者双击桌面快捷图标 来启动 Dev-C++，启动后的界面也如图 1-11 所示。

Dev-C++既可以创建单个源文件，也可以创建项目。

1.6.2 创建单个源程序文件

如果程序只有一个源文件，就不用创建项目，直接创建源文件就可以了。

1. 新建源文件

从主菜单中选择"文件"→"新建"→"源代码"之后，屏幕右下侧会出现一片白色区域，这就是代码编辑区。编辑区中有光标闪动，可以在此输入程序。或者按 Ctrl+N 组合键，也可以新建一个空白的源文件。

在编辑区输入例 1-1 的代码后，程序界面如图 1-12 所示。

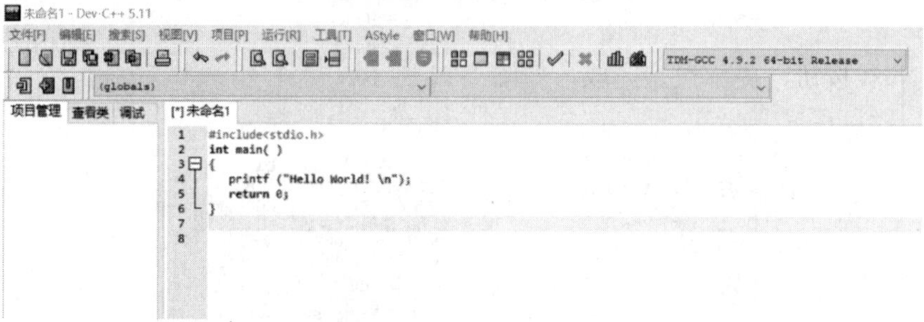

图 1-12　程序编辑界面

源文件默认的文件名为"未命名 n"，其中，n 按创建的顺序依次编号。[*]表示源文件还未保存。

源文件创建好之后，首先应该进行保存。从菜单中选择"文件"→"保存"，或者按 Ctrl+S 组合键，都可以保存源文件。保存界面如图 1-13 所示。

图 1-13　程序保存界面

大部分 C/C++集成开发环境默认创建的都是 C++文件，默认的扩展名都为.cpp，所以在创建 C 语言源程序文件时，请注意将"保存类型"修改为 C source files，扩展名将变为.c。但实际上，C++是在 C 语言的基础上进行的扩展，C++包含 C 语言的全部内容，所以即便不修改保存类型或扩展名，也完全不影响使用。

2．程序的编译和连接

在主菜单中选择"运行"→"编译"，或者直接按 F9 键，都能完成程序的编译。如果代码没有错误，会在下方的"编译日志"选项卡中看到编译成功的提示，如图 1-14 所示。

图 1-14 编译成功的信息

如果程序中存在词法、语法等错误，会导致编译失败，"编译器"选项卡中将给出错误提示，包括行号和 Dev-C++认为的错误原因，如图 1-15 所示。源程序中的相应错误行会被标成红色底色，如图 1-16 所示。图 1-16 中的代码由于"return 0"语句后少了分号，编译报错，提示"}"之前应该加上分号。

图 1-15 编译失败提示信息

```
hello.c
1    #include<stdio.h>
2    int main( )
3    {
4        printf ("Hello World! \n");
5        return 0
6
7
```

图 1-16 编译失败程序界面

如果编译失败，需要回到源程序中去找出错误并修改，然后再次编译，直至编译成功。

编译成功后，打开源文件所在的目录（此处为 D:\C 语言练习\），会看到多了一个名为 hello.exe 的文件，这就是可执行文件。Dev-C++合并了编译和连接两个步骤，统称为"编译"，并在连接完成后自动删除了目标文件，所以看不到扩展名为.obj 的目标文件。

3．程序的运行

生成可执行文件后，有以下两种方法运行程序。

方法一：在 Dev-C++运行环境下，从主菜单中选择"运行"→"运行"，或者直接按F10 键。程序运行结果界面如图 1-17 所示。

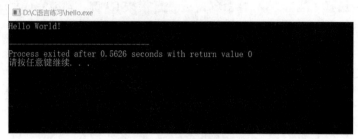

图 1-17　程序运行界面 1

方法二：双击生成的.exe 文件。

如果使用这种方法，只会看到一个黑色窗口一闪而过。这是因为程序输出后就马上运行结束了，窗口会自动关闭，而且时间非常短暂，完全看不到输出结果，只能看到一个"黑影"。为了解决这个问题，可以在代码中加入语句 system("pause");，它的作用是暂停程序。修改后的代码如下。

```c
#include<stdio.h>
#include<stdlib.h>
int main( )
{
    printf ("Hello World! \n");
    system("pause");
    return 0;
}
```

编译后再双击 hello.exe 文件，程序运行结果如图 1-18 所示。

图 1-18　程序运行界面 2

也可以选择菜单"运行"→"编译运行"，或者直接按 F11 键，完成"编译→连接→运行"的全过程。

1.6.3　创建项目

实际开发中，一个复杂的程序往往会由多个文件组成。在 Dev-C++中，可以把这些文件放在一个项目中，方便对每个文件的管理。

在主菜单中选择"文件"→"新建"→"项目"，弹出"新项目"对话框。

首先选择项目属性。项目属性有以下 4 类。

● Windows Application：窗体程序。

● Console Application：控制台程序。

● Static Library：静态链接库。

● DLL：动态链接库。

在初学阶段，选择项目属性为 Console Application。然后选择编程语言为"C 项目"，最后给项目命名。默认的项目名称为"项目 n"。设置完成后如图 1-19 所示。

图 1-19 "新项目"对话框

单击"确定"按钮之后弹出"另存为"对话框，选择保存路径。在此新建一个文件夹 hello，将项目文件保存在里面，如图 1-20 所示。

图 1-20 "另存为"对话框

单击"保存"按钮，Dev-C++创建默认的源代码文件 main.c，运行环境如图 1-21 所示。

图 1-21　项目运行环境

界面左边包括三个选项卡：项目管理、查看类和调试。初始状态选中的是"项目管理"，项目名称是 helloworld，单击 helloworld 前面的"+"号，可以展开显示该项目的所有源代码文件。目前，helloworld 项目中只有 1 个源代码文件，即 Dev-C++ 自动产生的 main.c，如图 1-22 所示。

图 1-22　"项目管理"选项卡

在界面右边的代码编辑区中，可以看到 Dev-C++ 在 main.c 中自动生成了一些代码。代码包含两个常用的头文件 stdio.h 和 stdlib.h。main() 函数的格式也与本书中的格式略有区别，本书中的 main() 函数的第 1 行为：

```
int main()
```

而此处是带命令行参数的 main() 函数，int argc 和 char *argv[] 是 main() 函数的两个参数。本书不涉及使用命令行参数，所以读者不必掌握带命令行参数的 main() 函数，在此也不多加讲解。这两个命令行参数的出现，不影响编写 main() 函数，可以忽略它们。仍然可以按照原来的方法编写代码，如图 1-23 所示。

然后保存源代码文件 main.c 到之前创建的 hello 文件夹中。之后对源代码文件进行编译、连接和运行的方法与前面介绍的对单个源程序文件的操作方法完全相同，在此不再赘述。

```
[*] main.c
1    #include <stdio.h>
2    #include <stdlib.h>
3
4    /* run this program using the console pauser or add your own getch, system("pause") or input loop */
5
6    int main(int argc, char *argv[]) {
7        printf("Hello World!\n");
8        return 0;
9    }
```

图 1-23　main.c

1.6.4　调试程序

程序在编译、连接成功之后，仅说明该程序中没有词法和语法错误，而因算法不对而导致的逻辑错误是无法被发现的。当程序运行出错时，需要找出错误原因。对于复杂的程序，只靠认真阅读源代码发现错误是很困难的。这时就需要借助集成开发环境提供的调试工具。调试工具是一种非常有效的排错手段。下面介绍在 Dev-C++中调试程序的方法。

1. 设置"产生调试信息"为 Yes

从主菜单选择"工具"→"编译选项"，打开"编译器选项"对话框，选择"代码生成/优化"选项卡，再选择其下的"连接器"选项卡，找到"产生调试信息"一项，将其设置为 Yes，如图 1-24 所示。

图 1-24　"编译器选项"对话框

2. 编译程序

调试程序之前，需要先进行编译。

3. 设置断点

设置断点的目的是为了让程序运行到某一行之前暂停下来。设置断点的方法为：在光标所在行按 F4 键或直接单击左侧行号。设置断点之后，断点所在行将高亮显示，默认加亮颜色为红色，如图 1-25 所示。断点可以设置多个，也可以只设置一个。如果设置了多个断点，程序会在断点与断点之间进行调试。

```
例1-2.c
1    #include <stdio.h>
2    int main( )
3  ┌ {
4  │    int a,b,sum;          // 定义三个整型变量a、b和sum
5  │    printf("Enter two number: ");
6  │    scanf("%d%d",&a,&b);   // 输入a、b
7  │    sum = a + b;          // 计算a、b之和，并存入sum
8◉ │    printf("sum =%d\n",sum);  // 输出两个整数之和
9  │    return 0;
10 └ }
11
```

图 1-25　设置断点

4．开始调试

从主菜单中选择"运行"→"调试"，或者单击工具栏上的 ✔ 按钮，或者单击下方的"调试"按钮，程序便进入调试，如图 1-26 所示。

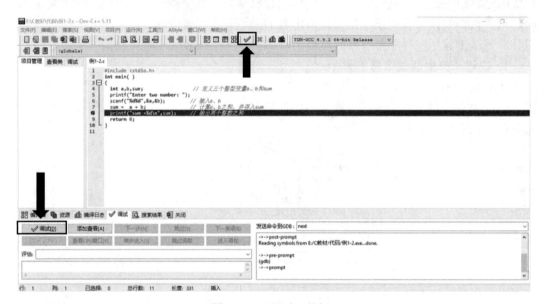

图 1-26　"调试"按钮

程序运行到第一个断点处会暂停，此时断点处加亮色由红色变成蓝色，表示接下去将运行蓝色底色的代码。

单击"下一步"按钮，将执行蓝色底色的代码。之后可以通过不断单击"下一步"按钮，让程序单步执行。

5．查看变量的值

单击"添加查看"，弹出"新变量"对话框，如图 1-27 所示。在对话框中输入想要查看的变量名 sum，单击 OK 按钮，就会在左边的"调试"选项卡中看到变量 sum 的值。sum的值会随着程序的执行而变化。

6．停止调试

从主菜单中选择"运行"→"停止执行"或者单击工具栏上的 ✖ 按钮，调试结束。

图 1-27 新变量对话框

1.7 算 法

1.7.1 算法的概念及特点

从事某种工作和活动，应事先想好进行的步骤，然后按步骤进行，才能减少错误发生。广义地说，为解决一个问题而采取的方法和步骤，就称为"算法"。不要狭隘地认为只有"计算"问题才有算法。

对同一个问题，可以有不同的解题方法和步骤。方法有优劣之分。有的方法只需进行很少的步骤，而有些方法则需要较多的步骤。一般来说，都希望采用简单的、运算步骤少的方法。因此，为了有效地解题，不仅要保证算法正确，还要考虑算法的质量，选择合适的算法。

【例 1-3】 求 1×2×3×4×5。

先用最原始的方法进行，步骤如下。

步骤 1：先求 1×2，得到结果 2。

步骤 2：将步骤 1 得到的乘积 2 再乘 3，得到结果 6。

步骤 3：将 6 再乘 4，得 24。

步骤 4：将 24 再乘 5，得 120。这就是最后的结果。

这样的算法虽然是正确的，但太烦琐。如果要求 1×2×…×1000，则要写 999 个步骤，这显然是不可取的。此外，每一步都需要使用上一步的数值结果（如 2，6，24 等），很不方便。应当找到一种更通用的表示方法。

可以设两个变量，一个变量代表被乘数，一个变量代表乘数。不用另设变量存放乘积结果，而直接将每一步骤的乘积放在被乘数变量中。现设 p 为被乘数，i 为乘数。用循环算法求结果，算法改写如下。

步骤 1：使 p=1。

步骤 2：使 i=2。

步骤 3：使 p×i，并将乘积放在变量 p 中，表示为 p×i⇒p。

步骤 4：使 i 的值加 1，表示为 i+1 ⇒ i。

步骤 5：如果 i 不大于 5，则返回步骤 3，重新从步骤 3 开始执行；否则，即 i 大于 5，算法结束。最后得到的 p 值就是 5!的值。

显然，这个算法比前面给出的算法简练。

可以用 S1，S2，……代表步骤 1，步骤 2，……S 是 step（步骤）的缩写。这是算法的习惯写法。

如果题目改为求 $1 \times 3 \times 5 \times 7 \times 9 \times 11$，算法只需稍作改动即可。

S1：$1 \Rightarrow p$。

S2：$3 \Rightarrow i$。

S3：$p \times i \Rightarrow p$。

S4：$i+2 \Rightarrow i$。

S5：若 $i \leq 11$，返回 S3；否则，结束。

可以看出，用这种方法表示的算法具有通用性和灵活性。S3～S5 组成一个循环，在实现算法时，要反复多次执行 S3～S5 等步骤。直到某一时刻，执行 S5 时，经过判断，乘数 i 已经超过了规定数值，便不再返回到 S3。此时算法结束，变量 p 的值就是所求结果。

由于计算机是高速运算的自动机器，实现循环是轻而易举的，所有高级语言中都有实现循环的语句。因此，上述算法不仅是正确的，而且是计算机能实现的较好的算法。

一个算法应该具有如下特点。

（1）有穷性。一个算法应包含有限的操作步骤，而不能是无限的。即：在执行完若干个操作步骤之后，算法能够终止。

（2）确定性。算法的每一步都要准确无误，无二义性。

（3）有效性。算法的每一步都应能有效地执行，整个算法执行完毕后必须得到确定的结果。

（4）有零个或多个输入。

（5）有一个或多个输出。没有输出的算法没有任何意义。

1.7.2　算法的描述工具

为了更清晰地描述算法，实现算法的编写，在程序设计时经常使用专门的算法描述工具，包括传统流程图、N-S 图、伪代码等。对于复杂的问题，可以先用算法描述工具对算法进行描述，再进行编程。计算机程序是算法的最终实现。算法的评价标准涉及很多方面，但正确性和清晰易懂性永远是一个好算法的基本条件。

1．用自然语言表示算法

例 1-3 介绍的算法就是用自然语言表示的。自然语言就是人们日常使用的语言，如汉语、英语等。这种方法通俗易懂，但是文字冗长，比较容易出现歧义。用自然语言表示的含义往往需要联系上下文来确定，因此不太严格。此外，用自然语言描述包含分支和循环的算法不太方便。所以，一般不用该方法表示算法。

2．用传统流程图表示算法

传统流程图是用一组几何图形表示各种类型的操作，在图形上用扼要的文字和符号表示具体操作，并用带箭头的流程线表示操作的先后次序。用传统流程图表示算法，直观形象，易于理解。ANSI 规定了一些常用的流程图符号，如表 1-2 所示。

表 1-2　传统流程图的基本符号及其含义

图形符号	名称	含义
⬭	起止框	表示算法的开始或结束

图形符号	名称	含义
▱	输入输出框	表示输入输出操作
▭	处理框	表示处理或运算的功能
◇	判断框	根据给定的条件是否成立，决定执行两条路径中的某一路径
→	流程线	表示程序执行的路径，箭头代表方向
○	连接符	表示算法流向的出口连接点或入口连接点，同一对出口与入口的连接符内，必须标以相同的数字或字母

　　传统流程图有诸多弊端。因为对流程线的使用毫无限制，会造成整个框图杂乱，不便于阅读和修改。为了解决这一问题，应使用如图 1-28 所示的三种基本结构。

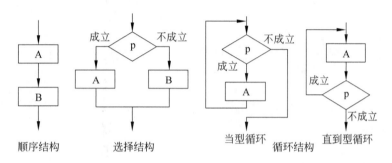

图 1-28　三种基本结构的流程图

　　（1）顺序结构：A 和 B 两个方框是顺序执行的，即在执行完 A 框所指定的操作后，再执行 B 框所指定的操作。这是最简单的一种基本结构。

　　（2）选择结构：又称为分支结构，包含一个判断框，根据给定的条件 p 是否成立而选择执行 A 框或者 B 框。

　　（3）循环结构：反复执行某一部分的操作，又分成两类。

　　① 当型（while 型）循环结构：给定的条件 p 成立时，执行 A 框操作，执行完后，再次判断条件 p 是否成立，如果仍然成立，再执行 A 框。如此反复，直到某一次条件 p 不再成立，此时不再执行 A 框，脱离循环结构。

　　② 直到型（until 型）循环结构：先执行 A 框，然后判断给定的条件 p 是否成立，如果条件 p 仍然成立，则再次执行 A 框。如此反复，直到条件 p 不成立，此时脱离循环结构。

　　三种基本结构都有以下共同特点。

　　① 只有一个入口。

　　② 只有一个出口。（请注意：一个菱形判断框有两个出口，而一个选择结构只有一个出口。不要将菱形框的出口和选择结构的出口混淆。）

　　③ 结构内的每一部分都有机会被执行到。

　　④ 结构内不存在"死循环"（无终止的循环）。

　　由顺序、选择、循环三种基本结构组成的算法结构，可以解决任何复杂的问题。由这三种基本结构所构成的算法属于"结构化"的算法，它不存在无规律的跳转，只允许在本基本结构内存在分支和向前或向后的跳转。

图 1-29 表示的是用传统流程图求 5!的算法。

3．用 N-S 流程图表示算法

1973 年，两名美国学者提出了一种新的流程图形式，并把两人名字的第一个字母组合起来命名了该流程图，即 N-S 流程图，也称盒图。它用基本结构——顺序结构、选择结构、循环结构的组合表示算法，并去掉了流程线，避免了程序的随意跳转。N-S 流程图对三种基本结构的表示如图 1-30 所示。

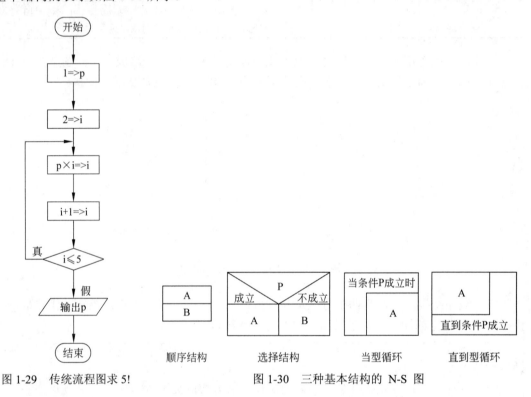

图 1-29　传统流程图求 5!　　　　　　　图 1-30　三种基本结构的 N-S 图

用 N-S 流程图表示求 5!的算法，如图 1-31 所示。

图 1-31　N-S 流程图求 5!

4．用伪代码表示算法

伪代码是用介于自然语言和计算机语言之间的文字和符号来描述算法的。它没有固定的、严格的语法规则，可以用英文，也可以中英文混用。它的优点是书写方便，格式紧凑，易懂，便于向计算机语言过渡。

【例1-4】求5!，用伪代码表示的算法如下。

```
开始
    置 p 的初值为 1
    置 i 的初值为 2
    当 i 小于或等于 5 时，执行下面的操作：
        使 p=p × i
        使 i=i+1
    打印 p 的值
结束
```

5. 用计算机语言表示算法

计算机无法识别流程图和伪代码，只有用计算机语言编写的程序才能被计算机执行。因此在用流程图或伪代码描述出一个算法后，还要将它转换成计算机语言——程序。要完成一件工作，包括设计算法和实现算法两个部分。设计算法的目的是为了实现算法。用计算机语言表示算法就必须严格遵循所用的语言的语法规则，这是和伪代码不同的。

【例1-5】 求5!，用C语言实现算法如下。

```c
#include <stdio.h>
int main( )
{
   int i,p;
   p=1;
   i=2;
   while(i<=5)
   {
     p=p*i;
     i=i+1;
   }
   printf("%d\n",p);
   return 0;
}
```

习 题 1

1.1 选择题

（1）一个 C 程序的执行是从（   ）。

A. 本程序的 main()函数开始，到 main()函数结束

B. 本程序文件的第一个函数开始，到本程序文件的最后一个函数结束

C. 本程序文件的第一个函数开始，到本程序的 main()函数结束

D. 本程序的 main()函数开始，到本程序文件的最后一个函数结束

（2）以下叙述不正确的是（   ）。

A. 一个 C 程序必须包含一个 main()函数

B.一个 C 程序可由一个或多个函数组成

C. C 程序的基本组成单位是函数

D. 在 C 程序中，注释说明只能位于一条语句的后面

（3）以下叙述正确的是（　　）。

A. 在对一个 C 程序进行编译的过程中，可发现注释中的拼写错误

B. 在 C 程序中，main()函数必须位于程序的最前面

C. C 语言本身没有输入输出语句

D. C 程序的每行中只能写一条语句

（4）一个 C 语言程序是由（　　）。

A.一个主程序和若干个子程序组成　　　　B. 函数组成

C. 若干过程组成　　　　　　　　　　　　D. 若干子程序组成

（5）计算机高级语言程序的运行方法有编译执行和解释执行两种，以下叙述中正确的是（　　）。

A. C 语言程序仅可以编译执行

B. C 语言程序仅可以解释执行

C. C 语言程序既可以编译执行又可以解释执行

D. 以上说法都不对

（6）以下叙述中错误的是（　　）。

A. C 语言的可执行程序是由一系列机器指令构成的

B. 用 C 语言编写的源程序不能直接在计算机上运行

C. 通过编译得到的二进制目标程序需要连接才可以运行

D. 在没有安装 C 语言集成开发环境的机器上，不能运行 C 程序生成的.exe 文件

（7）以下不是结构化程序基本结构的是（　　）。

A. 顺序　　　　　　B. 选择　　　　　　C. 循环　　　　　　D. 嵌套

1.2　用传统流程图表示求解以下问题的算法。

（1）求 1+3+5+…+101 的和。

（2）有两个数 a、b，要求将它们的值互换。（即：如果 a 原来的值是 23，b 原来的值是 65，交换后 b 的值变成 23，a 的值变成 65。）

（3）有 3 个数 a、b、c，要求按从大到小的顺序将它们输出。

1.3　编写程序，输出如下信息。

```
***************************
    HOW ARE YOU
***************************
```

实验 1　Dev-C++集成开发环境

一、实验目的

1. 熟悉 C 程序的集成开发环境 Dev-C++。

2. 熟练掌握 C 程序的上机过程，编辑、编译、连接、运行四个步骤。

3. 了解 C 语言源程序的特点。

二、实验内容

提示：为了方便管理自己的 C 语言程序，在进行编程练习前，首先在硬盘上创建一个新的文件夹，以便存放自己的 C 语言程序。

（1）运行下面的程序，写出运行结果。

```c
#include <stdio.h>
int main()
{
    printf("Welcome!\n");
    printf("Programming in C is fun!\n");
    return 0;
}
```

（2）运行下面的程序，观察运行结果。

```c
#include <stdio.h>
int main()
{
    int i,j,k;
    for(j=4;j>0;j--)
    {
        for(i=0;i<4-j;i++)
            printf(" ");
        for(i=0;i<j;i++)
            printf("* ");
        printf("\n");
    }
    return 0;
}
```

（3）编写程序，求两个小数的和。

分析：例 1-2 已经给出了求两个整数的和的代码，本题要求计算两个小数的和，方法和计算整数的和是完全一样的，只是数据类型不同。C 语言中，定义整数可以用关键字 int，定义小数可以用关键字 float。float 类型数据的输入输出用%f 的格式。

第 2 章

C语言语法基础

程序设计的核心是数据运算，数据是计算机程序最终处理的对象，而数据的种类又是多种多样的。例如，姓名可以用字符数据来表示，年龄一般用整数表示，商品的价格用实数表示等。C语言提供了丰富的数据类型来描述各种数据，数据类型与运算符相结合来描述数据处理。C语言提供了各类语句描述数据处理逻辑，使C程序的表达能力强，执行效率高。

本章介绍 C 语言的语法基础，主要内容有数据类型、常量、变量、运算符、表达式、输入输出函数。

2.1　数据类型概述

为便于进行数据处理，合理地使用存储空间，C 语言提供了丰富的数据类型。数据类型是一个值的集合以及定义在这个值集上的一组操作。在程序中，不同的数据类型有不同的存储长度和不同的取值范围，可以对不同的数据类型进行不同的操作。数据类型是按数据的性质、表示形式、占据存储空间的多少以及构造特点来划分的。C 语言中的数据类型如图 2-1 所示。C 语言中没有无类型的数据，一个数据也不可能同时具有多种数据类型。

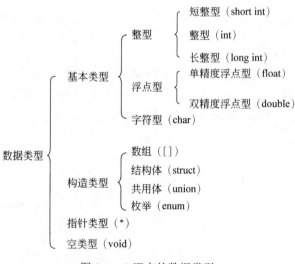

图 2-1　C 语言的数据类型

2.2　常量和变量

程序中的数据有常量和变量两种形式。常量是指在程序执行期间有固定值的量。变量则是在程序执行期间其值可以发生变化的量。实际上,变量命名了内存中指定的存储单元。

2.2.1　常量

C语言有5种常量类型:整型常量、实型常量、字符型常量、字符串常量和符号常量。

1. 整型常量

C语言中的整型常量可以使用十进制数、八进制数、十六进制数这三种形式书写。C语言规定:凡是以 0 开头的数字序列作为八进制处理,凡是以 0x 开头的数字序列作为十六进制处理,凡是非 0 且非 0x 开头的数字序列作为十进制处理,整数后面加小写字母 l 或大写字母 L 表示长整数(long int)。

下面是合法的整型常量。

20——十进制正数

0757——八进制正数

0x5a——十六进制正数

-32767——十进制负数

-066——八进制负数

-0xfa——十六进制负数

1276699990L——长整数

在字长为 32 位的计算机系统中,整数默认为长整数,不需要加 L。

2. 实型常量

实型常量只能用十进制形式表示,不能用八进制数和十六进制数表示。实型常量可以用小数形式或指数形式表示。例如,3.5,5.0,-.5,7.,2e-5,2.4e3 等都是合法的实型常量。

注意: 小数形式表示实型常量时必须有小数点,小数点前后至少出现一个数字。指数形式表示实型常量时必须有尾数部分和指数部分,指数部分只能是整数而不能是小数,尾数部分既可以用小数表示也可以用整数表示。实型常量不分单精度型和双精度型,但是可以将其赋给一个单精度型或双精度型变量。

3. 字符型常量

C语言有两种形式的字符常量。

1)普通字符

普通字符是用一对单引号括起来的一个字符,例如 'a','A','#' 等。'ABC'不是普通字符,因为它有 3 个字符。在计算机的存储单元中存储字符常量时,并不是存储字符本身,而是存储字符的 ASCII 码。例如,字符'a'的 ASCII 码是整数 97,在存储单元中存放的就是 97;字符'1'的 ASCII 码是整数 49,在存储单元中存放的就是 49,而不是整数 1。

注意: 一对单引号只是字符与其他部分的分隔符,或者说是字符常量的定界符,不是字符常量的一部分,当输出一个字符常量时不输出单引号。

2）转义字符

C 语言中，除了上述形式上比较直观的字符常量外，还可将退格、换行等非图形字符表示成字符型常量，方法是将字符"\"与一些特殊字符相连，构成转义字符。转义字符主要用来表示那些不便于用一般字符表示的控制字符。常用的转义字符及其含义如表 2-1 所示。

表 2-1　转义字符及其功能

转义字符	意　义	ASCII 码值（十进制）
\a	响铃(BEL)	007
\b	退格(BS)，将当前位置移到前一列	008
\f	换页(FF)，将当前位置移到下页开头	012
\n	换行(LF)，将当前位置移到下一行开头	010
\r	回车(CR)，将当前位置移到本行开头	013
\t	水平制表(HT)（跳到下一个 Tab 位置）	009
\v	垂直制表(VT)	011
\\	代表一个反斜线字符"\"	092
\'	代表一个单引号（撇号）字符	039
\"	代表一个双引号字符	034
\?	代表一个问号	063
\0	空字符(NULL)	000
\ddd	1～3 位八进制数所代表的任意字符	3 位八进制
\xhh	1 或 2 位十六进制所代表的任意字符	2 位十六进制

转义字符的含义是将反斜杠"\"后面的字符转变成为别的意义。例如"\r"中的"r"不代表字符"r"，而作为回车符。这种扩展方式看上去好像是两个甚至多个字符，但实际上只代表一个字符。再如，"\123"并非表示三个字符，而表示 ASCII 码为八进制数（123）$_8$（对应的十进制数为 83）的字符'S'；同理，"\xaf"也并非表示三个字符，而是表示 ASCII 码为十六进制数 af 的字符。

4. 字符串常量

用一对双引号括起来的零个或多个字符序列称为字符串常量。字符串常量以双引号为定界符，但双引号并不属于字符串。例如，"Hello"是字符串常量，但'AB'既不是字符常量也不是字符串常量。字符串常量在计算机内存储时，系统会自动在字符串的末尾添加一个字符串结束标志——转义字符 '\0'。因此，字符串常量"Hello"在内存中实际占有 6 字节的存储单元，如图 2-2 所示。

H	e	l	l	o	\0

图 2-2　字符串在内存中的存储形式

5. 符号常量

用#define 指令指定一个符号名称代表一个常量，这个符号名称就是符号常量。#define是一条预处理命令，称为宏定义命令，功能是把一个标识符定义为其后的常量值。一经定义，以后在程序中所有出现该标识符的地方均被代之以该常量值。例如：

```
#define PAI 3.14//行末没有分号
```

经过以上的定义后，PAI 就是一个符号常量。该程序中从此行开始所有的 PAI 都代表数值 3.14。在对程序进行编译前，预处理器先对 PAI 进行处理，把所有的 PAI 全部置换为 3.14。为了与变量名相区别，习惯于将符号常量全部用大写表示。使用符号常量，能够更清楚地表示常数所代表的含义，还能实现在修改程序中多处使用同一个常量时的"一改全改"。符号常量不占内存，只是一个临时符号，在预编译后这个符号就不在了，所以不能对符号常量赋以新值。

2.2.2 编译器确定常量类型的依据

程序中出现的常量存放在计算机的存储单元中。编译器必须根据常量的不同类型，确定分配给该常量多少字节单元，用什么方式存储。编译器是如何确定常量的类型呢？编译器是从常量的表示形式判别其类型的。

（1）只要看到由单引号括起来的单个字符或者转义字符，编译器就把它认定为字符常量。

（2）不带小数点的数值是整型常量。Dev- C++给-2147483648～2147483647 的不带小数点的数都分配 4 字节。

（3）小数形式和指数形式的实数都是浮点型常量，全部按双精度处理，分配 8 字节，在内存中以指数形式存储。

2.2.3 变量

数据被存储在一定的存储空间中，高级程序语言中的数据及其存储空间被抽象为变量。在程序运行期间，变量的值是可以改变的。每个变量都有一个名字，这个名字称为变量名。变量名代表某个存储空间及其存储的数据。这个存储空间中存储的数据，称为该变量的值。这个存储空间的首地址，称为该变量的地址。

变量必须先定义后使用。变量是通过数据类型来定义的。在引用变量之前必须先声明变量的类型，编译时系统根据指定的类型分配给该变量一定的存储空间，并决定数据的存储方式和允许操作的方式。C 语言将变量与数据类型结合起来分类，可以分为整型变量、浮点型变量、字符变量、枚举变量等。

定义变量的一般格式为：

数据类型　变量名 1 [,变量名 2,…,变量名 n]；

例如：

```
int weight,height;     //定义 weight、height 为整型变量
char c;                //定义 c 为字符型变量
float score;           //定义 score 为浮点型变量
```

定义一个变量后，系统会为其分配相应的存储空间，存储空间的大小由其数据类型决

定，如表 2-2 所示。

表 2-2　各种基本数据类型常见的存储空间和取值范围

类　型		长度/B	取值范围
字符型	unsigned char（无符号字符型）	1	0～255
	char（有符号字符型）	1	−128～127
整型	int（基本整型）	4	-2^{31} ～ $(2^{31}-1)$
整型 有符号	short [int]（短整型）	2	−32768～+32767
	long [int]（长整型）	4	-2^{31} ～ $(2^{31}-1)$
	long long [int]（双长整型）	8	-2^{63} ～ $(2^{63}-1)$
无符号	unsigned [int]（基本整型）	4	0～$(2^{32}-1)$
	unsigned short [int]（短整型）	2	0～65535
	unsigned long [int]（长整型）	4	0～$(2^{32}-1)$
	unsigned long long [int]（双长整型）	8	0～$(2^{64}-1)$
浮点型	float（单精度浮点型）	4	-3.4×10^{-38}～3.4×10^{38}
	double（双精度浮点型）	8	-1.7×10^{-308}～1.7×10^{308}

变量被定义后，还必须具有确定的值才能参加运算和操作。所以在使用变量之前，应该给变量赋值。C 语言中的赋值运算符是"="（赋值运算符将在 2.3 节详细介绍），赋值运算可以改变变量的值。赋值操作的语法格式为：

变量=表达式

说明：

（1）赋值运算的方向是从右向左，即先计算赋值号右边表达式的值，然后再将计算结果赋给左边的变量。例如：

```
weight=5;
height=8;
c='a';
score=98.5;
x=c+3;        //先计算 c+3 的值，再把该值赋给变量 x
```

（2）可以将一个赋值表达式的值再赋给另一个变量。例如，weight=height=10。

（3）C 语言允许在定义变量的同时给该变量赋一个初值，称为变量的初始化。例如：

```
char a= 'A';
int x=1320,y=3000;
```

如果没有对变量进行初始化，并不意味着该变量中没有数值，只表明该变量中尚未定义特定的值，编译器会为该变量分配一个随机值。

1. 整型变量

1）整型变量的基本类型

（1）基本整型。

类型名为 int。编译系统分配给 int 型数据 2 字节或 4 字节（由具体的 C 编译系统决定）。例如，Turbo C 2.0 为每一个 int 型数据分配 2 字节，而 Dev-C++、Visual C++为每一个 int

型数据分配 4 字节。整型数据在存储单元中是用整数的补码形式存放的。正数的补码和原码相同，即此数的二进制形式。如 10 的原码是 1010，如果用 2 字节存放，则在存储单元中的形式如图 2-3 所示。负数补码的求法是将该数绝对值的二进制形式按位取反再加 1，如 −10 的补码见图 2-4。

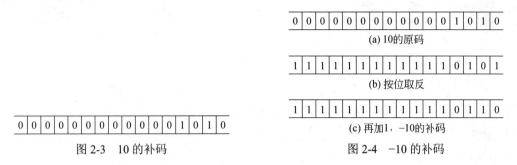

| 0 | 0 | 0 | 0 | 0 | 0 | 0 | 0 | 0 | 0 | 0 | 0 | 1 | 0 | 1 | 0 |

(a) 10的原码

| 1 | 1 | 1 | 1 | 1 | 1 | 1 | 1 | 1 | 1 | 1 | 1 | 0 | 1 | 0 | 1 |

(b) 按位取反

| 1 | 1 | 1 | 1 | 1 | 1 | 1 | 1 | 1 | 1 | 1 | 1 | 0 | 1 | 1 | 0 |

(c) 再加1, −10的补码

| 0 | 0 | 0 | 0 | 0 | 0 | 0 | 0 | 0 | 0 | 0 | 0 | 1 | 0 | 1 | 0 |

图 2-3　10 的补码　　　　　　　　图 2-4　−10 的补码

在存放整数的存储单元中，最左边一位（最高位）是用来表示符号（正、负号）的，如果该位为 0，表示该数为正数；如果该位为 1，表示该数为负数。

如果给 int 型变量分配 2 字节，则存储单元中能存放的最大值就是 0111111111111111，第 1 位为 0 表示正数，后面 15 位为全 1，此数值是（2^{15}−1），即十进制数 32767。最小值为 1000000000000000，此数是−2^{15}，即−32768。因此，一个 2 字节的整型变量所能表示的值的范围是−32768～+32767。超过此范围，就会出现数值的"溢出"，输出的结果将不正确。如果给 int 型变量分配 4 字节，数值范围就为−2^{31}～（2^{31}−1），即−2 147 483 648～+2 147 483 647。

（2）短整型。

类型名为 short int 或 int。编译系统一般给短整型变量分配 2 字节，存储方式与 int 型相同。一个短整型变量所能表示的值的范围是−32768～+32767。

（3）长整型。

类型名为 long int 或 long。编译系统一般给 long 型数据分配 4 字节，一个 long int 型变量所能表示的值的范围是−2^{31}～（2^{31}−1），即−2 147 483 648～+2 147 483 647。

（4）双长整型。

类型名为 long long int 或 long long，一般分配 8 字节，这是 C99 新增的类型。

2）整型变量的符号属性

在实际应用中，有的数据只有正值（如年龄、人口数量、银行存款额等）。为了充分利用变量的值的范围，不再存储符号位，可以将变量定义为"无符号"类型，定义变量时在数据类型名前加修饰符 unsigned 实现。无符号类型的数据不需要表示符号位，所有位数均用来表示数值大小，因此无符号整型变量中可以存放的正数的范围比有符号整型变量中正数的范围扩大了一倍。

有符号数则用来表示有正负之分的数，如温度、海拔、股票涨跌等。C 语言用修饰符 signed 来定义有符号类型的数，但可以省略 signed 不写。有符号整型数据的存储单元中，将最高位作为符号位，正号表示为 0，负号表示为 1。除去最高位，其余剩下的位数才用来表示数值大小。

由此，以上 4 种整型数据可以扩展为以下 8 种整型数据，即：

```
[signed] int;
unsigned int;
[signed] short [int];
unsigned short [int];
[signed] long [int];
unsigned long [int];
[signed] long long [int];
unsigned long long [int];
```

例如：

```
short a;              //a 为有符号短整型变量，数值范围为-32768 ~ +32767
unsigned short b;     //b 为无符号短整型变量，数值范围为0~65535
```

2. 浮点型变量

浮点型变量用来存储具有小数点的实数，并按指数形式存储。实数+2.17189 的指数形式是$+0.217189\times10^1$。这种小数点前的数字为 0、小数点后第 1 位数字不为 0 的表示形式称为规范化的指数形式。由于在计算机输入/输出时，不能表示上角或下角，则规定以字母 e 或 E 代表以 10 为底的指数。因此，$+0.217189\times10^1$写为+0.217189E+1。如果给这个数分配 4 个字节的内存空间，它在内存中的存放形式如图 2-5 所示。

+	.217 189	+	1
数符（占 1 位）	小数部分（占 23 位）	数符（占 1 位）	指数（占 7 位）

图 2-5　浮点数 2.17189 在内存的存放形式

由此可见，小数部分占的位数越多，数的有效数字就越多，数的精度就越高。指数部分占的位数越多，能表示的数值范围越大。

浮点型变量包括 float（单精度浮点型）、double（双精度浮点型）、long double（长双精度浮点型）。各浮点型变量的字节长度和取值范围如表 2-3 所示。

表 2-3　浮点型变量的字节长度和取值范围

数据类型	字节长度/B	数值范围	有效位
单精度浮点型（float）	4	$-3.4\times10^{-38}\sim3.4\times10^{38}$	7
双精度浮点型（double）	8	$-1.7\times10^{-308}\sim1.7\times10^{308}$	15
长双精度浮点型（long double）	8（VC）	$-1.7\times10^{-308}\sim1.7\times10^{308}$	15

由于浮点型变量是用有限的存储单元存储的，因此提供的有效数字是有限的，有效位以外的数字将变得没有意义，由此可能产生一些误差。

【例 2-1】　浮点型变量的定义与用法。

```
#include<stdio.h>
int main()
{
    float x;
```

```
    double y;
    x=222222.222;
    y=222222.222;
    printf("x=%f\ny=%f\n",x,y);
    return 0;
}
```

程序的运行结果为：

```
x=222222.218750
y=222222.222000
```

从程序运行结果可以看出，由于变量 x 为单精度浮点型，有效数字为 7 位，只能保证前 7 位的准确性，故第 7 位数字后的数字是无效的；变量 y 为双精度浮点型，有效数字为 15 位，故数字全部为有效数字。

3. 字符型变量

字符型变量是用来存放字符常量的，字符型变量在内存中占 1 字节存储空间，只能存放 1 个字符常量。字符型变量的定义格式和书写规则都与整型变量相同，格式为：

char 变量名表

例如：

```
char c1,c2,c3;
c1='a';       // 正确
c2='ab';      // 错误，1 个字符变量不能存放多个字符
c3="a";       // 错误，字符变量不能存放字符串
```

也可以对字符型变量赋以 0～127 的整型值。输出时，字符型变量可以按整型输出，整型数据也可以按字符型输出。

【例 2-2】字符型数据的算术运算。

```
#include <stdio.h>
int main()
{
  char c1,c2;
  c1='A';
  c2='0';
  c1=c1+32;
  c2=c2+5;
  printf("%c,%d\n",c1,c1);
  printf("%c,%d\n",c2,c2);
  return 0;
}
```

程序的运行结果为：

```
a,97
5,53
```

字符型变量和整型变量一样，也有符号属性。如果在定义变量时既没加 signed，也没加 unsigned，C 标准并没有规定此时是按 signed char 处理还是按 unsigned char 处理，由各编译系统决定，这和整型变量的处理方法不同。Visual C++和 Dev C++把 char 默认为 signed char。

字符型变量的字节长度和取值范围如表 2-4 所示。

表 2-4 字符型变量的字节长度和取值范围

数据类型	字节长度	数值范围
signed char（有符号字符型）	1	$-128 \sim 127$
unsigned char（无符号字符型）	1	$0 \sim 255$

将一个负整数赋给有符号字符型变量是合法的，但它不能表示一个字符，只是用 1 字节的整型变量存储负整数。

2.2.4 标识符

C 语言中，通常采用具有一定含义的名字来表示程序中的数据类型、变量、函数等，以便能按照名字来访问这些对象，这个名字就叫作标识符。

标识符仅允许使用下画线"_"、数字字符（0～9）、英文小写字母和英文大写字母 4 种字符，并且要求第 1 个字符必须是英文字母或下画线。标识符的长度由具体的编译系统决定。如 stud、a_stud、i、j、s、a、x1、x2、_p，这些都是合法的标识符。

C 语言中，大写字母与小写字母是不同的字母，如 ch 与 Ch 是不同的标识符，编写代码时应注意区分大小写。

有些字符的组合是不能作为标识符的，如 char、if 等，这是因为它们已经被系统使用。系统使用的标识符称为关键字。关键字是系统规定的专用字符序列，不能当作普通标识符使用，这和其他程序设计语言一致。每种语言都有自己的关键字。

下面列出了 C 语言的一些主要关键字。

数据类型：char, int, float, double, void。

输入输出：scanf, printf, getchar, putchar, getch。

语句：if, else, switch, case, default, break, while, for, do, continue, goto, return。

运算符：sizeof。

编程者在程序中定义的标识符应该是易读、易记、易懂的。可根据程序中变量的意义，用意思相同或相近的英文单词或汉语拼音作为标识符。如循环变量常用 i、j 或 k 表示，表示和的变量常用 s 表示。常量标识符常用大写字母表示，如 PI。

2.3 运算符和表达式

运算符是表示对数据进行何种操作处理的符号，每种运算符代表一种操作功能。表达式是用运算符把操作数连接起来构成的式子。操作数可以是常量、变量和函数。每种运算符都有自己的运算规则，如优先级、结合性、运算对象类型及个数、运算结果的数据类型等。

运算符的优先级是指同一表达式中多个运算符被执行的次序。在表达式求值时，按运算符的优先级别由高到低的次序执行。例如，算术运算符采用"先乘除后加减"的顺序。运算符的优先级分为 15 级，1 级最高，15 级最低。

运算符的结合性是指当同一表达式中多个运算符的优先级别相同时被执行的运算次序，由按规定的"结合方向"来处理。运算符的结合性分为两种：左结合性（自左至右）和右结合性（自右至左）。例如，算术运算符的结合性是自左至右，即先左后右。如有表达式 x-y+z，则 y 应先与"-"号结合，执行 x-y 运算，然后再执行+z 的运算。这种自左至右的结合方向就称为"左结合性"。而自右至左的结合方向称为"右结合性"。只有三种运算符是自右至左结合的，它们是单目运算符、条件运算符和赋值运算符，其他的都是自左至右结合。

2.3.1 算术运算符

1. 基本的算术运算符与表达式

C 语言允许的算术运算符及其相关说明如表 2-5 所示。

表 2-5 算术运算符及相关说明

数据类型	含 义	运算对象个数	表达式示例
+	加法或取正值运算	双目、单目运算符	x+y, +5
-	减法或取负值运算	双目、单目运算符	x-y, -5
*	乘法运算	双目运算符	x*y
/	除法运算	双目运算符	x/y
%	取模运算（求余运算）	双目运算符	5%3

虽然算术运算符与数学中的数值运算很相似，但还是有些差别，使用时需要注意以下几点。

（1）两个整数相除结果为整数，如 5/2 的结果为 2，15/34 的结果为 0。小数部分被舍去（即取整）。若除数和被除数中任意一个为浮点数，结果是浮点数，例如，9/4.0、9.0/4、9.0/4.0 的结果均为 2.25。

（2）%运算符要求两边必须都为整数，否则编译会报错。如果参加运算的数不是整数，则可以先进行强制类型转换为整数，再进行求余，例如，(int)(5.3)%3=2。

（3）如果参加运算的多个数中有一个数为 double 型实数，此时所有的数都按 double 型计算，其结果为 double 型数据。

（4）+、-运算符既具有单目运算的取正值和取负值的功能，又具有双目运算的功能。作为单目运算符使用时，其优先级别高于双目运算符。

算术表达式是指用算术运算符和括号将运算对象（操作数）连接起来的符合 C 语法规则的式子。运算对象包括常量、变量、函数等。下面是一些合法的算术表达式。

8+a/b*3+7%2+'a'

x*2/(y+5)

2. 算术运算符的优先级及结合性

算术表达式中按算术运算符优先级别的高低计算表达式的值，即先乘除，后加减。取模运算的优先级与乘除相同。函数和圆括号的优先级最高。例如，表达式 a+b*c，先计算的应是 b*c。用圆括号可以改变表达式的优先级，运算时先计算内括号中表达式的值，再计算外括号中表达式的值。例如表达式 a+b*(c-d)，先计算的应是 c-d。

算术运算符的优先级别相同时，"结合性"是从左到右。例如，表达式 a+b-c，变量 b 两侧的运算符优先级别相同，计算顺序等价于(a+b)-c。

3. 数值型数据之间的混合运算

C 语言规定，不同类型的数据可以在同一表达式中进行混合运算，但在运算时要进行类型转换。例如，"20+'c'+3.5-597.123*'a'"是合法的表达式。在进行运算时，不同类型的数据要先转换成同一类型，然后再进行运算。数据类型的转换方式有两种：一种是编译器自动转换，另一种是强制转换。

1）类型的自动转换

这种转换由编译系统自动完成，规则如下。

（1）若参与运算量的类型不同，则先转换成同一类型，然后进行运算。

（2）转换按数据长度增加的方向进行，以保证精度不降低。例如，int 型和 long 型数据运算时，先把 int 型转换成 long 型再进行运算。

（3）所有的浮点运算都以双精度进行，即使仅含 float 单精度型的表达式，也要先转换成 double 型，再进行运算。

（4）char 型和 short 型参与运算时，必须先转换成 int 型。

（5）赋值运算中，如果赋值运算符两边的数据类型不同，赋值运算符右边的类型将被转换为左边的类型。如果右边的数据类型长度比左边长，会导致丢失一部分数据。

混合运算的结果一定是表达式中精度最高的数据类型。

【例 2-3】 读程序，理解不同类型数据的混合运算。

```c
#include <stdio.h>
int main()
{
  double a;
  a=5/2+2.5;
  printf("%f\n",a);
  return 0;
}
```

程序的运行结果为：

```
4.500000
```

2）强制类型转换

自动类型转换提供了一种从低级类型向高级类型转换的运算规则，以保证不降低运算结果的精度。强制类型转换机制可以将一个表达式转换成所需要的类型。强制类型转换的一般形式为：

> (类型名) (表达式)

例如，(double)(5/2)、(int)(2.5)都是正确的强制类型转换，而 int(x)则是错误的表达式，应该写为(int)x。

【例 2-4】 读程序，理解类型的强制转换。

```c
#include <stdio.h>
intmain()
{
  int i ;
  float x ;
  x=3.6 ;
  i=(int)x ;
  printf("x=%f , i=%d\n", x , i ) ;
  return 0;
}
```

运行结果：

```
x=3.600000, i=3
```

说明：

（1）类型名应用()括起来。

（2）强制类型转换只是生成一个中间数据，而原有数据的类型、值均不发生变化。

（3）注意(int)x+y 与(int)(x+y)的区别。

4. 溢出问题

数据溢出是程序向变量写入数据的长度超过其存储空间的容量，变量只存储了数据的一部分，另一部分丢失的现象。溢出会造成程序输出结果错误，严重时会导致系统崩溃或使程序转而执行其他指令。

【例 2-5】 阅读程序，理解数据溢出。

```c
#include <stdio.h>
int main()
{
  shortint a,b;
  a=32767;
  b=a+1;
  printf("a=%d,b=%d\n",a,b);
  return 0;
}
```

程序运行结果为：

```
a=32767,b=-32768
```

说明：32767 是 C 语言编译器中 short int 类型最大的整数，32767 加 1 后表示的数据超出了 short int 类型数据的表示范围，此时发生数据溢出，结果变成了−32768，这是一个错误的结果。

2.3.2　赋值运算符

1．赋值运算符

赋值运算符"="是一个双目运算符，其功能是先计算"="右边表达式的值，并将其赋给"="左边的变量。由赋值运算符将一个变量和一个表达式连接起来的式子称为赋值表达式。它的一般形式为：

变量名=表达式

例如：

```
x= -b/(2*a);
a=b=c=5;
```

说明：

（1）赋值运算符"="的左边必须是变量，而诸如"1=1""x+y=12"之类的看似符合数学规则的表达式，在 C 语言中都是错误的。

（2）C 语言中，赋值运算符"="所表达的意思并不是数学中的相等，表达式"a=6;"是将"="右边表达式的值赋给左边的变量，不是判断变量 a 中的值是否与 6 相等。

2．复合的赋值运算符

为了简化程序的书写并提高编译效率，在赋值运算符"="之前加上其他运算符可以构成复合的赋值运算符。如在"="之前加一个"+"运算符就构成复合赋值运算符"+="。凡是双目运算符，都可以与赋值运算符一起组成复合赋值运算符。常用的复合赋值运算符包括+=，−=，*=，/=，%=。

例如：

```
b += 12      等价于 b = b + 12
a*= b+ 2     等价于 a = a * (b + 2)
x%= 5        等价于 x = x % 5
```

2.3.3　自增、自减运算符

自增运算符"++"和自减运算符"--"都是单目运算符，其功能是使变量的值加 1 或减 1，其优先级高于所有双目运算符。自增自减运算符有前缀运算和后缀运算之分，当"++"或"--"放在变量前面时称为前缀运算，放在变量后面时称为后缀运算。例如：

```
++i, --i     //前缀运算：在使用 i 之前，先使变量 i 的值自增（或自减）1
i++, i--     //后缀运算：先使用 i，之后再使变量 i 的值自增（或自减）1
```

【例 2-6】自增运算符与自减运算符的使用。

```
#include <stdio.h>
```

```
int main()
{
    int a,b,i = 0;
    a = i++;        //先把i的值0赋值给a，然后i自增1，其值变为1
    b = ++i;        //i先自增1，值变为2，然后把i的新值2赋给b
    printf("%d,%d\n",a,b);
    return 0;
}
```

程序运行结果为：

0,2

注意：自增自减运算符只能作用于变量，不能用于常量或表达式。例如，8++、(x+y)++ 等都是不合法的表达式。

2.3.4　关系运算符

关系运算实际上就是"比较运算"，即将两个值进行比较，判断比较的结果是否符合给定的条件。如果满足给定的条件，运算结果为真，否则为假。例如，i<100就是一个关系表达式。如果i的值为99，则这个关系运算的结果为"真（1）"，如果i的值为100，则这个关系运算的结果为"假（0）"。

表2-6列出了C语言提供的6种关系运算符、含义及优先级。

表2-6　C语言提供的6种关系运算符、含义及优先级

关系运算符	含　义	示　例	优先级
<	小于	x < y	优先级相同，高于后两种
<=	小于或等于	x <= y	
>	大于	x > y	
>=	大于或等于	x >= y	
==	等于	x == y	优先级相同，低于前4种
!=	不等于	x != y	

关系运算符的优先级次序如下。

（1）在关系运算符中，前4个运算符（<，<=，>，>=）优先级相同，后两个运算符（==、!=）的优先级也相同。前4个运算符的优先级高于后两个。例如，x != y >= z 等价于 x != (y >= z)。

（2）关系运算符的优先级低于算术运算符。例如，z==x + y 等价于 z== (x + y)。

（3）关系运算符优先级高于赋值运算符。例如，x = y > z 等价于 x = (y > z)。

运算符的优先级顺序如图2-6所示。

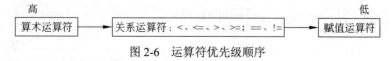

图2-6　运算符优先级顺序

用关系运算符将两个数值或表达式连接起来的式子，称为关系表达式。例如，x> y,

x +y > y +z，(x=3) > (y=5)，'x '< 'y'，(x > y) > (y < z) 都是合法的关系表达式。关系表达式的值是一个逻辑值，即"真"或"假"，对应到 C 语言运算中是整数值 1 或 0。例如，假设 x=6，y=5，z=1，则：

（1）关系表达式 x >= y 的值为 1。

（2）关系表达式 x - y >= z 的值为 1。先计算 x-y 的值为 1，再判断 1>=z 是否成立，成立即值为 1。

（3）关系表达式 x> y ==z 的值为 1。先计算关系表达式 x>y 的值为 1，然后再计算关系表达式 1==z 的值，条件成立则其值为 1，即整个关系表达式的值为 1。

（4）表达式 a = x > y，先计算关系表达式 x>y 的值为 1，然后赋值给变量 a，因而变量 a 的值为 1。

（5）表达式 b = x > y > z，按自左至右结合的原则，先计算 x>y，得到 1，再执行 1>z，得到 0，然后赋值给变量 b，因而变量 b 的值为 0。

注意：在判断关系表达式的值是真还是假时，只要表达式的值非 0，就认为是真，表示表达式成立；反之为 0，表示表达式不成立。这样可以简化表达式的书写形式。例如，x%3!=0 可以简化为 x%3，读者应掌握这种简化的书写方法。

2.3.5 逻辑运算符

C 语言提供以下三种逻辑运算符。

（1）逻辑与&&。

例如，x && y。只有 x、y 都为真，结果才为真；只要 x、y 有一个为假，结果为假。

（2）逻辑或||。

例如，x || y。只要 x、y 有一个为真，结果为真；只有 x 和 y 都为假，结果才为假。

（3）逻辑非!。

!为单目运算符。例如!x，若 x 为真，则结果为假；若 x 为假，则结果为真。

逻辑运算的规则如表 2-7 所示，该表也称为逻辑运算"真值表"。它用来表示 x 和 y 不同取值进行组合时，各种逻辑运算所得到的真值。

表 2-7 逻辑运算的真值表

x	y	!x	!y	x && y	x || y
真	真	假	假	真	真
真	假	假	真	假	真
假	真	真	假	假	真
假	假	真	真	假	假

用逻辑运算符将两个表达式连接起来的式子，称为逻辑表达式，例如(x>y)&&(a>b)。

在三个逻辑运算符中，!（非）优先级最高，其次是&&（与），再次是||（或）。逻辑运算符与其他运算符之间的优先级关系如图 2-7 所示。

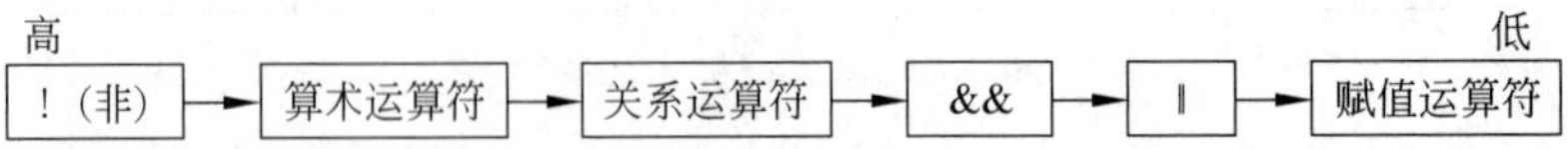

图 2-7 运算符优先级

例如：

```
(x > y)&&(a > b)     可写成：x > y && a > b
(!x) || (x > y)      可写成：!x || x > y
```

在进行逻辑运算时，非 0 值都被认为是"真"，0 是"假"。所以对于-5&&4 这样的逻辑表达式，−5 和 4 都是"真"值，该表达式的运算结果为"真"，即数值 1。

实际上，逻辑运算符两侧的运算对象不但可以是 0 和 1，或者是 0 或非 0 的整数，也可以是任何类型的数据。可以是字符型、浮点型或指针型等。系统最终以 0 或非 0 来判定它们的"真"或"假"。例如，'x'&&'y'.因为字符'x'和字符'y'的 ASCII 值都不为 0，按"真"处理，结果为 1。

对于由逻辑与"&&"、逻辑或"||"两个运算符构成的逻辑表达式，只有在特定情况下，计算机才依次运算这两个运算符两侧的操作数值。某些情况下，只需运算出这两个运算符左侧操作数的值便能得出整个逻辑表达式的值，这一特性称为逻辑运算符的"短路特性"。

（1）对于逻辑与运算符"&&"而言，当其左侧的操作数值为 0（假），则逻辑与表达式的结果必定为 0（假），于是该运算符右侧的操作数不被计算机计算，即"短路"了。x && y && z 只有 x 为真时，才需要判别 y 的值，只有 x 和 y 都为真时才需要判别 z 的值。只要 x 为假，则整个表达式的值确定为假，就不必判别 y 和 z 的值。如果 x 为真，y 为假，则不判别 z。

（2）对于逻辑或运算符"||"而言，当其左侧的操作数值为真（非 0），则逻辑或表达式的结果必定为 1（真），于是该运算符右侧的操作数不再被计算机计算，即"短路"了。例如，x || y || z 只有 x 为假，才判别 y；x 和 y 都为假，才判别 z。只要 x 为真，就不必判别 y 和 z。

2.3.6　条件运算符

C 语言提供了一个唯一的三目运算符：条件运算符。条件运算符由两个符号组成：问号"?"和冒号":"。它构成的条件表达式可以形成简单的选择结构。

条件表达式的一般形式为：

表达式 1 ？表达式 2 ：表达式 3

条件表达式的执行过程如图 2-8 所示。首先计算表达式 1 的值，若其值为真（非 0），则返回表达式 2 的值；否则，返回表达式 3 的值。条件表达式的功能类似双分支 if 结构。

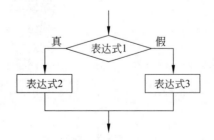

图 2-8　条件运算符的执行过程

例如，若有以下 if 语句：

```
if(a > b)
    max = a;
else
    max = b;
```

该程序段可用下列条件运算符来实现。

```
 max = ( a > b) ? a : b;
```

【例 2-7】　输入一个字符，如果该字符是大写字母，则将其转换为小写字母输出，否则直接输出。

```
#include <stdio.h>
intmain()
{
  char ch;
  ch=getchar();
  ch = (ch>='A' && ch<='Z') ? ch+32:ch;
  putchar(ch);
  putchar(' \n');
  return 0;
}
```

输入及程序运行结果：

```
A↵
a
```

2.3.7　取字节数运算符

取字节数运算符 sizeof 是一个单目运算符，其作用是求出指定数据类型所占的内存空间大小，常用于动态分配空间。其使用格式为：

```
sizeof(变量或数据类型)
```

【例 2-8】　阅读程序，理解 sizeof 运算符的用法。

```
#include <stdio.h>
int main()
{
  int x=100;
  printf("%d, %d, %d",sizeof(x),sizeof(int),sizeof("xy"));
  return 0;
}
```

程序运行结果为：

```
4, 4, 3
```

字符串在内存中所占的存储单元，除了串中的有效字符外，还包括字符串结束标志'\0'所占的1字节。

注意: 取字节数运算中，变量或数据类型所占据的字节数与编译器相关。

2.4　数据的输入和输出

输入指从输入设备（如键盘）向计算机输入数据的过程；输出指把程序的计算结果输出到输出设备（如显示器）的过程。C语言没有提供专门的输入输出语句。输入输出操作是利用C标准函数库提供的输入输出函数实现的。C标准函数库中的输入输出函数有很多，包括格式输入输出函数scanf()和printf()，字符输入输出函数getchar()和puchar()，字符串输入输出函数gets()和puts()等。这些函数的声明构成了名为stdio.h的输入输出函数库。为了能调用这些输入输出函数，应在程序开头写明预编译命令：

```
#include <stdio.h>
```

目的是把stdio库包含到用户程序。

如果源程序的扩展名是.cpp，也可用下面的预编译命令：

```
#include <iostream>
using namespace std;
```

2.4.1　格式化输出函数 printf()

printf()和scanf()是C程序中两个重要的实现输入和输出的函数。这两个函数是格式输入输出函数，使用时必须根据数据的不同类型指定不同的输入输出格式。

1．printf()函数的调用格式

printf()函数的主要功能是向显示器输出指定的若干个格式化的数据，适用于任意的数据类型。函数的一般调用格式为：

```
printf("格式控制"，输出列表);
```

例如：

```
printf("I=%d,F=%f,C=%c\n",i,f,c)
```
　　　　　　格式控制字符串　　　　输出列表

说明：

（1）格式控制字符串包含如下三种信息。

格式说明符：由"%"和格式字符组成，如%d，%f等。它总是由"%"开始，其作用是将输出的数据转换为指定的格式输出。

普通字符：即要原样输出的字符，一般为提示信息。如"printf("a=%d,b=%f\n",a,b);"中的"a=,b="即为提示信息。

转义字符：输出一些操作行为，如换行符等。

（2）输出列表是需要输出的数据，可以是变量或表达式的列表，其项数必须与格式控制字符串中的格式说明符的个数相同。

下面的例子详细说明了 printf()函数参数的各个部分的含义。

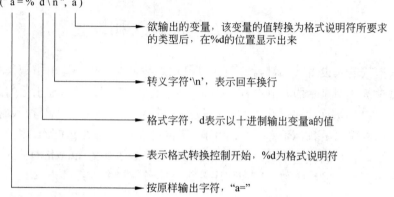

如果变量 a 的值为 1，则上面语句的输出结果为：a=1。

2．常用的格式字符

printf()函数中常用的格式字符如表 2-8 所示。

表 2-8　printf()函数中的格式字符说明

格式字符	输出形式	举例	输出结果
d（或 i）	十进制整数	int a = 255;　printf("%d",a);	255
x（或 X）	十六进制整数	int a = 255;　printf("%x",a);	ff
o	八进制整数	int a = 65;　printf("%o",a);	101
u	不带符号的十进制整数	int a = 65;　printf("%u",a);	65
c	单个字符	int a = 65;　printf("%c",a);	A
s	字符串	char st[]="奥运 2008";printf("%s",st);	奥运 2008
e（或 E）	指数形式的浮点数	float a = 123.5f;　printf("%e",a);	1.235000e+002
f	小数形式的浮点数，默认输出 6 位小数	float a = 123.5f;　printf("%f",a);	123.500000
g（或 G）	e 和 f 较短的一种，不输出无效 0	float a = 123.5f;　printf("%g",a);	123.5
%	百分号本身	printf("%%");	%

还可以在这些格式字符前加上以下几种特定的附加修饰符，以输出特定格式或者数据类型，如表 2-9 所示。

表 2-9　printf()函数中的附加格式修饰字符

修饰符	含义
l	用于长整型数，可加在格式符 d、o、x、u 前面
m.n	m 控制输出数据在屏幕上显示的总宽度（用英文字母个数表示）
	n 为实数，表示小数部分所占宽度；对于字符串，表示截取的字符个数
-	输出结果数据在域内左对齐；默认输出数据右对齐
+	输出符号（正号或符号）
#	输出前导符，十六进制为"0x"，八进制为"0"
空格	输出值为正时加上空格，为负时加上负号

3. 格式字符用法举例

（1）d格式符：用来输出十进制带符号整数，有以下几种用法。

%d：按十进制整型数据的实际长度输出。

%md或%-md：m为指定的输出字段宽度。若实际数据的位数小于m，则左端补空格；若大于m，则按实际位数输出。当m前有"-"号时，表示按m指定宽度左对齐，右端补空格。

%ld：输出长整型数据，%mld输出指定宽度的长整型数据。

（2）c格式符：用于输出一个字符。

对于整数，只要它的值为0~255，也可以用字符形式输出。

1个字符数据也可以转换成相应的整型数据（即其ASCII码值）输出。

（3）s格式符：用于输出1个字符串。有以下几种用法。

%s：最常用格式，直接输出字符串的内容。

%ms或%-ms：输出的字符串占m列，如字符串本身长度大于m，则突破m的限制输出字符串的全部内容；若字符串长度小于m，就在输出的字符串左边补空格，总共占m位。%-ms意义同上，但当字符串长度小于m时，输出的字符串在右边补空格。

%m.ns或%-m.ns：输出占m列，但只取字符串中左端的n个字符。这n个字符输出在m列的右侧，左边补空格。%-m.ns中的m、n含义同上，但在右边补空格。而如果n>m时，m取n的值，即保证要求的n个字符输出。

（4）o格式符：以八进制整数形式输出。

（5）x格式符：以十六进制整数形式输出。

（6）u格式符：用于输出unsigned（无符号）型数据，以十进制整数形式输出。

（7）f格式符：用来控制实型数据（包括单、双精度）的输出格式，有以下几种用法。

%f：整数部分全部输出，小数部分取6位，不指定字段宽度，由系统自动指定。

%m.nf：指定输出的数据共占m列，小数点占一列，其中有n位小数。如果数值长度小于m，在左边补空格。另外，如果n值小于实际的小数位数，则在输出小数部分时进行四舍五入后按n的值输出小数位数。

%-m.nf与%m.nf基本相同，只是输出的数值向左对齐，右边补空格。

（8）e格式符：以指数形式输出实数，具体使用中有以下形式。

%e：按规范的指数形式输出，即小数点前1位非零数字，小数点后6位小数，指数部分占5位，再加上小数点共13位，如语句printf("%e",123.456)，则程序输出1.234560e+002。

%m.ne：按给定的宽度m输出，包括n位小数和5位指数。若数据长度<指定宽度m，在左边用空格补足；若数据长度>指定宽度m，则按数据实际长度输出。

%-m.ne：按给定宽度m输出，包括n位小数和5位指数。若数据长度<指定宽度m，在右边用空格补足；若数据长度>指定宽度m，则按数据实际长度输出。

（9）g格式符：用来输出实数。输出时根据数值的大小，自动选择f格式或e格式中输出宽度较小的一种来输出，且不输出没有意义的0。

例：（□代表空格）

```
int a = 255;            printf("a=%8d\n",a);          输出：a=□□□□□255
```

```
float f1 = 123.555;       printf("f1=%12f\n",f1);     输出: f1=□□123.555000
float f2 = 123.5f;        printf("f2=%.3f\n",f2);     输出: f2=123.500
float f3 = 123.555456f; printf("f3=%7.2f\n",f3);     输出: f3=□123.56
float f4 = 123.5f;        printf("f4=%9.3f\n",f4);     输出: f4=□□123.500
int a=255;                printf("%#x\n",a );         输出: 0xff
int a=65;                 printf("%#o\n", a) ;        输出: 0101
float f5=123.555456f;    printf("f5=%-8.2f\n",f5);    输出: f5=123.56□□
```

2.4.2　格式化输入函数 scanf()

scanf()函数用来从键盘输入任何类型的多个数据。

1. scanf()函数的调用形式

scanf( )函数的一般格式为：

scanf("格式控制",地址列表)

其功能是通过键盘把数据送入地址参数指定的内存空间中。

"格式控制"的含义同 printf()函数。

"地址列表"是由若干个地址组成的列表，用于接收输入的数据。可以是变量的地址，也可以是字符串的首地址。

C 语言中，由地址运算符"&"后接变量名来表示变量的内存地址，例如，&a 和&b 分别表示变量 a 和变量 b 的地址。"&"是取地址运算符，&a 是一个表达式，其功能是求变量的内存地址。变量在内存的存储地址是由 C 编译系统分配的，用户不必关心其具体的值。

例如：

```
int a, b;
scanf("%d %d", &a, &b);
```

就是通过键盘把数据送入变量 a、b 所在的内存空间中。也就是通过键盘给变量 a、b 赋值。

2. 格式字符

scanf()函数与 printf()函数中的格式字符基本相同,用法也基本相同,如表 2-10 和表 2-11 所示。

表 2-10　scanf()函数中的格式字符说明

格式字符	输出形式
d（或i）	输入有符号的十进制整数
x（或X）	输入无符号的十六进制整数
o	输入无符号的八进制整数
u	输入无符号的十进制整数
c	输入单个字符
s	输入以'\0'为结束标志的字符串到字符数组。在输入时以非空白字符（如空格、Tab 键等）开始，以第一个空白字符结束

格式字符	输出形式
f	输入实数,可以用小数形式或指数形式输入
e (E), g (G)	与 f 作用相同,e 与 f、g 可以互相替换

表 2-11 scanf()函数中的附加格式修饰字符

修饰符	含 义
l	输入长整型数据（%ld、%lo、%lx、%lu）以及 double 型数据（%lf、%le）
h	输入短整型数据（%hd、%ho、%hx）
域宽	指定输入数据所占宽度
*	表示本输入项不赋给相应的变量

3. 使用 scanf()函数时应注意的问题

（1）scanf()函数中的"地址列表"部分应该是变量的地址,而不是变量名。例如,如果写成

```
scanf("%d %d", a, b);
```

是不对的。

（2）如果在"格式控制"中除了格式声明以外还有其他字符,输入数据时应在对应位置上原样输入这些字符。

例如,如果有

```
scanf("a=%d,b=%d,c=%d",&a,&b,&c);
```

正确的输入格式为

```
a=10,b=20,c=30✓
```

其中,"a=10"后面的逗号是为了和"格式控制"中的逗号相对应。

其他输入格式都是错误的,如:

```
10 20 30✓
10,20,30✓
a=10 b=20 c=30✓
```

（3）用"%c"格式声明输入字符时,空格和"转义字符"都被作为有效字符输入。例如,有输入语句如下:

```
scanf("%c%c%c",&c1,&c2,&c3);
```

如果输入格式为

```
dog✓
```

则是把字符'd'送给字符变量 c1,把字符'o'送给字符变量 c2,把字符'g'送给字符变量 c3。

但如果输入格式为:

```
d o g✓
```

则是把'd'送给变量 c1，把空格"送给变量 c2，把'o'送给变量 c3。

（4）用 scanf()函数输入数值数据时，遇到空格、回车、Tab 键或非法字符时，编译器就认为该数据输入结束。例如，有如下的输入语句：

```
scanf("%d%d",&a,&b);
```

以下两种输入格式都是正确的，都可以将 10 送给变量 a，20 送给变量 b。

```
①10 20✓
②10✓
  20✓
```

（5）输入数据过程中，在输入完毕按回车键之后，数据会被存入系统的输入缓冲区，scanf( )函数再从输入缓冲区中读取数据。如果输入缓冲区中没有数据或数据已被读完，则 scanf( )函数就会等待用户输入数据；如果输入缓冲区中有数据可读，scanf( )函数就不会等待用户输入。

【例 2-9】 读程序，理解 scanf()函数从输入缓冲区中读取数据的方式。

```c
#include <stdio.h>
int main( )
{
  int a,b,c,d,e;
  printf("a, b, c, d, e=");
  scanf("%d %d", &a, &b);
  scanf("%d", &c);
  scanf("%d %d", &d, &e);
  printf("a=%d, b=%d, c=%d, d=%d, e=%d\n", a, b, c, d, e);
  return 0;
 }
```

输入及程序运行过程：

```
a, b, c, d, e=1 2 3 4 5✓
a=1, b=2, c=3, d=4, e=5
```

由于一次把 5 个数据都存入了输入缓冲区中，三个 scanf( )中的变量都能读到数据，因而后两个 scanf( )不再等待用户输入。

2.4.3　字符输入输出函数

1. 字符输入函数 getchar()

getchar()函数的功能是接收从终端（键盘或系统指定的输入设备）输入的 1 个字符，它没有参数，从输入设备中接收的字符通过函数返回值的形式得到。其基本格式为：

```c
ch=getchar();   //ch 为字符型变量（或整型变量）
```

这条语句的作用是把用户从键盘输入的字符赋给变量 ch。

2．字符输出函数 putchar()

putchar()函数的作用是向终端输出一个字符。其基本格式为：

```
putchar(c);  //在屏幕上输出字符型参数 c
```

参数 c 既可以是字符型变量，又可以是字符常量，还可以是整型变量或整型常量（对大于 255 的整数，只取低位字节中的数据）。

【例 2-10】输入三个字母，把其中的大写字母转换成小写字母。

```c
#include <stdio.h>
int main( )
{
  char ch1, ch2, ch3;
  int d = 'a'-'A';
  ch1 = getchar( );
  ch2 = getchar( );
  ch3 = getchar( );
  if(ch1 >= 'A' && ch1 <= 'Z') ch1+=d;
  if(ch2 >= 'A' && ch2 <= 'Z') ch2+=d;
  if(ch3 >= 'A' && ch3 <= 'Z') ch3+=d;
  putchar(ch1);
  putchar(ch2);
  putchar(ch3);
  return 0;
}
```

输入及程序运行结果：

```
DoG✓
dog
```

说明：

（1）输入一串字符后回车，输入的字符进入输入缓冲区，每调用一次 getchar( )函数，就从输入缓冲区中读一个字符返回给字符变量。

（2）输入的字符不需要加单引号。

2.5　编译预处理

在 C 语言中，凡是以"#"开头的行，都称为"编译预处理"命令行。所谓"编译预处理"是指在 C 程序进行编译前，由编译预处理程序对这些编译预处理命令行进行处理的过程。编译预处理是 C 语言区别于其他高级语言的一大特点，能够提高程序的通用性、可读性、可修改性、可调试性、可移植性和方便性，易于模块化。

C 语言的编译预处理命令有：#include、#define、#undef、#if、#else、#elif、#endif、#ifdef、#line、#pragma、#error 等。预处理命令行必须以"#"号开头，每行的末尾不得加

"；"号。本节重点介绍最常用的预处理命令#include 和#define。

2.5.1 文件包含

文件包含命令行的一般形式为：

#include<文件名>

或

#include "文件名"

在前面的学习中，已多次使用此命令包含过库函数的头文件。例如：

```
#include <stdio.h>
#include <math.h>
```

文件包含命令的功能是把指定的文件插入到该命令行的位置并取代该命令行，从而把指定的文件和当前的源程序文件组合成一个源文件。

对文件包含命令还要说明以下几点。

（1）包含命令中的文件名既可以用尖括号括起来，也可以用双引号括起来。但这两种形式是有区别的：使用尖括号表示只在包含目录中去查找（包含目录是由用户在设置编译程序环境时设置的），而不在源程序文件所在的目录去查找；使用双引号则表示首先在当前的源程序文件目录中去查找，若未找到才到包含目录中去查找。用户编程时可根据自己文件所在的目录来选择某一种命令形式。

（2）#include 命令行通常应书写在所用源程序文件的开头，故有时也把被包含的文件称为"头文件"。头文件名可以由用户指定，其扩展名不一定用".h"。

（3）一个#include 命令只能指定一个被包含文件，若有多个文件要包含，需用多个#include 命令，书写时每个#include 命令占一行。

（4）文件包含允许嵌套，即在一个被包含的文件中又包含另一个文件。

（5）当被包含文件修改后，对包含该文件的源程序必须重新进行编译连接。

2.5.2 宏定义

1. 不带参数的宏定义

不带参数的宏定义也称"无参宏"，无参宏的宏名后不带参数。其定义的一般形式为：

#define 标识符 替换文本

其中，"标识符"为所定义的宏名，"替换文本"可以是常量、表达式、字符串等。

前面介绍过的符号常量的定义就是一种无参宏定义。此外，对程序中反复使用的表达式也经常进行宏定义。

【例 2-11】 编写程序求圆面积。

```
#include <stdio.h>
#define  PI 3.14159
```

```
int main( )
{
  float r = 2.0, s;
  s = PI * r * r;
  printf("半径为%.2f的圆面积是%.2f\n", r, s);
  return 0;
}
```

程序运行结果：

半径为 2.00 的圆面积是 12.57

说明：本例中通过预处理命令行"#define PI 3.14159"将符号常量 PI 定义为数值 3.14159。源程序进行编译时，先由预处理程序进行宏替换，即用 3.14159 去替换所有的宏名 PI，然后再编译。

关于不带参宏定义的说明如下。

（1）替换文本中可以包含已经定义过的宏名。例如：

```
#define  PI  3.14159
#define  ADDPI  (PI + 1)
#define  TWO_ADDPI  (2 * ADDPI)
```

程序中若有表达式 x=TWO_ADDPI/2; 宏替换后的表达式为 x = (2 * (3.14159 + 1)) / 2。如果第二行和第三行中的"替换文本"不加括号，直接写成 PI + 1 和 2 * ADDPI，则表达式宏替换为 x = 2 * 3.14159 + 1 / 2。由此可见，在使用宏定义时一定要考虑到替换后的实际情况，适当的时候需添加括号，否则运行结果将与预期的有差异。

（2）当宏定义在一行中写不下，需要换行书写时，需在一行中最后一个字符后面紧接着写一个反斜杠"\"。

（3）同一个宏名不能重复定义。

（4）用作宏名的标识符通常用大写字母表示，这并不是语法规定，只是一种习惯。C 程序中，宏定义的位置一般也写在程序的开头。

2. 带参数的宏定义

C 语言允许宏带有参数。在宏定义中的参数称为形式参数（简称形参），在宏调用中的参数称为实际参数（简称实参）。对带参数的宏，在调用中，先用实参替代形参进行宏展开，然后再进行宏替换。带参宏定义的一般形式为：

#define　宏名(形参表)　字符串

字符串中含有各个形参。

带参宏调用的一般形式为：

宏名(实参表);

例如：

```
#define  MAX(x, y)  (x > y) ? x : y //宏定义
```

```
...
m=MAX(5, 3);                              //宏调用
...
```

在宏调用时，用实参 5 和 3 分别去替代形参 x 和 y，即用(5 > 3)？5：3 替换 MAX(5, 3)，经预处理后的语句为：

```
m=(5 > 3) ?5 : 3;
```

【例 2-12】以下两个程序说明了带参数的宏定义进行宏替换时需要注意的问题。

<table>
<tr><td>

```
#include<stdio.h>
#define M(x,y,z) x*y+z
int main()
{
  int a=1,b=2,c=3;
  printf("%d\n",M(a+b,b+c,c+a));
}
程序运行结果：
12
```
</td><td>

```
#include<stdio.h>
#define M(x,y,z)  (x)*(y)+(z)
int main()
{
  int a=1,b=2,c=3;
  printf("%d\n",M(a+b,b+c,c+a));
}
程序运行结果：
19
```
</td></tr>
</table>

说明：

比较例 2-12 中的两段程序以及它们各自的运行结果可以看出，当对带参数的宏进行宏替换时，如果替换文本中没有括号，则替换时不能随意添加括号；而如果替换文本中有括号，则在替换时必须加括号。左侧程序段中带参宏"M(x,y,z)"的替换文本是"x*y+z"，因此宏调用"M(a+b, b+c, c+a)"展开为"a+b*b+c+c+a"，即"1+2*2+3+3+1"，运行结果为 12。而右侧程序段中带参宏"M(x,y,z)"的替换文本是"(x)*(y)+(z)"，因此宏调用"M(a+b, b+c, c+a)"展开后为"(a+b)*(b+c)+(c+a)"，即"(1+2)*(2+3)+(3+1)"，运行结果为 19。

关于带参宏定义的说明如下。

（1）宏名和左括号必须紧挨着，中间不能有空格或其他字符。

（2）和不带参数的宏定义一样，同一个宏名不能重复定义。

（3）在调用带参数的宏名时，一对圆括号不能少，圆括号中实参的个数必须与形参的个数相同，若有多个参数，参数之间用逗号隔开。

（4）不能将宏替换与函数调用混在一起，宏替换中对参数的数据类型没有要求；而函数定义时必须指出参数的数据类型。另外，宏替换是在编译前由预处理程序完成的，因此宏替换不占用运行时间；而函数调用是在程序运行过程中进行的，必然要占用运行时间。

2.5.3　条件编译命令

预处理程序提供了条件编译的功能。可以按不同的条件去编译不同的程序部分，产生不同的目标代码文件。这对于程序的移植和调试非常有用。下面分别介绍条件编译的三种形式。

1. #ifdef

#ifdef 命令的一般形式为：

#ifdef 标识符
代码段 1
#else
代码段 2
#endif

如果标识符用#define 定义过，代码段 1 参与编译，否则代码段 2 参与编译。#else 及代码段 2 是可以省略的，省略后，如果标识符没被定义过，#ifdef 与#endif 之间无代码段参与编译。

【例 2-13】 使用#ifdef…#else…#endif 条件编译命令。

```c
#include <stdio.h>
#define  LI
int main()
{
  #ifdef  LI
  printf("Hello, LI!\n");
  #else
  printf("Hello, everyone!\n");
  #endif
  return 0;
}
```

程序的运行结果为：

```
Hello, LI!
```

说明：如果将命令行"#define LI"注释掉，则程序运行结果为：

```
Hello, everyone!
```

2. #ifndef

#ifndef 命令的一般形式为：

#ifndef 标识符
代码段 1
#else
代码段 2
#endif

#ifndef 的用法与#ifdef 相反，如果标识符未用#define 定义过，代码段 1 参与编译，否则代码段 2 参与编译。#else 及代码段 2 是可以省略的，省略后，如果标识符被定义过，#ifndef 与#endif 之间无代码段参与编译。

3. #if

#if 命令的一般形式为：

```
#if 常量表达式
程序段 1
#else
程序段 2
#endif
```

如果常量表达式的值为真（非 0），则对程序段 1 进行编译，否则对程序段 2 进行编译。因此可以使程序在不同条件下完成不同的功能。

【例 2-14】 条件编译预处理命令举例。

```c
#include<stdio.h>
#define R 1
int main()
{
  float c,r,s;
  printf("input a number:");
  scanf("%f",&c);
  #if R
  r=3.14159*c*c;
  printf("area of round is:%f\n",r);
  #else
  s=c*c;
  printf("area of square is:%f\n",s);
  #endif
  return 0;
}
```

说明：在程序第一行宏定义中，定义 R 为 1，因此在条件编译时，常量表达式的值为真，故计算并输出圆面积。

条件编译也可以用条件语句来实现，但是用条件语句会对整个源程序进行编译，生成的目标代码程序很长。而采用条件编译，则根据条件只编译其中的程序段 1 或程序段 2，生成的目标代码较短。如果条件选择的程序很长，采用条件编译的方法是十分必要的。

习　题　2

2.1 选择题

（1）下列四组选项中，均不是 C 语言关键字的选项是（　　　）。

  A. define　IF　type　　　　　　　　B. getc　char　printf

  C. include　case　scanf　　　　　　　D. while　go　pow

（2）下列四组选项中，均不合法的用户标识符的选项是（　　　）。

  A. W　P_0　do　　　　　　　　　　B. b-a　goto　int

  C. float　la0　_A　　　　　　　　　　D. -123　abc　TEMP

（3）下列四组选项中，均是合法转义字符的选项是（　　　）。

A. '\"''\\''\n'　　　　　　　　　　B. '\''\017''\"'

C. '\018''\f''xab'　　　　　　　　D. '\\0''\101''xlf'

（4）下面不正确的字符常量是（　　）。

A. "c"　　　　　B. '\\''　　　　　C. ''　　　　　D. 'K'

（5）以下叙述不正确的是（　　）。

A. 在 C 程序中，逗号运算符的优先级最低

B. 在 C 程序中，MAX 和 max 是两个不同的变量

C. 若 a 和 b 类型相同，在执行赋值语句 a=b 后，b 中的值将放入 a 中，而 b 中的值不变

D. 当从键盘输入数据时，对于整型变量只能输入整型数值，对于实型变量只能输入实型数值

（6）以下叙述正确的是（　　）。

A. 在 C 程序中，每行只能写一条语句

B. 若 a 是实型变量，C 程序中允许赋值 a=10，因此实型变量中允许存放整型数据

C. 在 C 程序中，%是只能用于整数运算的运算符（字符型也可以）

D. 在 C 程序中，无论是整数还是实数，都能被准确无误地表示

（7）已知字母 A 的 ASCII 码为十进制数 65，且 c2 为字符型，则执行语句 c2='A'+'6'-'3'后，c2 中的值为（　　）。

A. D　　　　　B. 68　　　　　C. 不确定的值　　　　　D. C

（8）sizeof(float)是（　　）。

A. 一个双精度型表达式　　　　　B. 一个整型表达式

C. 一种函数表达式　　　　　　　D. 一个不合法的表达式

（9）设有声明"char w; int x; float y; double z;"，则表达式 w*x+z-y 值的数据类型为（　　）。

A. float　　　　B. char　　　　C. int　　　　D. double

（10）设有 "float m=4.0, n=4.0;"，使 m 为 10.0 的表达式是（　　）。

A. m-=n*2.5　　B. m/=n+9　　C. m*=n-6　　D. m+=n+2

（11）下列变量定义中合法的是（　　）。

A. short _a=015;　　　　　　　B. double b=e2.5;

C. long do=0xfdaL;　　　　　　D. float 2_and=1e-3;

（12）有以下程序：

```
#include <stdio.h>
int main()
{
    int x=011;
    printf("%d\n",++x);
    return 0;
}
```

程序运行后的输出结果是（　　）。

A.12　　　　　B.11　　　　　C.10　　　　　D.9

（13）设有语句"scanf(%d,%d",&m,&n);"，要使 m、n 的值依次是 2、3，正确输入是（　　）。

　　A. 2 3　　　　　　B. 2,3　　　　　　C. 2;3　　　　　　D. 2

（14）下列表达式的值为 0 的是（　　）。

　　A. 7/8　　　　　　B. 7%8　　　　　　C. 7/8.0　　　　　D. 7<8

（15）以下程序的输出结果是（　　）。

```
#define MIN(x,y) (x)<(y)?(x):(y)
#include <stdio.h>
int main()
{
    int i,j,k;
    i=10;j=15;k=10*MIN(i,j);
    printf("%d\n",k);
}
```

　　A. 15　　　　　　B. 100　　　　　　C. 10　　　　　　D. 150

2.2　填空题

（1）若有定义"int m=5,y=2;"，则计算表达式 y+=y-=m*=y 后的 y 值是_____。

（2）在 C 语言中，一个 int 型数据在内存中占 2 字节,则 int 型数据的取值范围为_____。

（3）若 s 是 int 型变量，且 s=6，则表达式 s%2+(s+1)%2 的值为_____。

（4）若 a 是 int 型变量，则表达式(a=4*5,a*2),a+6 的值为_____。

（5）若 x 和 a 均是 int 型变量，则计算表达式①后的 x 值为_____，计算表达式②后的 x 值为_____。

　　① x=(a=4,6*2)　　②x=a=4,6*2

（6）若 a 是 int 型变量，则计算表达式 a=25/3%3 后 a 的值为_____。

（7）若 x 和 n 均是 int 型变量，且 x 和 n 的初值均为 5，则计算表达式 x+=n++后 x 的值为_____，n 的值为_____。

　　若表达式改为 x+=++n，则计算后 x 为_____，n 为_____。

（8）若定义"char c='\010';"，则变量 c 中包含的字符个数为_____。

（9）若有定义"int x=3,y=2;float a=2.5,b=3.5;"，则表达式(x+y)%2+(int)a/(int)b 的值为_____。

（10）已知字母 a 的 ASCII 码为十进制数 97，且设 ch 为字符型变量，则表达式 ch=ch='a'+'8'-'3'的值为_____。

2.3　输入一个华氏温度，把它转换为摄氏温度并输出，保留两位小数。

转换公式为：C=5/9(F-32)　　（C 表示摄氏温度，F 表示华氏温度）

2.4　编写程序求圆锥体的体积。圆锥体的底面半径和高从键盘输入，输出计算结果并保留两位小数。

2.5　编写程序，实现从键盘输入一个三位数，然后取出其各位上的数字并输出。如输入 246↙，则输出 2,4,6。

实验2　数据类型、运算符和表达式

一、实验目的

1. 掌握 C 语言提供的数据类型，熟悉整型、字符型和实型三种基本类型的常量的用法，学会三种基本类型变量的定义、赋值和使用方法。

2. 掌握基本运算符的运算规则，熟悉运算符的优先级和结合性。

二、实验内容

1. 分析以下程序的运行结果，并上机验证。

```c
#include <stdio.h>
int main()
{
  int  a=0;
  char c1='0';
  printf("int  : %d\n", sizeof(int));
  printf("float: %d\n", sizeof(float));
  printf("char : %d\n", sizeof(char));
  printf("%d,%d,%d\n",sizeof(a),sizeof(c1),sizeof("hello"));
  return 0;
}
```

分析：整型变量 a 的值为数值 0，字符型变量 c1 的值为字符'0'。在内存中，数值 0 以二进制形式存储，字符'0'以 ASCII 码存储，它们所占的内存单元的大小也不相同。sizeof("hello")是求字符串"hello"在内存中所占的字节数。在存储字符串的时候，编译器会自动在其末尾增加结束符'\0'，所以程序运行后观察到的结果是 6，比字符串"hello"的实际长度多 1。

2. 分析以下程序的运行结果，并上机验证。

```c
#include <stdio.h>
int main()
{
  float a;
  int b, c;
  char d, e;
  a=3.5;  b=a;
  c=330;  d=c;
  e='\\';
  printf("%f,%d,%d,%c,%c\n", a,b,c,d,e);
  return 0;
}
```

分析：变量 a 是浮点型，变量 b 是整型，在把 a 的值赋给 b 时，编译器会自动将浮点型转换成整型，所以 b 的值为 3。变量 d 是字符型，把整型变量 c 的值赋给 d 时，超过了字符型的存储范围-128~+127，所以编译器只能保存整数 330 对应的二进制的低 8 位，即二进制 01001010，即为大写字母 J 的 ASCII 码。'\\'为转义字符，表示符号\。

3. 从键盘上输入字符'2'，'5'，将之转换为一个两位数 25。请将下面的程序补充完整。

```
#include <stdio.h>
int main()
{
  char c1,c2;
  int a;
  scanf("%c,%c",&c1,&c2);
  _____;
  printf("%d\n",a);
  return 0;
}
```

分析：题目要求把从键盘输入的两个数字字符转换成一个对应的两位数，转换后的两位数应该保存在整型变量 a 中。输入的第一个数字字符 c1 应该作为十位数，第二个数字字符 c2 作为个位数。但是数字字符在内存中存储的是其 ASCII 码，比如字符'2'，内存中存储的其实是'2'的 ASCII 码值 50。所以，不能直接用 c1*10+c2 来求得这个两位数，而应该首先把数字字符转换成其对应的数值，比如把字符'2'转换为数值 2。

4. 分析以下程序的运行结果，并上机验证。

```
#define M 6
#include <stdio.h>
int main()
{
  char c='k';
  int a,b,x,y;
  int i=1,j=2,k=3;
  a=b=x=y=8;
  printf("%d,%d\n",++a,b--);
  x+=a++;
  y-=--b;
  printf("%d,%d,%d,%d\n",a,b,x,y);
  printf("%d,%d\n",'a'+5<c,1<M<j);
  printf("%d,%d\n",i+j+k==-2*j,k==j==i+5);
  return 0;
}
```

分析：本题主要练习自增、自减运算符和关系运算符。请注意，算术运算符的优先级高于关系运算符，关系运算符的结合性是自左向右。

5. 分析以下程序的运行结果，并上机验证。

```
#include<stdio.h>
int main()
{
```

```
int a=2;
int b=10;
int c=3;
printf("%d\n",a+=b%=a+b);
printf("a=%d,b=%d,c=%d\n",a,b,c);
printf("%d\n",a>b?a:c>b?c:b);
return 0;
}
```

分析：本题主要练习赋值运算符和条件运算符，这两种运算符的结合性都是自右向左。

实验3 基本输入与输出

一、实验目的

1. 熟练掌握 printf()、scanf()、putchar()、getchar()函数的使用方法。
2. 掌握各种类型数据的输入输出的方法，能正确使用各种格式控制符。
3. 学习顺序结构程序的编写方法。

二、实验内容

1.运行以下代码，分析运行结果。

```
#include<stdio.h>
int main()
{
  short int a=32767,b=a+1;
  char c1=65,c2='B';
  unsigned int d=654321;
  unsigned long e=12345678;
  float f=1.23456,g=-123.45;
  double m=87.6543,n=123.456789;
  printf("%d,%d\n",a,b);
  printf("%#o,%#lx\n",d,e);
  putchar(c1);
  printf("%c %c\n",c1,c2);
  printf("%+6f,%+5.4f\n",f,g);
  printf("m=%lf,n=%e\n",m,n);
  return 0;
}
```

分析：本题练习各种数据类型的输出，请仔细分析运行结果，熟悉各种格式控制符的用法和输出格式。

2. 运行下面的程序，为使变量 a,b,x,y,c1,c2 的值分别为 10、20、2.5、3.6、'x'、'y'，正确的数据输入形式是什么？

```
#include<stdio.h>
int main()
{
```

```
    int a,b;
    float x,y;
    char c1,c2;
    scanf("a=%d b=%d",&a,&b);
    scanf("x=%f y=%f",&x,&y);
    scanf("c1=%c c2=%c",&c1,&c2);
    printf("a=%d,b=%d,x=%f,y=%f,c1=%c,c2=%c\n",a,b,x,y,c1,c2);
    return 0;
}
```

分析：本题练习数据的输入。在连续输入的时候，所有数据输入完毕才能以回车结束。

3. 编程实现由键盘输入一个加法式，输出正确的结果，两个加数均为整数。

例如：

输入：-15+60↙

输出：45

分析：本题的难点在于控制输入的格式，两个加数都为整数，以%d 的格式输入。为了实现题目要求的输入格式，还需在格式控制字符串中的两个%d 之间加上"+"。

4. 输入一个大写字母，要求转换成小写字母输出。请编程实现。

分析：此题练习顺序结构程序的编写。对应的大小写字母之间的 ASCII 码值相差 32，大写字母的 ASCII 码值加上 32 就是对应小写字母的 ASCII 码值。

第3章

C程序的控制结构

任何一个结构化程序都可以由顺序结构、选择结构和循环结构这三种基本结构来表示，C语言的程序也不例外。C语言程序包含若干条执行语句（简称语句），不同的语句可以实现不同的功能，其中，控制语句可以控制程序的执行流程，用来实现选择结构和循环结构。本章将会介绍C程序语句，并通过C语言程序实例来介绍如何使用这三种基本结构解决实际问题。

3.1　C程序语句及三种基本结构

3.1.1　C程序语句

C程序的结构如图3-1所示，一个C语言程序可以由一个或多个源程序文件组成，一个源程序文件则可以由预处理指令、相关全局变量以及一个或多个函数构成。一个函数又由内部变量定义和执行语句两部分组成。执行语句经过编译后产生若干条机器指令，作用是要求计算机系统执行相应的指令操作，内部变量定义不产生机器指令，只是有关数据的声明。

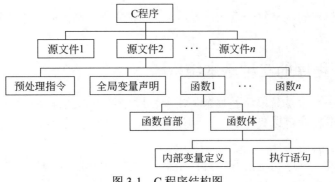

图3-1　C程序结构图

语句是程序最基本的执行单位，程序就是通过执行一系列语句来实现其功能的。C语言中的语句有如下几种形式。

（1）表达式语句：由表达式加分号组成。例如，在赋值表达式 i=5 后面加上分号即"i=5;"，就是赋值语句。

（2）控制语句：用于控制程序的流程，以实现程序的各种结构。主要有以下几种。

- 选择语句：if( )…else…
- 多分支语句：switch( )…case…
- 循环语句：for( )…、while( )…、do…while( )
- 辅助控制语句（与分支和循环语句搭配使用）：continue（结束本次循环语句）、break（中止执行 switch 或循环语句）、goto（转向语句）
- 返回语句（返回函数结果）：return

以上语句中，( )内表示一个判断条件，"…"表示内嵌的语句，例如"if( )…else…"语句可以具体写成：

```
if(i>5)  i=i-1;
else  i=i+1;
```

表示如果"i>5"成立，就执行"i=i-1;"语句，否则执行"i=i+1;"语句。

（3）函数调用语句：由一个函数调用加一个分号构成一个语句，例如：

```
printf("Hello, World! \n");
```

就是调用函数 printf() 的语句。

（4）空语句：只有一个分号的语句，什么也不做。空语句有时用来作循环语句中的循环体。例如：

```
while (i<0);
```

当 i<0 成立时执行分号表示的空语句，即什么也不做。

（5）复合语句：用 { } 把一些语句和声明括起来构成复合语句，又称为块或语句块。例如：

```
if(i>j) {i--; j++;}
```

用花括号括起来的就是复合语句，表示如果 i>j 成立，则"i--;"和"j++;"两条语句都要执行。

3.1.2 C 程序的三种基本结构

结构化的程序不管是简单还是复杂，主要由顺序结构、选择结构和循环结构这三种基本结构组成，简单程序可以只有其中一种结构，复杂程序可以包含三种结构，这三种结构的运行特点如下。

（1）顺序结构：顺序结构的程序设计是最简单的，只要按照解决问题的顺序写出相应的语句即可，它的执行顺序是自上而下，依次执行。

（2）选择结构：选择结构用于判断给定的条件，根据判断的结果来控制程序的流程。条件成立或不成立分别执行不同分支的语句。

（3）循环结构：循环结构是指在程序中需要反复执行某个功能而设置的一种程序结构。它根据循环条件来判断是继续执行某个功能还是退出循环。根据判断条件的时间顺序不同，循环结构又可细分为两种形式：先判断后执行的循环结构和先执行后判断的循环结构。循环结构可以减少源程序重复书写的工作量，一般用来描述重复执行某段算法的问题。循环结构的三个要素：循环变量、循环体和循环终止条件。

3.2　顺序结构程序设计

顺序结构的程序中没有控制语句，也不必做任何判断，只需要从上而下一个语句接一个语句地执行，直到执行完所有语句。就跟日常生活中大家排队坐车一样，排在前面的先上，排在后面的后上。顺序结构执行时，一般是先输入需要处理的数据（包括初始化数据），然后运用各种运算对数据进行加工处理，最后将计算结果输出。其流程图如图 3-2 所示。

图 3-2　顺序结构流程图

假设顺序结构的代码如下：

语句 1；
语句 2；
⋮
语句 n；

则执行顺序为：语句 1→语句 2→⋯→语句 n。

【例 3-1】　两个整数求和。

```c
#include<stdio.h>
int main()
{
    int a,b,c;
    a=3;
    b=5;
    c=a+b;
    printf(" c=%d\n ",c);
    return 0;
}
```

程序从上而下依次执行，运行后结果为：

`c=8`

程序直接给变量 a 和变量 b 赋值，运行后输出结果，如果要计算不同数值的结果，直接改 a 和 b 的值即可。

【例 3-2】　输入三角形的三边，计算三角形的面积，结果保留两位小数。

```
#include <stdio.h>
#include <math.h>              //用到数学函数 sqrt()，因此需要包含该头文件
int main( )
{
  double a,b,c,d,s;
  printf("请输入三角形的三边: ");
  scanf("%lf%lf%lf",&a,&b,&c);      //double 类型输入格式为%lf
  d=(a+b+c)/2;                      //计算周长的一半
  s=sqrt(d *(d-a)*(d-b)*(d-c));     //sqrt( )是求算术平方根的函数
  printf("s=%.2lf\n",s);
  return 0;
}
```

从键盘输入三边 3　4　5↙，则程序的运行结果为：

```
请输入三角形的三边: 3 4 5
s=6.00
```

【例 3-3】　从键盘输入一个小写字母，在屏幕上显示其对应的大写字母。

```
#include <stdio.h>
int main( )
{
    char ch1,ch2;
    int d='a'-'A';              //小写字母与大写字母间的 ASCII 码差值
    ch1=getchar( );            //用 getchar()函数输入小写字母
    ch2=ch1-d;                 //将小写字母转换为大写字母
    putchar(ch2);              //以字符格式输出 ch2 的值
    putchar('\n');
    return 0;
}
```

从键盘输入小写字母 a，程序的运行结果为：

3.3　选择结构程序设计

　　在日常生活中，很多情况都需要根据某个条件来做判断，然后做出选择。例如，出门时如果下雨了就带伞；如果是工作日就上班；遇到十字路口，需要选择一个方向前行等，诸如此类的情况非常多。计算机在处理问题时也可能需要通过判断做出选择，这便是选择结构需要解决的问题。

　　选择结构（又称分支结构）可以表示更加复杂的逻辑结构。C 语言常用关系运算或逻辑运算来判断条件是否得到满足，并根据计算的结果决定程序的不同流程。C 语言有两种选择语句：if 语句，实现单分支或者双分支的选择结构；switch 语句，实现多分支的选择结构。

3.3.1　if 语句

if 语句实现单分支结构时，语句的一般形式为：

if(表达式)
{
　　语句组
}

单分支 if 语句的执行过程如图 3-3 所示。首先计算表达式的值，如前文所述，选择结构应该先判断表达式给定的条件是否成立，成立时和不成立时执行不同的分支。而计算机在执行程序时，根据表达式计算后的值为 0 还是非 0 来进行判断。值为 0 即"假"，表示条件不成立；值为非 0 即"真"，表示条件成立。因此，计算机在执行如图 3-3 所示的 if 结构时，如果表达式的值为"真"（非 0，即条件成立），则执行表达式后面的语句组；否则，跳过语句组执行 if 结构后面的语句。

图 3-3　单分支 if 结构

说明：

（1）if（表达式）中的"表达式"可以是常量、变量、关系表达式、逻辑表达式等。如果表达式的值为"真"，则 if 语句内的语句组将被执行。如果表达式的值为"假"，则 if 语句结束后的语句（闭括号后）将被执行。C 语言把任何非零和非空的值定为"真"，把零或 NULL 定为"假"。例如：

```
① if(2)
        printf("真的");
② if(a==b)
        printf("a=b");
③ if(a-b>0)
        printf("a>b");
```

（2）if（表达式）后面的语句组可以是一条语句，也可以是多条语句组合而成的复合语句。如果是复合语句，则需要用花括号把复合语句括起来。例如：

```
if (i<j)
{
    i++;
    j--;
}
```

如果 i<j 是"真"的，则 i++和 j--两条语句都要执行。

【例 3-4】 输入一个实数，要求输入这个数的绝对值（保留两位小数）。

```c
#include <stdio.h>
int main( )
{
    float a,b;
    printf("请输入一个实数：");
    scanf("%f",&a);
    b=a;
    if(a<0)
        b=-a;              //如果a<0，则执行此语句，b的值为-a
    printf("该数的绝对值是：%.2f\n",b);
    return 0;
}
```

① 输入 4.5✓，程序的运行结果为：

```
请输入一个实数：4.5
该数的绝对值是：4.50
```

② 输入-3✓，程序的运行结果为：

```
请输入一个实数：-3
该数的绝对值是：3.00
```

程序分析：一开始将变量 a 的值赋值给变量 b，如果 a<0，就把-a 的值重新赋值给 b，如果 a>0，b 的值则不变，这样就能保证 b 的值为 a 的绝对值。

【例 3-5】 输入两个整数，按数值从小到大的顺序输出。

```c
#include<stdio.h>
int main()
{
    int a,b,t;
    printf("请输入两个整数：");
    scanf("%d%d",&a,&b);
    if(a>b)                //条件成立则实现a和b值的交换
    {
        t=a;
        a=b;
        b=t;
    }
    printf("按由小到大顺序输出为：%d  %d\n",a,b);
    return 0;
}
```

① 输入 3 19✓，程序的运行结果为：

```
请输入两个整数：3 19
按由小到大顺序输出为：3 19
```

② 输入 8　2↙，程序的运行结果为：

请输入两个整数: 8 2
按由小到大顺序输出为: 2 8

程序分析：如果输入的值满足条件 a>b，则借助中间变量 t，交换 a，b 的内容，使 a 里面放的是较小值，b 里面是较大值。

3.3.2　if-else 语句

if 语句实现双分支结构时，语句的一般形式为：

if(表达式)
{
  语句组 **1**
}
else
{
  语句组 **2**
}

双分支 if 语句的执行过程如图 3-4 所示。首先计算表达式的值，如果其值为"真"时，执行语句组 1；否则，执行语句组 2。语句组 1 和语句组 2 只能选择其中一个执行。

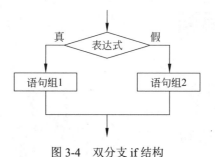

图 3-4　双分支 if 结构

说明：else 子句（可选）是 if 语句的一部分，必须与 if 配对使用，不能单独使用。

【例 3-6】 输入两个整数，求两个数中的较大值。

```c
#include<stdio.h>
int main()
{
    int a,b,c;
    scanf("%d%d",&a,&b);
    if(a>b)
        c=a;
    else
        c=b;
    printf("The max of %d,%d is %d\n",a,b,c);
    return 0;
}
```

输入 4　8↙后，程序的运行结果为：

```
4 8
The max of 4,8 is 8
```

程序分析：输入 4 和 8 分别存入变量 a 和 b 后，a 等于 4，b 等于 8，由于 a<b，所以 a>b 条件不成立，执行 else 后面的 "c=b;" 语句，因此最后的结果 c 为 8。

【例 3-7】　输入一个学生的成绩，判断是否合格。

```c
#include<stdio.h>
int main()
{
    float a;
    printf("请输入 1 个 0~100 的分数：");
    scanf("%f",&a);
    if(a<60)
        printf("成绩不合格\n");
    else
        printf("成绩合格\n");
    return 0;
}
```

① 输入 58.9↙，程序的运行结果为：

```
请输入1个0~100的分数：58.9
成绩不合格
```

② 输入 67↙，程序的运行结果为：

```
请输入1个0~100的分数：67
成绩合格
```

3.3.3　嵌套的 if 语句

当 if（表达式）或 else 后的语句组合中包含另一个 if 语句结构时，就形成了 if 语句的嵌套结构。选择结构的嵌套形式较多，可根据需要选择嵌套的形式。在 if（表达式）和 else 里面都嵌套 if-else 结构的嵌套形式如下。

```
if(表达式 1)
{
    if(表达式 2)
    { 语句组 1 }          内嵌 if-else 结构
    else
    { 语句组 2 }
}
else
{
    if(表达式 3)
    { 语句组 3 }          内嵌 if-else 结构
    else
    { 语句组 4 }
}
```

```
}
```

以上形式可根据需要再增加 if 嵌套，或者省略 else 语句（包括外层的和内嵌的），例如：

```
if(表达式1)
{
    if(表达式2)
    { 语句组1 }
    else
    { 语句组2 }
}
```
　　内嵌 if-else 结构

如果再省略内嵌的 else 语句，则嵌套形式又变为：

```
if(表达式1)
{
    if(表达式2)        //内嵌 if 结构
    { 语句组1 }
}
```

由于嵌套形式繁多，就不一一举例。需要注意的是，当出现多个 if 和 else 时，配对原则为：在同一个复合语句括号"{ }"作用域内，else 总是与它上面最近的未配对的 if 配对。

if-else 语句嵌套后可实现多分支结构，例如，在 else 部分又嵌套多层 if 语句的一般形式为：

```
if(表达式1)
{
    语句组1
}
else if(表达式2)
{
    语句组2
}
    ⋮
else if(表达式n)
{
    语句组n
}
else
{
    语句组n+1
}
```

此结构的执行过程如图 3-5 所示。首先计算表达式 1 的值，若其值为"真"，则执行语句组 1；否则，若表达式 2 的值为"真"，则执行语句组 2……以此类推，直到判断表达式 n，若表达式 n 的值为"真"，则执行语句组 n，否则执行语句组 n+1。最后的 else 也可以根据需要省略。

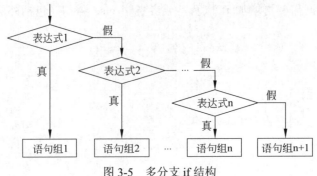

图 3-5　多分支 if 结构

【例 3-8】　输入一个学生的成绩，对此成绩进行分级。成绩小于 0 分或者大于 100 分提示"输入错误"，成绩在 90 分以上为"优"，80～89 分为"良"，70～79 分为"中"，60～69 分为"及格"，60 分以下为"不及格"。

```c
#include <stdio.h>
int main( )
{
    int score;
    printf("请输入学生的成绩：");
    scanf("%d",&score);
    if(score<0||score>100)
        printf("输入错误！\n");
    else if(score>=90)
        printf("优！\n");
    else if(score>=80)
        printf("良！\n");
    else if(score>=70)
        printf("中！\n");
    else if(score>=60)
        printf("及格！\n");
    else
        printf("不及格！\n");
    return 0;
}
```

① 输入 101↙，运行结果为：

```
请输入学生的成绩：101
输入错误！
```

② 输入 56↙，运行结果为：

```
请输入学生的成绩：56
不及格！
```

③ 输入 95↙，运行结果为：

```
请输入学生的成绩：95
优！
```

说明：如果输入的成绩不满足 if(score<0||score>100)中的条件，则在 else if(score>=90)中，else 就已经排除了 score<0 和 score>100 的情况，所以虽然条件只写了 score>=90，但实际条件相当于 score>=90&&score<=100。后面的 else 也都表示排除了前面的所有可能。

此程序除了用多分支 if 结构实现，还可以用单分支 if 结构实现，用单分支 if 结构实现代码如下。

```c
#include <stdio.h>
int main( )
{
    int score;
    printf("请输入学生的成绩：");
    scanf("%d",&score);
    if(score<0||score>100)
        printf("输入错误！\n");
    if(score>=90&&score<=100)
        printf("优！\n");
    if(score>=80&&score<=89)
        printf("良！\n");
    if(score>=70&&score<=79)
        printf("中！\n");
    if(score>=60&&score<=69)
        printf("及格！\n");
    if(score>=0&&score<=59)
        printf("不及格！\n");
    return 0;
}
```

输入 74✓后，程序的运行结果为：

```
请输入学生的成绩：74
中！
```

【例 3-9】　输入 x 的值，要求根据如下公式输出对应 y 的值。

$$y = \begin{cases} -1, & x<0 \\ 0, & x=0 \\ 1, & x>0 \end{cases}$$

用嵌套的 if 结构实现，方法如下。

方法一：在 if 里面嵌套。

```c
#include <stdio.h>
int main( )
{
    int x,y;
    printf("请输入 x 的值：");
```

```
        scanf("%d",&x);
        if(x<=0)
        {
            if(x==0)
                y=0;
            else y=-1;
        }
        else y=1;
        printf("y=%d\n ",y);
        return 0;
}
```

① 输入-3✓，运行结果为：

```
请输入x的值: -3
y=-1
```

② 输入0✓，运行结果为：

```
请输入x的值: 0
y=0
```

③ 输入7✓，运行结果为：

```
请输入x的值: 7
y=1
```

方法二：在 else 里面嵌套。

```
#include <stdio.h>
int main( )
{
    int x,y;
    printf("请输入 x 的值: ");
    scanf("%d",&x);
    if(x<0)
        y=-1;
    else
    {
        if(x==0)
            y=0;
        else
            y=1;
    }
    printf("y=%d\n",y);
    return 0;
}
```

① 输入-5✓，运行结果为：

```
请输入x的值: -5
y=-1
```

② 输入 0↙，运行结果为：

```
请输入x的值: 0
y=0
```

③ 输入 5，运行结果为：

```
请输入x的值: 5
y=1
```

除了以上两种嵌套的 if 结构，该例题还可以用单分支及多分支的 if 结构实现。读者在熟悉 if 语句后，可以根据需要选择合适的结构解题。

3.3.4 switch 语句

实际问题中，多分支选择情况还是很多，如成绩分类、学历划分、工资税率问题等，虽然 if 语句可以处理多分支选择，但是当分支较多时，用 if…else 来处理，嵌套层次就会增多，导致程序可读性较差。在 C 语言中，switch 语句可直接实现多分支选择。

switch 语句是多分支选择语句，也称为开关语句。switch 语句的一般形式：

```
switch (表达式)
{
    case 常量表达式 1: 语句组 1; break;
    case 常量表达式 2: 语句组 2; break;
            ⋮
    case 常量表达式 n: 语句组 n; break;
    default: 语句组 n+1; break;
}
```

switch 语句的执行过程如图 3-6 所示。首先计算 switch 后面括号内"表达式"的值，然后将此值与各 case 后面的常量表达式的值比较。如果与某个 case 后的常量表达式的值相等，则执行该 case 后面的语句组，遇到 break 语句，switch 结构终止，控制流程跳转到switch 语句后的下一行；如果与所有 case 后的常量表达式的值都不相等，则执行 default 后的语句组。

说明：

（1）switch 后面括号内的"表达式"只能是整型、字符型或枚举型表达式。

（2）各个 case 后的常量表达式的值必须不相同。

（3）case 和常量表达式之间一定要有空格，常量表达式后有冒号。

（4）各个 case 及 default 的前后顺序改变，不影响程序执行结果。

（5）多个 case 可以共用一个语句块。

（6）default 可以省略，当 switch 表达式的值与各个 case 后面的常量表达式的值都不匹配时，不执行任何语句，直接跳出 switch 结构。

（7）break 语句用于终止 switch 结构，使控制流程跳转到 switch 语句后的下一行。如果不使用 break，则从与表达式匹配的那个 case 语句开始，后面所有的语句组都会被执行。

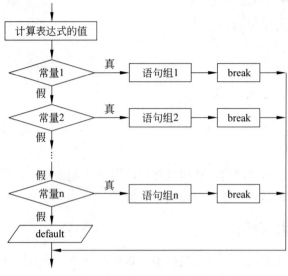

图 3-6 switch 多分支结构

【例 3-10】 根据输入的月份，输出相应的季节。春季 3、4、5 月，夏季 6、7、8 月，秋季 9、10、11 月，冬季 12、1、2 月。

```c
#include <stdio.h>
int main( )
{
    int month;
    printf("请输入月份：");
    scanf("%d",&month);
    switch(month)
    {
        case 3:
        case 4:
        case 5: printf("春季! \n"); break;
        case 6:
        case 7:
        case 8: printf("夏季! \n"); break;
        case 9:
        case 10:
        case 11: printf("秋季! \n"); break;
        case 12:
        case 1:
        case 2: printf("冬季! \n"); break;
        default: printf("输入错误! \n");
    }
    return 0;
}
```

输入6✓，程序的运行结果为：

```
请输入月份：6
夏季！
```

说明：程序中多个 case 共用一个语句，如 case 3、case4、case5 共用 "printf("春季！\n"); break;" 语句。当输入值为 1～12，都可以找到相应 case 后的常量匹配，从而执行后面的语句，如果输入值超出 1～12，则执行 default 后的语句。

【例 3-11】 从键盘输入一个由运算符（+、-、*或/）连接的运算式，要求根据输入的运算符计算两个数的运算结果（保留两位小数）。

```c
#include <stdio.h>
int main( )
{
    float a, b, c;
    char op;
    int flag=1;                //设 flag 为标志位，以判断运算符输入是否正确
    printf("请输入运算式：");
    scanf("%f%c%f",&a,&op,&b);
    switch(op)
    {
        case '+':  c = a + b;  break;
        case '-':  c = a - b;  break;
        case '*':  c = a * b;  break;
        case '/':  c = a / b;  break;
        default:  flag = 0;
    }
    if(flag==1)                //flag 值未变，说明输入了正确运算符
        printf("%.2f%c%.2f=%.2f\n", a, op, b, c);
    else printf ("运算符输入错误！\n");
    return 0;
}
```

① 输入 3.5+8✓，程序的运行结果为：

```
请输入运算式：3.5+8
3.50+8.00=11.50
```

② 输入 29/5✓，程序的运行结果为：

```
请输入运算式：29/5
29.00/5.00=5.80
```

说明：程序增加了一个 flag 标志，flag 初始值为 1，如果输入的是规定的运算符，则会匹配其中一个 case，执行其后面的语句，flag 的值不会改变，正常输出运算式的结果；如果输入的不是规定运算符，没有匹配的 case，则执行 default 语句，使 flag=0，结果输出 "运算符输入错误！"。

3.4 循环结构程序设计

前面简单提到过循环结构，其特点在于"循环"，即重复地执行某部分功能代码。而日常生活中需要重复处理的问题非常多，例如，每天早上起来晨跑，每天按时上下班，统计全班每一个同学各科的总分及平均分等。在程序处理中也会遇到很多需要重复处理的问题，例如，计算 $1+2+3+\cdots+100$ 或者计算 $1\times2\times3\times\cdots\times20$ 等，这类问题通常用循环结构来实现。循环结构有三个要素：循环变量、循环体和循环终止条件，当未达到循环终止条件（即满足循环条件）时，就重复执行循环体，改变循环变量，直到达到循环终止条件，就结束循环。循环变量主要用以使循环条件向终止方向靠近，否则容易造成死循环。C 语言中主要有 3 种循环语句：while 语句、do-while 语句和 for 语句。

3.4.1 while 语句

while 语句是"当型循环"控制语句，其特点是：先判断条件，后执行循环。它的一般形式为：

```
while(表达式)
{
    循环体
}
```

执行过程如图 3-7 所示，首先判断表达式的值，如果值为"假"，直接终止循环，转去执行循环体外的下一行；如果值为"真"，执行循环体，再重复判断表达式的值，执行循环体，直到表达式的值为"假"为止。

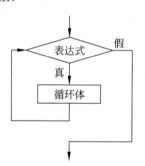

图 3-7　while 语句执行流程图

说明：

（1）循环体如果只有一条语句，可以省略其外面的花括号"{ }"，如果有多条语句，则不能省略，必须是用花括号"{ }"括起来的复合语句。

（2）while(表达式)后如果添加分号"；"，则表示循环体为空语句。

（3）如果"表达式"的值在第一次判断时为假，则循环体一次都不会被执行。

【例 3-12】　用 while 语句计算 $1+2+3+\cdots+100$ 的值。

```
#include<stdio.h>
int main( )
{
    int i=1, sum=0;              //定义变量i和sum，并初始化
    while(i<=100)                //判断i的值是否小于或等于100，是则执行循环体
    {
        sum=sum+i;              //将i的值累加在sum中
        i++;                    //循环变量i的值加1
    }
    printf("1+2+3+…+100=%d\n",sum);
    return 0;
}
```

程序的运行结果为：

```
1+2+3+…+100=5050
```

说明：

（1）程序中累加的数据是有规律的，每次加的数都比前一个数多1，因此可以用i++或者++i来实现。

（2）变量i和sum都要赋初值，如果不赋值，则为随机值，会导致结果错误。

（3）循环体包含两条语句，因此必须用花括号"{ }"括起来，否则while语句的范围只能管到while后面第一条语句。

（4）变量i的初值为1，满足循环条件，随着循环的执行，i的值逐渐增加，直至大于100，循环结束，循环体执行了100次。

【例3-13】 输入两个整数，求两个数的最大公约数。

```
#include<stdio.h>
int main( )
{
    int a,b,c;
    printf("请输入两个整数:");
    scanf("%d%d",&a,&b);
    c=(a>b)?b:a;                //使c为a，b中的较小值
    while(a%c!=0||b%c!=0)       //如果a或者b不能被c整除，则执行循环体
        c--;                   //c的值最多减少至1时，就会使循环条件不满足而跳出循环
    printf("%d和%d的最大公约数是:%d\n ",a,b,c);
    return 0;
}
```

① 输入 12 18✓，程序输出结果为：

```
请输入两个整数:12 18
12和18的最大公约数是:6
```

② 输入 4 7✓，程序输出结果为：

```
请输入两个整数:4 7
4和7的最大公约数是:1
```

说明：这里使用了穷举法，由于两个数的最大公约数有可能是其中的小数，所以用条件运算符"c=(a>b)?b:a"使c的值为a，b中的较小值，然后a，b分别都与c相除，只要有一方不能被c整除，就继续循环，循环中c--，c逐次减少，直到a，b都能同时被c整除，循环结束。当然，c最小减少到1时，a，b都能被其整除。

3.4.2 do-while 语句

do-while 语句是"直到型循环"控制语句，其特点是：先执行循环，再判断条件。它的一般形式为：

```
do
{
    循环体
}while(表达式);
```

执行过程如图 3-8 所示，先执行 do 后面的循环体，然后判断表达式的值，如果值为"假"，结束循环，转向执行循环体外的下一行；如果值为"真"，继续执行循环体，再重复判断表达式的值，执行循环体，直到表达式的值为"假"为止。

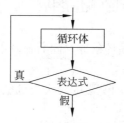

图 3-8 do-while 语句执行流程图

说明：

（1）while(表达式)后面的分号"；"是结构的一部分，必须有。

（2）循环体至少执行一次，当第一次判断"表达式"为假时，循环体已经执行了。

（3）循环体如果只有一条语句，可以省略其外面的花括号"{ }"，如果有多条语句，则不能省略。例如：

循环体无花括号：　　　　　　循环体有花括号：

```
i=10;                       i=10;
do                          do{
  printf("%d",i--);           printf("%d",i--);
while(i>0);                  }while(i>0);
```

由于 do-while 结构最后本来就有个分号"；"，为增加程序的可读性，即使循环体只有一条语句，也建议用花括号"{ }"括起来。

【例 3-14】 用 do-while 语句计算 $1+2+3+\cdots+100$ 的值。

```
#include<stdio.h>
int main( )
{
    int  i=1, sum=0;
    do{
        sum=sum+i;
        i++;
    }while(i<=100);
    printf("1+2+3+…+100=%d\n",sum);
    return 0;
}
```

程序的运行结果为：

```
1+2+3+…+100=5050
```

说明：使用 do-while 实现与例 3-12 中使用 while 实现基本思路是一样的，只是 do-while 将循环体放到 do 后先执行，再判断条件，两种结构循环的次数一致，而最后执行结果也一致。

在大多数情况下，能用 while 处理的题目也能够用 do-while 处理，但是在第一次判断就为"假"的情况下，两者执行结果不一致，while 语句的循环体一次都不执行，而 do-while 语句的循环体会执行一次。

【例 3-15】 输入一个正整数 n，要求输出从 n 到 1 的整数，即输出 n，n−1，…，2，1。

（1）用 while 语句实现。

```
#include<stdio.h>
int main( )
{
    int n;
    printf("请输入一个正整数：");
    scanf("%d",&n);
    while(n>0)
    {
        printf("%d  ",n);
        n--;
    }
    putchar('\n');
    return 0;
}
```

① 当输入 6↙时，程序的运行结果为：

```
请输入一个正整数：6
6 5 4 3 2 1
```

② 当输入-3↙时，程序的运行结果为：

```
请输入一个正整数：-3
```

（2）用 do-while 语句实现。

```
#include<stdio.h>
int main( )
{
    int n;
    printf("请输入一个正整数：");
    scanf("%d",&n);
    do{
        printf("%d  ",n);
        n--;
    }while(n>0);
    putchar('\n');
    return 0;
}
```

① 当输入 6✓时，程序的运行结果为：

```
请输入一个正整数：6
6  5  4  3  2  1
```

② 当输入-3✓时，程序的运行结果为：

```
请输入一个正整数：-3
-3
```

说明：当输入正整数时，满足循环条件，while 结构和 do-while 结构运行结果一致；而当输入负数时，while 结构结束循环，没有输出结果，而 do-while 结构执行了一次循环，将输入的负数输出了一次，然后结束循环。

3.4.3　for 语句

for 语句是三种循环结构中使用最广泛的，while 语句能处理的问题都可以用 for 语句来处理，它的一般形式为：

for(表达式 1;表达式 2;表达式 3)
{
　　　循环体
}

其中三个表达式各自表示如下。
（1）表达式 1：只执行一次，主要是给循环变量设置初值，一般为赋值表达式。
（2）表达式 2：为循环条件，一般为关系表达式或逻辑表达式。
（3）表达式 3：主要用于调整循环变量的值，使循环变量值改变后循环趋于结束。
因此，for 语句还可以写成下面这种更容易理解的形式。

for(循环变量赋初值；循环条件；循环变量值调整**)**

{

　　循环体

}

for 循环执行过程如图 3-9 所示，分步执行为：

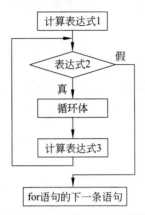

图 3-9　for 语句执行流程图

（1）计算表达式 1。

（2）判断表达式 2 的值，如果值为"真"，则执行循环体，然后执行下面的第（3）步。如果值为"假"，则转到第（5）步。

（3）计算表达式 3。

（4）转回第（2）步继续执行。

（5）循环结束，执行 for 语句之后的下一条语句。

【例 3-16】 用 for 语句计算 $1+2+3+\cdots+100$ 的值。

```c
#include<stdio.h>
int main( )
{
    int i,sum=0;
    for(i=1;i<=100;i++)
        sum=sum+i;
    printf("1+2+3+…+100=%d\n",sum);
    return 0;
}
```

说明：此题前面分别用 while 语句和 do-while 语句实现过，用 for 语句来实现，相当于把 i 的赋值部分放到了表达式 1 中，判断循环条件放到了表达式 2 中，而循环体中循环变量的增量 i++ 放到了表达式 3 中。

注意：

（1）for 语句中循环体如果只有一条语句，可以省略其外面的花括号"{ }"，如果有多条语句，则不能省略。

（2）for(表达式 1; 表达式 2; 表达式 3)的括号后面没有分号";"，如果加了分号，则表示循环体为空语句。

（3）for语句中的三个表达式都可以省略，但是表达式之间的分号不能省略。

（4）如果省略表达式1，可以在循环结构前给循环变量赋值。例如：

省略表达式1之前：	省略表达式1之后：

```
省略表达式1之前：              省略表达式1之后：
for(i=1;i<=100;i++)           i=1;
    sum=sum+i;               for(;i<=100;i++)
                                     sum=sum+i;
```

将表达式1的内容i=1放到了for循环之前，两者执行结果一致。

（5）如果省略表达式2，则表示不用判断循环条件，认为其值始终为真，循环为无限循环。例如：

```
for(i=1; ;i++)
    sum=sum+i;
```

相当于条件始终为真的while结构：

```
i=1;
while(1)        //条件为真，无限循环
{
    sum=sum+i;
    i++;
}
```

（6）如果省略表达式3，可以将其内容放到循环体内。例如：

```
for(i=1;i<=100;)
{
    sum=sum+i;
    i++;                   //表达式3的内容放到循环体中
}
```

（7）如果表达式1和表达式3都省略，则for结构等同于while结构。例如：

```
for(;i<=100;)                    while(i<=100)
{                                {
    sum=sum+i;         等同于        sum=sum+i;
    i++;                             i++;
}                                }
```

由此可见，for语句的功能比while语句的功能更强，除了可以给出循环条件，还可以给循环变量赋初值和改变循环变量的值。当然，为保证循环正常运行，还是需要在循环前给循环变量i赋初值。

（8）如果3个表达式都省略，则为无限循环，例如：

```
for( ; ; )                       while(1)
{                                {
```

```
    sum=sum+i;              等同于                sum=sum+i;
}                                            }
```

（9）表达式 1 和表达式 3 可以是简单表达式，也可以是逗号表达式，逗号表达式相当于是用逗号隔开的多个简单表达式，例如：

```
for(i=1,j=10;i<=j;i++,j--)
    sum=i+j;
```

表达式 1 里为逗号表达式"i=1,j=10"，从左到右分别为两个变量赋值，表达式 3 里也是逗号表达式"i++,j--"，i++和 j--都要执行。

（10）表达式 1 和表达式 3 里面可以是跟循环相关的表达式，也可以是跟循环无关的表达式，如果是跟循环无关的表达式，则循环结构前或循环体内应该补充相关语句，使循环结构能够正常执行。例如：

```
sum=0;                             i=0;         //循环变量赋初值
for(i=1;i<=100;i++) 相当于          for(sum=0;i<=99;sum=sum+i)
    sum=sum+i;                         i++;     //循环变量增量
```

表达式 1 换成了变量 sum 的赋值，表达式 3 换成了 sum 的累加，而循环变量的赋值和增量语句做了位置调整，但是要保证调整后执行结果一致，还需要修改循环变量 i 的初值以及循环条件的值。

从上面 for 语句的使用可以看出，for 语句的使用很灵活，且形式多变，可根据编程者需要或习惯调整循环结构，功能相对 while 语句更强大，使用更广泛。

3.4.4　循环的嵌套

在一个循环体内又完整地包含另一个循环结构，称为循环的嵌套（或多重循环）。while、do-while、for 三种循环可以相互嵌套，嵌套形式多样。如果只嵌套一层，称为二重循环，嵌套两层，称为三重循环，以此类推。例如：

1. for 循环中嵌套 for 循环的二重循环结构

```
for(表达式1;表达式2;表达式3)
{
  for(表达式4;表达式5;表达式6)     //内层循环
  {
    循环体
  }
}
```

2. for 循环中嵌套 while 循环的二重循环结构

```
for(表达式1;表达式2;表达式3)
{
  while(表达式4)       //内层循环
  {
    循环体
```

```
    }
  }
```

3. while 循环中嵌套 while 循环的二重循环结构

```
while(表达式1)
{
  while(表达式2)        //内层循环
  {
    循环体
  }
}
```

4. while 循环中嵌套 for 循环的二重循环结构

```
while(表达式1)
{
  for(表达式2;表达式3;表达式4)        //内层循环
  {
    循环体
  }
}
```

除了上面 4 种嵌套结构，循环的嵌套形式还有很多，就不一一举例，读者可根据需要用三种循环结构来组合想要的嵌套形式。

【例3-17】 在二重 for 循环嵌套中，分别输出外层循环变量和内层循环变量的值。

```
#include<stdio.h>
int main( )
{
    int i, j;
    for(i=1;i<=5;i++)
      for(j=1;j<=12;j++)
        printf("%d %d   ",i,j);        //每次循环输出 i 和 j 的值
    printf("\n");                       //换行
    return 0;
}
```

程序的运行结果为：

```
1 1   1 2   1 3   1 4   1 5   1 6   1 7   1 8   1 9   1 10   1 11   1 12
2 1   2 2   2 3   2 4   2 5   2 6   2 7   2 8   2 9   2 10   2 11   2 12
3 1   3 2   3 3   3 4   3 5   3 6   3 7   3 8   3 9   3 10   3 11   3 12
4 1   4 2   4 3   4 4   4 5   4 6   4 7   4 8   4 9   4 10   4 11   4 12
5 1   5 2   5 3   5 4   5 5   5 6   5 7   5 8   5 9   5 10   5 11   5 12
```

程序的执行过程为：

（1）当 i=1 时，外循环条件 i<5 为"真"，执行内层循环。

（2）内层循环 j=1，内循环条件 j<=12 为"真"，执行内循环的循环体，然后 j 增量，再判断内循环条件，如果值为"真"继续执行循环体，j 增量，直到循环条件值为"假"，

跳出内层循环，执行其后的语句。

（3）i增量，判断外循环条件，如果值为"真"，转回执行第（2）步。如果值为"假"，则转到第（4）步。

（4）外循环结束，执行外循环之后的下一条语句。

从程序的执行过程和运行结果可以看出，当外层循环执行一次，内层循环会从循环变量初始值执行到循环条件为"假"为止，内循环结束后，外循环再判断，直到外循环条件为"假"，结束整个循环。

i和j在执行过程中的变化规律如下。

结果图	第一行	第二行	第三行	第四行	第五行
i	1	2	3	4	5
j	1~12	1~12	1~12	1~12	1~12

可见，外层循环i的变化比较慢，而内层循环j的变化比较快，i走一次，j走一遍，如同每年都有12个月，第1年的时候，月份需要从1月到12月，12月过了才是第2年，第2年的时候，月份又要从1月到12月，如此反复，直到第5年的12月过了就结束。因此，在循环嵌套中，应该把变化快的变量写到内层循环中，而变化慢的变量写到外层循环中。

【例3-18】　编写程序输出以下图形。

```
    *
   ***
  *****
 *******
```

```c
#include <stdio.h>
int main( )
{
    int i, j, k;
    for(i=0;i<=3;i++)            //i 表示行，0~3 总共 4 行
    {
        for(j=0;j<=2-i;j++)      //j 表示列，控制空格个数
            printf(" ");
        for(k=0;k<=2*i;k++)      //k 表示列，控制*的个数
            printf("*");
        printf("\n");            //换行
    }
    return 0;
}
```

程序的运行结果为：

说明：

（1）当i=0（第一行），满足循环条件i<=3，进入内层循环。j的循环条件变为j<=2，j

的值从 0 到 2 输出 3 个空格后跳出循环；k 的循环条件变为 k<=0，k 的值为 0，只输出 1 个*后跳出循环；然后输出换行符，光标移到下一行。

（2）i 的值增加到 1（第二行），满足循环条件 i<=3，进入内层循环。j 的循环条件变为 j<=1，j 的值从 0 到 1 输出 2 个空格后跳出循环；k 的循环条件变为 k<=2，k 的值从 0 到 2 输出 3 个*后跳出循环；然后输出换行符，光标移到下一行。

（3）i 的值增加到 2（第三行），满足循环条件 i<=3，进入内层循环。j 的循环条件变为 j<=0，j 的值为 0，输出 1 个空格后跳出循环；k 的循环条件变为 k<=4，k 的值从 0 到 4 输出 5 个*后跳出循环；然后输出换行符，光标移到下一行。

（4）i 的值增加到 3（第四行），满足循环条件 i<=3，进入内层循环。j 的循环条件变为 j<=-1，由于 j=0，不满足循环条件，直接跳出循环；k 的循环条件变为 k<=6，k 的值从 0 到 6 输出 7 个*后跳出循环；然后输出换行符，光标移到下一行。

（5）i 的值增加到 4，不满足循环条件 i<=3，跳出外层循环，执行"return 0;"结束程序。

3.4.5　break 和 continue 语句

前面介绍的循环都是当循环条件为"假"时结束循环，为"真"时正常执行循环体，但是有些情况下往往需要提前结束循环，即使循环条件为"真"。C 语言中提供了 break 语句和 continue 语句来实现提前结束循环。

1. break 语句

在循环语句中，break 语句的作用是当程序执行到"break;"语句时，立即结束循环，程序流程跳出循环结构，转向执行循环结构之后下一行语句。除了循环外，break 语句也在 switch 语句中使用，用于在每个 case 执行完后，立即跳出 switch 结构，实现选择分支。break 语句只能用于循环语句和 switch 语句。

如果是多重循环结构，break 语句只能结束并跳出最近的一层循环结构，而且常常是与选择结构一并出现在循环体中，即当满足某个条件而立即跳出循环结构。以 while 语句中的 break 为例，其结构为：

```
while(表达式 1)
{
    ⋮
    if(表达式 2)
        break;
    ⋮
}
```

执行过程如图 3-10 所示，分步执行为：

（1）判断表达式 1，如果值为"假"，转到第（3）步。如果值为"真"，执行循环体中表达式 2 前所有语句。

（2）判断表达式 2，如果值为"假"，执行循环体中表达式 2 后的所有语句，并转回第（1）步继续执行。如果值为"真"，执行 break 语句，转到第（3）步。

（3）循环结束，执行 while 语句之后的下一条语句。

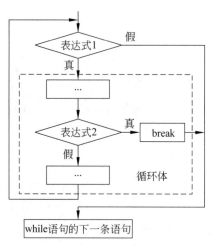

图 3-10　while 中 break 语句执行流程

【例 3-19】　输出在 1～200 内能同时被 3 和 5 整除的前 5 个数。

```c
#include <stdio.h>
 int main( )
 {
    int i,m=0;
    for(i=1;i<=200;i++)
    {
        if(i%3==0&&i%5==0)
        {
          printf("%d ",i);
          m++;                        //对符合条件的数计数
          if(m==5) break;             //计数为 5 时结束循环
        }
    }
    printf("\n");                     //换行
    return 0;
 }
```

程序运行结果为：

```
15 30 45 60 75
```

说明：在 1～200 内能同时被 3 和 5 整除的数比较多，用 m 计数，选择结构判断，当个数为 5 时直接用 break 语句跳出循环，转而执行 printf()函数，循环不再继续执行。

【例 3-20】　输入一个大于 2 的整数，判断是否为素数。

```c
#include <stdio.h>
 int main( )
 {
    int i, m=0;
    printf("请输入一个整数：");
```

```
    scanf("%d",&m);
    for(i=2;i<=m-1;i++)
    {
        if(m%i==0)
        break;                    //结束循环
    }
    if(i==m)                      //条件成立表示for循环正常结束，m没有被i整除
        printf("%d 是素数！",m);
    else
        printf("%d 不是素数！",m);
    return 0;
}
```

① 输入 37↙，程序的运行结果为：

```
请输入一个整数：37
37是素数！
```

② 输入 51↙，程序的运行结果为：

```
请输入一个整数：51
51不是素数！
```

说明：

（1）素数一般指质数，除了 1 和它本身以外不再被其他的除数整除。因此，当 m 能被 2~m-1 中的某个数整除，就能确定它不是素数，直接执行 break 提前结束循环，此时 i 的值小于或等于 m-1；如果都不能整除，说明 m 是素数，循环因循环条件为"假"结束，此时循环为正常结束，i 的值为 m。

（2）循环后的 if 语句根据 i 的值判断是否为素数，i==m 为"真"时 m 是素数，否则不是素数。当然，条件也可以写成 i<=m-1，值为"真"时 m 不是素数，否则是素数。

（3）i 的取值范围为 2~m-1，执行效率不高，可以将范围缩小到 2~m/2，或者 2~sqrt(m)（sqrt 为平方根计算函数，相当于求 $\sqrt{m}$，结果为双精度数，需包含 math.h 头文件），效率更高。

2. continue 语句

break 语句用于结束整个循环结构，而 continue 用于结束本次循环。程序执行了 continue 语句后，就会跳过循环体中位于 continue 语句后的所有未执行的语句，结束本次循环，开始下一次循环条件判断（如果在 for 语句中，则执行表达式 3 后再判断）。continue 语句跟 break 语句一样，也只作用于最近的一层循环结构。以 while 语句中的 continue 为例，其结构为：

```
while(表达式 1)
{
    ⋮
    if(表达式 2)
        continue;
    ⋮
```

}

执行过程如图 3-11 所示，分步执行为：

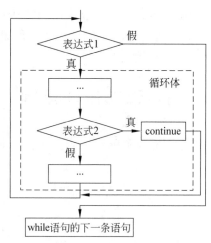

图 3-11　while 中 continue 语句执行流程

（1）判断表达式 1，如果值为"假"，转到第（3）步。如果值为"真"，执行循环体中表达式 2 前所有语句。

（2）判断表达式 2，如果值为"假"，执行循环体中表达式 2 后的所有语句，并转回第（1）步继续执行。如果值为"真"，执行 continue 语句，并转回第（1）步。（注意：执行 continue 语句后，并未执行表达式 2 后的语句。）

（3）循环结束，执行 while 语句之后的下一条语句。

【例 3-21】　输出在 1～200 内能同时被 3 和 5 整除的数。

```c
#include <stdio.h>
int main( )
{
    int i,m=0;
    for(i=1;i<=200;i++)
    {
        if(i%3!=0||i%5!=0)
            continue;            //if 成立，结束本次循环，后面语句不执行
        printf("%5d",i);         //if 不成立，输出能同时被 3 和 5 整除的数
        m++;                     //对符合条件的数计数
        if(m%5==0)               //控制每行输出 5 个数后换行
            printf("\n");
    }
    printf("\n");
    return 0;
}
```

程序的运行结果为：

```
 15    30    45    60    75
 90   105   120   135   150
165   180   195
```

说明：if条件成立时，执行 continue 语句，循环结构中 9～12 行不执行，直接执行 for 语句中第三个表达式"i++"；if条件不成立，则执行 9～12 行，再执行"i++"。"printf("%5d", i);"中"%5d"表示输出结果占 5 列，输出右对齐。

3.5 程序设计举例

【例 3-22】 输出 100～200 中的所有素数。

```c
#include <stdio.h>
#include <math.h>
int main( )
{
    int  i,m,n,c=0;
    for(m=101;m<200;m=m+2)
    {
        n=sqrt(m);                    //n 赋值为 m 的平方根值取整
        for(i=2;i<=n;i++)
          if(m%i==0)
              break;                  //m 如果能被 i 整除，提前结束内循环
        if(i==n+1)                    //条件成立表示内层 for 循环正常结束，m 没有被整除
        {
            printf("%5d",m);          //输出素数
            c++;                      //统计素数个数
            if(c%10==0)               //控制每行输出 10 个素数后换行
                printf("\n");
        }
    }
    printf("\n");
    return 0;
}
```

程序的运行结果为：

```
101   103   107   109   113   127   131   137   139   149
151   157   163   167   173   179   181   191   193   197
199
```

说明：

（1）此题在例 3-20 的基础上增加了一层循环，当执行 break 时，跳出内层循环，转而执行从 if(i==n+1)开始的语句。

（2）查找 100～200 的素数，m 初始值 101，每次循环增加 2，条件为 m<200，即 m 的值是从 101 到 199 的奇数，因为偶数都能被 2 整除，所以肯定不是素数，不用判断。

【例 3-23】 编写程序，输出 9×9 乘法表。

```
#include<stdio.h>
int main( )
{
    int i,j,p;
    printf("\n");
    for(i=1;i<=9;i++)                    //i 控制行，共 9 行
    {
        for(j=1;j<=i;j++)                //j 控制列
        {
            p=i*j;                       //p 为乘法的结果
            printf("%d*%d=%-4d",i,j,p);  //%-4d 表示输出占 4 列，左对齐
        }
        printf("\n");                    //每一行输出完后换行
    }
    return 0;
}
```

程序输出结果为：

```
1×1=1
2×1=2    2×2=4
3×1=3    3×2=6    3×3=9
4×1=4    4×2=8    4×3=12   4×4=16
5×1=5    5×2=10   5×3=15   5×4=20   5×5=25
6×1=6    6×2=12   6×3=18   6×4=24   6×5=30   6×6=36
7×1=7    7×2=14   7×3=21   7×4=28   7×5=35   7×6=42   7×7=49
8×1=8    8×2=16   8×3=24   8×4=32   8×5=40   8×6=48   8×7=56   8×8=64
9×1=9    9×2=18   9×3=27   9×4=36   9×5=45   9×6=54   9×7=63   9×8=72   9×9=81
```

说明：

（1）外层循环中 i 控制行，为第一个乘数，每行第一个乘数的值正好与行值对应，例如，第 1 行为 1，第 2 行为 2。

（2）内层循环中 j 的值为第二个乘数，由于循环条件为 j<=i，因此，当 i=1 时，j 的值只能为 1，输出 1*1=1，然后换行；当 i=2，j 的值从 1 到 2，输出 2*1=2，2*2=4，然后换行。后面的输出以此类推。

【例 3-24】 输出所有的"水仙花数"。"水仙花数"是指一个三位数，其各位数字立方和等于该数本身。例如，153 是一个"水仙花数"，因为 $153 = 1^3 + 5^3 + 3^3$。

```
#include<stdio.h>
int main( )
{
    int i,x,y,z;
    for(i=100;i<1000;i++)            //i 的范围为 100～999
    {
        x=i%10;                      //取 i 的个位值
        y=i/10%10;                   //取 i 的十位值
        z=i/100;                     //取 i 的百位值
        if(i==(x*x*x+y*y*y+z*z*z))
          printf("%5d",i);           //如果 i 等于它各位数字立方和，输出 i
```

```
    }
    printf("\n");                           //控制换行
    return 0;
}
```

程序运行结果为：

```
153  370  371  407
```

说明：利用 for 循环控制循环变量 i 从 100 遍历到 999，对每个数都分解出个位、十位、百位，再用 if 语句判断每个数是否等于它各位数字立方和，输出符合条件的数字。

【例 3-25】 输入一行字符，以回车结束，分别统计出其中英文字母、空格、数字和其他字符的个数。

```
#include<stdio.h>
int main( )
{
    char c;
    int letters=0,spaces=0,digits=0,others=0;
    printf("请输入一行字符： \n");
    while((c=getchar())!='\n')              //c 接收从键盘输入的字符
    {
        if((c>='a'&&c<='z')||(c>='A'&&c<='Z'))
            letters++;                      //统计字母个数
        else if(c>='0'&&c<='9')
            digits++;                       //统计数字个数
        else if(c==' ')
            spaces++;                       //统计空格个数
        else
            others++;                       //统计其他个数
    }
    printf("字母=%d,数字=%d,空格=%d,其他=%d\n",letters,digits,spaces,others);
    return 0;
}
```

程序运行结果为：

```
请输入一行字符：
Hello 2020! ^_^
字母=5,数字=4,空格=2,其他=4
```

说明：

（1）变量 c 接收一个字符后判断该字符属于哪一类，然后再接收，再判断，直到接收到"\n"为止。

（2）这里分支一定要用 if-else 语句，因为 others 是排除了字母、数字、空格后剩下的字符，只用 if 语句无法实现。

习 题 3

3.1 选择题

（1）以下关于 switch 和 break 语句的描述正确的是（   ）。

    A．在 switch 语句中每个 case 必须使用 break 语句

    B．break 语句只能用于 switch 语句中

    C．在 switch 语句中，可根据需要用一条或多条 break 语句

    D．switch 语句只能实现一选一

（2）以下 for 循环的执行次数是（   ）。

```
for(x=0,y=0;(y=123)&&(x<4);x++);
```

    A．无限循环   B．循环次数不定   C．4 次   D．3 次

（3）以下程序段（   ）。

```
x=-1;
do{
   x=x*x;
}while (!x);
```

    A．是死循环   B．循环执行两次   C．循环执行一次   D．有语法错误

（4）以下程序运行后的输出结果是（   ）。

```
#include<stdio.h>
int main( )
{
    int i,j=1;
    for(i=1;i<=5;i++)
        j*=i;
    printf("%d, %d\n",i,j);
    return 0;
}
```

    A．5，120   B．5，10   C．6，120   D．6，10

（5）下面程序输出的结果是（   ）。

```
#include<stdio.h>
int main( )
{
  int sum=0;
  for(int i=0;i<6;i++)
  {
      if( i == 3) break;
      sum=sum+i;
  }
```

```
    printf("sum =%d\n ",sum);
    return 0;
}
```

A. 0   B. 3   C. 7   D. 12

（6）若变量已正确定义，以下语句段的输出结果是（   ）。

```
#include<stdio.h>
int main( )
{
    int x=0,y=2,z=3;
    switch(x){
      case 0 : switch(y==2)
               {
                   case 1: printf("*"); break;
                   case 2: printf("%"); break;
               }
      case 1 : switch(z)
               {
                   case 1: printf("$");
                   case 2: printf("*"); break;
                   default: printf("#\n"); }
               }
    }
    return 0;
}
```

   A. *#   B. %#   C. *$*   D. **#

（7）以下程序的运行结果是（   ）。

```
#include<stdio.h>
int main( )
{
    int i, s = 0;
    for(i = 1; i < 10; i ++)
       if (i % 2 && i % 3) s+=i;
    printf("%d\n",s);
    return 0;
}
```

   A. 4   B. 13   C. 45   D. 6

（8）下面程序的功能是计算正整数 2345 的各个数字的平方和，请分别选择填空。

```
#include<stdio.h>
int main( )
{
    int n=2345,sum=0;
    do{
```

```
        sum=sum+【1】;
        n=【2】;
    } while(n);
    printf("sum=%d",sum);
    return 0;
}
```

【1】所在位置应该填写的内容为（　　　）。

　　　A．n%10　　　　　B．(n%10)*(n%10)　C．n/10　　　　　　D．(n/10)*(n/10)

【2】所在位置应该填写的内容为（　　　）。

　　　A．n/1000　　　　B．n/100　　　　　C．n/10　　　　　　D．n%10

程序运行的结果是（　　　）。

　　　A．54　　　　　　B．55　　　　　　C．14　　　　　　　D．55

（9）下面程序的功能是从键盘输入的一组字符中统计出大写字母的个数 m 和小写字母的个数 n，并输出 m,n 中的较大者，请分别选择填空。

```
#include<stdio.h>
int main( )
{
    int m=0,n=0;
    char c;
    while((【1】)!= '\n')
    {
        if(c>='A'&&c<='Z') m++;
        if(c>='a'&&c<='z') n++;
    }
    printf("%d\n",m<n?【2】);
    return 0;
}
```

【1】所在位置应该填写的内容为（　　　）。

　　　A．c=getchar( )　　B．getchar( )　　　C．c==getchar( )　　D．scanf("%c",c)

【2】所在位置应该填写的内容为（　　　）。

　　　A．n:m　　　　　　B．m:n　　　　　　C．m:m　　　　　　D．n:n

3.2　有 1、2、3、4、5 这 5 个数字，它们能组成多少个互不相同且无重复数字的 3 位数？请全部输出，每 10 个数字放在一行。

3.3　一个猴子摘桃子，摘完后当即吃了一半，觉得不够，又多吃了一个。第 2 天早上起来，又吃了剩下桃子的一半，觉得不够，又多吃了一个，接下来每天早上起来都是如此，吃剩下桃子的一半，觉得不够，又多吃了一个。当到了第 10 天，早上猴子起来吃桃子，发现只剩下一个桃子，请问第 1 天猴子一共摘了多少个桃子？

3.4　将一个正整数分解质因数。例如，输入 90↙，输出 90=2*3*3*5。

3.5　古典问题（兔子生崽）：有一对兔子，从出生后第 3 个月起每个月都生一对兔子，小兔子长到第三个月后每个月又生一对兔子，假如兔子都不死，问每个月的兔子总数为多少？（输出前 40 个月即可。）

3.6　编写程序，将 2000—3000 年中的所有闰年年份输出并统计出闰年的总数，要求每 10 个闰年放在一行输出。说明：①公历年份是 4 的倍数的，且不是 100 的倍数，为闰年；②公历年份是 400 的倍数，为闰年。

3.7　有一个整数，它加上 100 后是一个完全平方数，再加上 168 又是一个完全平方数。请编程输出满足上面条件的数。说明：如果一个自然数 a 是某个整数 b 的平方，那么这个自然数 a 叫作完全平方数。零也可称为完全平方数。

实验 4　选择结构程序设计

一、实验目的

1. 了解 C 语言表示逻辑的方法（以 0 代表"假"，以非 0 代表"真"）。
2. 学会正确使用逻辑运算符和逻辑表达式。
3. 熟练掌握 if 语句和 switch 语句。

二、实验内容

1. 分析下面程序的运行结果，并上机验证。

```c
#include <stdio.h>
int main( )
{
   int a=3,b=5,c=8;
   if(a++<3 && c--!=0)  b=b+1;
   printf("a=%d\tb=%d\tc=%d\n",a,b,c);
   return 0;
}
```

分析：该程序中的 if 语句的条件判断表达式 a++<3 && c--!=0 是一个逻辑表达式，在计算此逻辑表达式的值时，编译器首先判断出关系表达式 a++<3 的值为假，由此可知，整个逻辑表达式的值为假。因此，编译器不再计算后一部分 c--!=0，变量 c 的值保持不变。

2. 分析下面程序的运行结果，并上机验证。

```c
#include <stdio.h>
int main()
{
   int a,b,c;
   int s,w,t;
   s=w=t=0;
   a=-1;b=3;c=3;
   if(c>0)
      s=a+b;
   if(a<=0)
   {
      if(b>0)
         if(c<=0)
```

```
        w=a-b;
    }
    else
      if(c>0)
        w=a-b;
      else
        t=c;
    printf("%d %d %d",s,w,t);
     return 0;
}
```

分析：else 子句（可选）是 if 语句的一部分，必须与 if 配对使用，不能单独使用。在 if-else 的嵌套结构中，一定要分析清楚 if-else 的组合情况。务必记住，else 总是与离它最近的，并且尚未匹配的 if 相匹配。

3. 输入一个字符，请判断是字母、数字还是特殊字符。试编程实现。

分析：本题要用 if-else 的嵌套结构实现，把除字母和数字以外的其他字符都认为是特殊字符。要判断输入字符是哪一类字符，其实是用其 ASCII 码进行判断。字母包括大写字母和小写字母，其各自的 ASCII 值范围可以通过 ASCII 码表查得。但实际上，在书写程序时，不用出现具体的 ASCII 值，在程序中表示成'A'、'Z'这样的字符形式就可以了。题目里面的数字，其实是指数字字符'0'～'9'。

4. 短信计费。某套餐包含每月 5 元 100 条短信，不足 100 条计 5 元，超过 100 条计 0.08 元每条，输入月短信条数，输出短信费用，精确到分。例如，输入"59"，输出"5.00 元"，输入"123"，输出"6.84 元"。

分析：本题需要定义两个变量，一个变量保存短信条数，应该定义为整型，另一个变量用来保存费用，应该定义为浮点型。通过 if-else 结构完成短信费用的计算，最后输出短信费用。

5. 分析下面程序的运行结果，并上机验证。

```
#include<stdio.h>
int main()
{
    int x=10,y=5;
    switch(x)
    {
        case 1: x++;
        default: x+=y;
        case 2: y--;
        case 3: x--;
    }
    printf("x=%d,y=%d\n",x,y);
    return 0;
}
```

分析：switch 语句中，default 并不是只能放到 case 的后面，也可以放在若干 case 的中间，但是其含义不变。本题中，default 后面也没有加 break，在执行完 default 的语句后，程序会继续执行后面的 case 部分。

6. 分析下面程序的运行结果，并上机验证。

```c
#include<stdio.h>
int main( )
{
    int x=1,y=0,a=5,b=5;
    switch(x)
    {
        case 1:switch(y)
          {
              case 0: a++; break;
              case 1: b++; break;
          }
        case 2: a++;  b++;  break;
    }
    printf("a=%d,b=%d",a,b);
    return 0
}
```

分析：本题是嵌套的 switch 的结构，需要注意的是，外层 switch 结构中的 case 1 部分，没有用 break 语句。

7. 下面的程序是实现一个简单的计算器（保留两位小数点），如果由键盘输入 10+50，计算机可以输出结果 60.00；如果输入 8×6，计算机输出 48.00；如果输入 20/4，计算机输出 5.00；如果输入 8-6，计算机输出 2.00，请在空白处填上适当的代码。

```c
#include <stdio.h>
int main()
{
    float a,b,c;
    char op;
    scanf("%f%c%f", _____ );
    switch (op)
    {
        case '+': _____;  break;
        case '-': _____;  break;
        case '*': _____;  break;
        case '/': _____;  break;
        default: printf("error");
    }
    printf("result=%f ", c);
    return 0;
}
```

分析：通过分析已经给出的代码，变量 a、b 应该用来保存两个操作数，变量 c 保存最后的运算结果，字符型变量 op 保存操作符。通过 switch 语句对操作符 op 进行判断，如果 op 是"+"，则应该将 a、b 两个操作数相加，如果 op 是"-"，则应该将 a、b 两个操作数相减，等等。

实验 5　循环结构程序设计

一、实验目的

1. 熟练掌握用 while 语句、do-while 语句和 for 语句实现循环的方法。
2. 掌握在程序设计中使用多重循环。

二、实验内容

1. 编写程序，使用 do-while 循环结构，统计从键盘输入的字符中数字字符的个数，用换行符结束输入。

分析：本题的难点在于 do-while 循环语句的循环条件的设置。到目前为止，还没有学习过字符串的使用，因此本题采用输入单字符的方式，用换行符结束输入。如果每次输入的单字符用字符变量 ch 保存，那么循环条件就应该写为 ch!='\n'。每输入一个单字符，就对其进行判断，如果是数字字符，计数值加 1。

2. 设 n 是一个四位数，它的 9 倍恰好是其反序数（例如，1234 的反序数是 4321）。求所有可能的 n 值。用 while 循环结构实现。

分析：本题的难点在于构造四位数的反序数，首先必须分离出四位数的千位、百位、十位和个位，分别用四个变量保存。例如，四位数（假设为 n）的千位可以用 n/1000 求得，百位可以用 n%1000/100 求得，十位和个位的求法留给读者自己思考。反序数也是一个四位数，其千位应为该四位数的个位。最后用四位数的 9 倍值和其反序数进行比较，如果相等则满足题目要求，输出结果。

对于判断的范围，通过分析发现，由于四位数的反序数也是四位数，这个反序数等于四位数的 9 倍值，所以这个四位数肯定不会很大，否则其 9 倍值一定会超过四位。由此，可以缩小判断范围为 1001～1111。

3. 用 for 语句解决鸡兔同笼的问题。

鸡兔同笼是我国古代著名趣题之一。大约在 1500 年前，《孙子算经》中就记载了这个有趣的问题。书中是这样叙述的："今有雉兔同笼，上有三十五头，下有九十四足，问雉兔各几何？"这四句话的意思是：有若干只鸡和兔子在同一个笼子里，从上面数，有 35 个头；从下面数，有 94 只脚。问笼中各有几只鸡和兔？

分析：本题使用穷举法。如果鸡为 x 只，则兔子为 35-x 只。通过 for 循环依次对 x 在 0～35 的范围内进行判断，如果找到某一个 x 值，满足 2×x+4×（35-x)=94，则此 x 满足要求，即为鸡的只数。

4. 编写一个程序，求 s=1+(1+2)+(1+2+3)+…+(1+2+3+…+n)的值。

分析：n 的值由用户从键盘输入。通过分析表达式发现，整个表达式的值是由若干子表达式的和相加：(1)、(1+2)、(1+2+3)、…。子表达式（1+2）是在（1）的基础上多加了 2，子表达式（1+2+3）是在（1+2）的基础上多加了 3，……，子表达式（1+2+3+…+n）是在（1+2+3+…+n-1）的基础上多加了 n。因此只需在前一项子表达式的结果上再加 i（i

从 1 变化到 n），就是本项子表达式的和。

5. 分析下面程序的运行结果。如果将 continue 改为 break，程序结果又将是什么？

```c
#include <stdio.h>
int main()
{
    int i,j,x=1;
    for(i=0;i<2;i++)
    {
        x++;
        for(j=0;j<=3;j++)
        {
            if(j%2)  continue;
            x++;
        }
        x++;
    }
    printf("%d",x);
    return 0;
}
```

分析：continue 语句的功能是结束本次循环，继续执行下次循环。而 break 语句的作用是直接结束循环。

第 4 章

数 组

在第 2 章中，学习了整型、浮点型和字符型等 C 语言中的基本数据类型。除了这些基本数据类型之外，C 语言还提供了构造类型。构造类型数据由基本类型数据按一定规则组成。数组（array）就属于一种构造类型。数组是具有相同数据类型的数据的有序集合，可以用来处理具有相同性质的大批量的数据。

本章主要介绍一维数组、二维数组及字符数组的定义、初始化和使用，并介绍一些常用的字符串处理函数。

4.1　数组概述

【例 4-1】　输出一个 3×3 的整数矩阵，矩阵元素值从键盘输入。

解题思路：3×3 的矩阵共包含 9 个元素，由于要求各元素值从键盘随机输入，用之前学过的知识，应该定义出 9 个整型变量，然后按 3 行 3 列的模式输出。

```
#include<stdio.h>
int main()
{
    int a1,a2,a3;
    int b1,b2,b3;
    int c1,c2,c3;
    scanf("%d%d%d",&a1,&a2,&a3);
    scanf("%d%d%d",&b1,&b2,&b3);
    scanf("%d%d%d",&c1,&c2,&c3);
    printf("%-5d%-5d%-5d\n",a1,a2,a3);
    printf("%-5d%-5d%-5d\n",b1,b2,b3);
    printf("%-5d%-5d%-5d\n",c1,c2,c3);
    return 0;
}
```

以这个问题为基础，如果要输出 4×4 的整数矩阵，就要定义 16 个整型变量，如果要输出 10×10 的整数矩阵，就要定义 100 个整型变量。显然，这种定义单个变量的方法在碰到大批量数据的时候就非常烦琐，不可行了。而且，例 4-1 中定义的 9 个变量 a1、a2、a3、b1、b2、b3、c1、c2、c3 是属于同一个矩阵的，它们之间存在内在联系，但是当把它们定义成单个变量后，完全不能体现出数据和数据之间的关系。为了解决这些问题，引入了数组的概念。

数组是由若干相同类型变量组成的有序集合。数组中的每个变量被称为数组元素，它们具有相同的数据类型，相互之间具有固定的先后顺序关系。它们具有相同的名称，通过不同的下标来确定其在数组中的位置。按照数组元素间的先后顺序关系，它们被存放在内存地址连续的存储单元中。根据数组下标的个数，可以分为一维数组、二维数组和多维数组。在例 4-1 中，就可以把 3×3 矩阵的 9 个元素放在一个二维数组中进行定义。任何类型的数组都必须先定义后使用。

4.2　一维数组

一维数组只使用一个下标，是数组中最简单的。

4.2.1　一维数组的定义

定义一维数组的一般格式为：

类型符　数组名[常量表达式]

对于同一数组，所有数组元素的类型都相同，由"类型符"指定，"数组名"与变量名的命名规则相同，符合标识符的命名规则。"常量表达式"指定的是数组长度，即数组中数组元素的个数。例如：

```
int a[10];
```

该语句定义了一个一维数组，数组名为 a，数组长度为 10，表示在该数组中最多可以存放 10 个整型数据。

注意，常量表达式可以是常量或者符号常量。例如：

```
int a[2+3];
```

与

```
#define N 5
int a[N];
```

都是正确的。

```
int n,a[n];
```

则是错误的定义，因为这里的 n 是变量。

在用 int a[5]; 定义了数组后，将在内存中为这 5 个元素划分出连续的存储空间。由于每个 int 类型的变量都占 4 字节，5 个数组元素共占 20 字节，假设该数组的起始地址为 1000，其存储示意图如图 4-1 所示。数组定义后，如果没有向其存储单元中存放数据，则每个数组元素的初值为随机数，图中以问号表示。

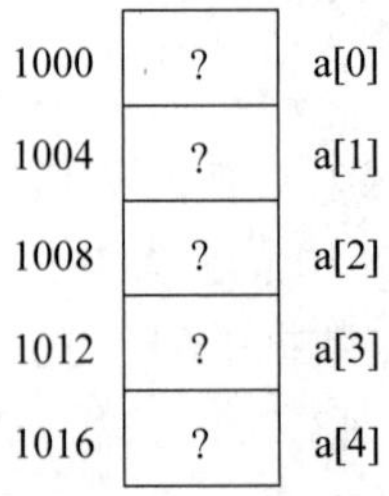

1000	?	a[0]
1004	?	a[1]
1008	?	a[2]
1012	?	a[3]
1016	?	a[4]

图 4-1　数组 a 在内存中的表示

4.2.2　一维数组的引用

在定义数组并对各数组元素赋值后，就可以像使用普通变量一样来引用数组中的各个元素。引用一维数组元素的格式为：

数组名[下标]

C语言规定，数组元素的下标取值从 0 开始。例如，定义数组 int a[5];，那么该数组中共有 5 个元素，分别是 a[0]、a[1]、a[2]、a[3]、a[4]，一定不存在元素 a[5]。注意：

（1）只能引用单个数组元素，而不能一次整体调用整个数组元素。例如：

```
int sum=a[0];
a[1]=a[0];
a[2]=a[0]+a[1];
float b=(a[3]+a[4])/2.0;
printf("%d%d",a[0],a[4]);
```

以上语句都可以正确引用数组元素。

而语句

```
printf("%d",a);
```

就不是引用数组元素的正确方法，该语句将会输出数组 a 的起始地址（数组名对应该数组的起始地址）。如果想依次输出数组 a 的各元素值，可以借助循环结构实现。

```
for(int i=0;i<5;i++)
  printf("%5d",a[i]);
```

在这段代码中，变量 i 的值从 0 变化到 4，循环体中的输出语句将依次输出 a[0]~a[4]的值。变量 i 既用来控制循环，又作为数组下标使用。

（2）在引用数组元素时一定要注意数组下标不能越界。例如：

```
a[5]=100;
```

会产生引用错误。这里的 a[5]与定义时的 a[5]是不同的，int a[5]中的 a[5]表示数组有 5 个元素，数组定义后在引用时，所有的下标形式都是指具体的数组元素，所以这里的 a[5]表示下标为 5 的元素，而对于 a 这个数组而言，元素的下标是 0~4，下标为 5 就越界了。

【例 4-2】　从键盘输入 10 个学生的成绩，求出平均值并输出。

解题思路：10 个学生的成绩用数组保存起来，数组类型为浮点型，数组长度为 10。从键盘依次输入各数组元素值后，将这 10 个元素加起来再除以元素个数 10，即可求得平均值。

```
#include<stdio.h>
int main()
{
    float score[10],sum=0.0,aver;
    int i;
```

```
    for(i=0;i<10;i++)                    //对数组元素 score[0]~score[9]赋值
        scanf("%f",&score[i]);
    for(i-0;i<10;i++)                    //输出 score[0]~score[9] 10 个数
       printf("%-7.2f",score[i]);
    printf("\n");
    for(i=0;i<10;i++)                    //将 score[0]~score[9]依次相加
        sum+=score[i];
    aver=sum/10;                         //ave 为平均值
    printf("平均分为：%.2f\n",aver);
    return 0;
}
```

程序运行结果为：

```
89.5 89.0 90.0 91.5 92.0 93.5 87.5 82.0 95.5 93.5
89.50  89.00  90.00  91.50  92.00  93.50  87.50  82.00  95.50  93.50
平均分为：90.40
```

说明：第一个 for 循环实现输入 10 个数组元素，变量 i 作为数组下标，由于数组下标的取值是从 0 开始的，因此 i 的范围应该是 0～9，这一点在初学时必须注意。第二个 for 循环实现输出 10 个数组元素值。第三个 for 循环实现连加，把 10 个数组元素值依次相加。

4.2.3　一维数组的初始化

4.2.1 节提到过，数组定义后，如果不对数组各元素赋值，数组各元素中的内容会是随机数。所以在引用数组元素之前，必须先给各数组元素赋值，否则将会给程序运行带来意想不到的结果。对数组元素赋值的方法和对普通变量赋值的方法一样，包括：

（1）初始化，即在定义数组的同时给数组元素赋值。

（2）使用赋值语句，例如

```
score[0]=89.5;
score[1]=89;
```

注意，在用赋值语句给数组元素赋值时，只能给单个数组元素赋值，不能整体给数组元素赋值。如语句：

```
score=100;
```

就是错误的。

（3）用 scanf()语句从键盘输入，例如：

```
scanf("%d",&score[0]);
```

例 4-2 也用同样的方式，把 scanf()放在循环结构中，实现了依次对所有数组元素值的输入。

本节主要讨论数组的初始化，数组初始化是在编译阶段进行的。一维数组初始化的基本格式为：

类型符　数组名[常量表达式] = {数值，数值，数值，…};

{ }中的各数值之间用 "," 分隔，按顺序依次赋给各数组元素，例如：

```
float score[5]={89.5,89,90,91.5,92};
```

经过初始化后，score[0]的值为 89.5，score[1]的值为 89，score[2]的值为 90，score[3]的值为 91.5，score[4]的值为 92。

上面的初始化语句是对所有的数组元素赋初值，也可以只给数组的一部分元素赋初值。例如：

```
int a[8]={2,20,200,2000,20000};
```

{ }中只有 5 个数值，依次赋给 a[0]~a[4]，没有赋初值的 a[5]、a[6]、a[7]系统自动将其值设置为 0。所以经过初始化之后：

a[0]的值为 2，a[1] 的值为 20，a[2]的值为 200，a[3]的值为 2000，a[4]的值为 20000，a[5]的值为 0，a[6]的值为 0，a[7]的值为 0。

如果想使一个数组中的所有元素值为 0，可以写为：

```
int a[8]={0,0,0,0,0,0,0,0};
```

也可以写为：

```
int a[8]={0};
```

但请注意，如果想使一个数组中全部元素值为非 0 值，就不能用后一种方法。例如，如果想使数组 a 的所有元素值为 1，则只能写为：

```
int a[8]={1,1,1,1,1,1,1,1};
```

不能写为：

```
int a[8]={1};
```

后者表示 a[0]为 1，a[1]~a[7]都为 0。

给数组中所有元素赋初值时可以不用指定数组的长度，编译器会根据{ }中的数值个数来确定数组的大小。例如：

```
int a[5]={2,4,6,8,10};
```

可以写为：

```
int a[ ]={2,4,6,8,10};
```

【例 4-3】　一维数组的初始化。

```
#include<stdio.h>
int main()
{
    int i;
    int a[5]={1,3,5,7,9},b[5]={1,2,3},c[]={1,3,5,7,9};
    int d[5]={0},e[5]={3},f[5];
```

```
    for(i=0;i<5;i++)
        printf("%d ",a[i]);
    printf("\n");
    for(i=0;i<5;i++)
        printf("%d ",b[i]);
    printf("\n");
    for(i=0;i<5;i++)
        printf("%d ",c[i]);
    printf("\n");
    for(i=0;i<5;i++)
        printf("%d ",d[i]);
    printf("\n");
    for(i=0;i<5;i++)
        printf("%d ",e[i]);
    printf("\n");
    for(i=0;i<5;i++)
        printf("%d ",f[i]);
    printf("\n");
    return 0;
}
```

程序运行结果为：

```
1 3 5 7 9
1 2 3 0 0
1 3 5 7 9
0 0 0 0 0
3 0 0 0 0
4223016 0 268501009 0 11208536
```

说明：运行结果的最后一行输出的是数组 f 的各元素值，由于程序中没有对数组 f 的各元素赋值，所以这些值其实是系统给的随机值，而且每次运行结果会有所不同。

4.2.4　一维数组程序举例

【例 4-4】　利用数组，求斐波那契（Fibonacci）数列的前 30 项，要求输出时每行打印 10 个数。斐波那契数列指的是这样一个数列：0，1，1，2，3，5，8，13，21，34，…在数学上，斐波那契数列被以递推的方法定义：$F(0)=0$，$F(1)=1$，$F(n)=F(n-1)+F(n-2)$（$n \geqslant 2$，$n \in \mathbf{N}$）。

```
#include <stdio.h>
#define N 30
int main( )
{
    int a[N],i;
    a[0]=0;                        //已知数列第 1 项的值为 0
    a[1]=1;                        //已知数列第 2 项的值为 1
    for(i=2;i<N;i++)               //根据数列规律计算第 3~30 项的值
        a[i]=a[i-1]+a[i-2];
```

```
    printf("斐波那契数列的前%d项为:\n",N);
    for(i=0;i<N;i++)
    {
        printf("%-10d",a[i]);        //输出数列中的每一项
        if((i+1)%10==0)              //判断一行是否已经输出了10个数
            printf("\n");
    }
    return 0;
}
```

程序运行结果为：

```
斐波那契数列的前30项为:
0         1         1         2         3         5         8         13        21        34
55        89        144       233       377       610       987       1597      2584      4181
6765      10946     17711     28657     46368     75025     121393    196418    317811    514229
```

说明：程序中定义了一个符号常量 N，通过对 N 值的设定，可以求斐波那契数列的前任意个数。但请注意，N 的值不可超出 47，即 N≤47，否则会超出整型的范围（溢出），结果将出现负数，如第 48 项就是负数。

```
斐波那契数列的前48项为:
0         1         1         2         3         5         8         13        21        34
55        89        144       233       377       610       987       1597      2584      4181
6765      10946     17711     28657     46368     75025     121393    196418    317811    514229
832040    1346269   2178309   3524578   5702887   9227465   14930352  24157817  39088169  63245986
102334155 165580141 267914296 433494437 701408733 1134903170 1836311903 -1323752223
```

【例4-5】　从键盘输入 10 个整数，求这 10 个数中的最大值。

分析：利用数组保存从键盘输入的这 10 个整数，用"打擂台"的方法求出最大值。

"打擂台"算法的思路：先找任一人上台，然后第二个人上去与之比武，胜者留在台上，再上去第三个人与刚才获胜的人比武，胜者留，败者下。以后每一个上台的人都与胜者比武，直到所有人都上台比过为止。最后留在台上的就是冠军。

定义整型数组 a 保存从键盘输入的 10 个整数，变量 max 作为擂台。根据"打擂台"的思想，先让第一个数 a[0]上擂台，即将 a[0]的值赋给 max。然后用 a[1]~a[9]依次与 max 比较，max 保存每次比较后的较大值。这样比较 9 次之后，max 就是这 10 个数中的最大值。

同理，用"打擂台"的方法也可以求若干数中的最小值。

程序代码如下。

```
#include<stdio.h>
int main()
{
    int a[10],i,max;
    printf("请输入10个整数：");
    for(i=0;i<10;i++)
        scanf("%d",&a[i]);
    max=a[0];
    for(i=1;i<10;i++)
        if(a[i]>max)
            max=a[i];
```

```
        printf("这10个数中的最大值为：%d\n",max);
        return 0;
    }
```

程序运行结果为：

```
请输入10个整数：65 89 12 3 66 90 21 53 101 42
这10个数中的最大值为：101
```

【例4-6】 用冒泡排序法（Bubble Sort）将 n 个整数按照由小到大的顺序（升序）排序。

分析：冒泡排序法的主要思想是（以升序为例），通过对相邻两个数进行比较并交换，使较大的数逐渐从队列的前面移动到后面。对于 a[0]～a[n-1]组成的 n 个数据，使用冒泡法进行升序排序的过程可以描述为：

（1）首先是在 a[0]～a[n-1]里进行第一轮排序。先比较 a[0]和 a[1]，如果 a[0]比 a[1]大，则交换二者的值，否则不交换。然后比较 a[1]和 a[2]，如果 a[1]大于 a[2]，交换二者的值，以此类推，直到比较 a[n-2]和 a[n-1]。第一轮排序结束后，最大的数放在了 a[n-1]的位置。

（2）然后在 a[0]～a[n-2]里进行第二轮排序。首先比较 a[0]和 a[1]，如果 a[0]比 a[1]大，则交换二者的值。以此类推，直到比较 a[n-3]和 a[n-2]。第二轮排序结束后，第二大的数放在了 a[n-2]的位置。

（3）最后一轮排序是比较 a[0]和 a[1]，此时 n 个数组元素已经按照升序排列完毕。由此可见，如果有 n 个数需要排序，则总共进行 n-1 轮排序。每轮排序将每两个相邻元素依次比较，第一轮排序比较 n-1 次，第二轮排序比较 n-2 次……直到最后一轮排序比较 1 次。

在整个排序过程中，下标变量的位置（存储单元）不变，但其中存储的值发生了变化。表 4-1 表示了整个冒泡排序法升序排序的过程。

表 4-1 冒泡排序过程

第 n 轮	剩余数据	第 n 轮比较元素	相邻两数比较次数	每次比较后的操作
第 1 轮	n 个	a[0]与 a[1] 比, a[1]与 a[2] 比, …, a[n-2]与 a[n-1]比	n-1 次	如果进行升序排序，则当前一个数大于后一个数时交换这两个数，每一轮排序结束后，该轮中的最大数放在该轮的最后一个位置。反之，如果是降序排序，则当前一个数小于后一个数时交换这两个数
第 2 轮	n-1 个	a[0]与 a[1] 比, a[1]与 a[2] 比, …, a[n-3]与 a[n-2]比	n-2 次	
第 3 轮	n-2 个	a[0]与 a[1] 比, a[1]与 a[2] 比, …, a[n-4]与 a[n-3]比	n-3 次	
⋮	⋮	⋮	⋮	
第 n-2 轮	3 个	a[0]与 a[1] 比, a[1]与 a[2] 比	2 次	
第 n-1 轮	2 个	a[0]与 a[1] 比	1 次	

以 5 个数据为例，完成冒泡排序（升序）的过程如图 4-2 所示。

冒泡排序代码实现如下。

```c
#include<stdio.h>
#define N 6
int main()
{
    int a[N];
```

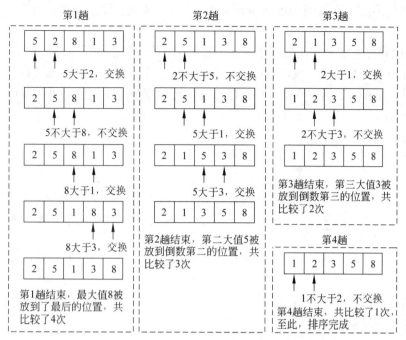

图 4-2　冒泡排序过程

```
int i, j, temp;
printf("input %d numbers :\n",N);
for (i=0; i<N; i++)                          //输入要排序的 N 个数
    scanf("%d",&a[i]);
printf("\n");
for(i=1; i<N; i++)                           //循环内为冒泡排序核心代码
    for(j=0; j<N-i; j++)
      if (a[j]>a[j+1])
      {
        temp=a[j];
        a[j]=a[j+1];
        a[j+1]=temp;
      }
printf("the sorted numbers :\n");
for(i=0; i<N; i++)                           //输出排序后的结果
    printf("%d ",a[i]);
printf("\n");
return 0;
}
```

程序运行结果为：

```
input 6 numbers :
67 12 31 83 100 26

the sorted numbers :
12 26 31 67 83 100
```

【例 4-7】 用选择排序法（selection sort）将 n 个整数按照由小到大的顺序（升序）排序。

分析：选择排序法是指从欲排序的 n 个数据中，找出最小的元素并与第一个元素交换，再从剩下的 n-1 个数据中，找出最小的元素并与第二个元素交换，以此类推，直到所有元素完成排序。在 n 个数据中找出最小值的方法，可以用前面学习过的"打擂台"的方法。

以 5 个数据为例，完成选择排序（升序）的过程如下。

初始状态： 5   2   8   1   3

第一趟： [5   2   8   1   3]   最小值 1 和第一个元素交换

第二趟： 1 [2   8   5   3]   后 4 个数中的最小值就是 2，不交换

第三趟： 1   2 [8   3   5]   后 3 个数中的最小值 3 和第三个元素交换

第四趟： 1   2   3 [8   5]   最后两个数中的较小值 5 和第四个元素交换

排序完成后： 1   2   3   5   8

选择排序代码实现如下。

```c
#include<stdio.h>
#define N 6
int main()
{
    int a[6],i,j,min,t;                    //min 记录最小值下标
    printf("Please input %d numbers:\n",N);
    for(i=0;i<N;i++)                       //输入要排序的 N 个数
      scanf("%d",&a[i]);
    for(i=0;i<N-1;i++)                     //循环内为选择排序核心代码
    {
      min=i;
      for(j=i+1;j<N;j++)                   //找出剩下的数中值最小的数的下标
          if(a[j]<a[min])
              min=j;
      if(a[min]!=a[i])
        {
          t=a[i];
          a[i]=a[min];
          a[min]=t;
        }
    }
    printf("the sorted numbers :\n");
    for(i=0;i<N;i++)                       //输出排序后的结果
      printf("%d ",a[i]);
    return 0;
}
```

程序运行结果如下。

```
Please input 6 numbers:
6 1 9 3 10 5
the sorted numbers :
1 3 5 6 9 10
```

4.3 二维数组

二维数组又称为矩阵，一般写成行、列的排列形式。二维数组本质上是以数组作为数组元素的数组，简单来说，可以理解为由若干个一维数组组成。例如，要记录 15 个人的身高，可以用一维数组直接存储 15 个身高数据，也可以用二维数组来存储，将 15 个人分成 3 组，每组分别存储 5 个人的身高数据。

4.3.1 二维数组的定义

二维数组定义的一般形式为：

类型说明符 数组名[常量表达式1][常量表达式2]；

常量表达式 1 表示二维数组的行数，常量表达式 2 表示二维数组的列数，两个常量表达式的值都只能为正整数。例如，有以下定义：

```
int a[3][4];
```

（1）表示定义了一个 3×4（即 3 行 4 列）总共有 12 个元素的数组 a。数组 a 中的 12 个元素都是整型，各元素的名字及逻辑结构如图 4-3 所示。

	第0列	第1列	第2列	第3列
第0行	a[0][0]	a[0][1]	a[0][2]	a[0][3]
第1行	a[1][0]	a[1][1]	a[1][2]	a[1][3]
第2行	a[2][0]	a[2][1]	a[2][2]	a[2][3]

图 4-3 二维数组结构

（2）数组 a 在内存中占用 12 个连续的存储单元。先顺序存放第 0 行的 4 个元素，再存放第 1 行的 4 个元素，最后存放第 2 行的 4 个元素，如图 4-4 所示。第 0 行第一个元素 a[0][0] 从地址 0x00001000 开始存放，其后依次存放 a[0][1]、a[0][2]、a[0][3]，每个元素占 4 字节，总共占 16 字节；以此类推，第 1 行第一个元素 a[1][0] 从地址 0x00001010 开始存放，连续存放 16 字节；第 2 行第一个元素 a[2][0] 从地址 0x00001020 开始存放，连续存放 16 字节。

（3）可以把二维数组看成一个特殊的一维数组，只是数组中的每个元素也是一个一维数组。如图 4-5 所示，二维数组 a[3][4] 看作一维数组的话，它有 3 个元素，分别是 a[0]、a[1]、a[2]。其中，a[0] 可以看作 a[0][0]、a[0][1]、a[0][2]、a[0][3] 这个一维数组的数组名，代表了第 0 行元素的首地址；a[1] 可以看作 a[1][0]、a[1][1]、a[1][2]、a[1][3] 这个一维数组

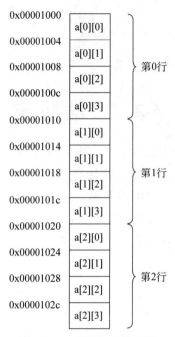

图 4-4 二维数组内存存储

的数组名，代表了第 1 行元素的首地址；a[2]可以看作 a[2][0]、a[2][1]、a[2][2]、a[2][3]这个一维数组的数组名，代表了第 2 行元素的首地址。

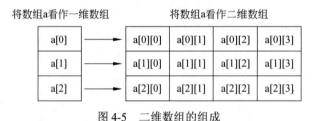

图 4-5 二维数组的组成

4.3.2 二维数组的引用

从前面的内容可以看出，二维数组的引用形式为：

数组名[行下标表达式][列下标表达式]

两个下标表达式的值必须是整数，且不得越界，即下标值最小为 0，最大不超过数组定义时的行（列）值。

例如，定义了二维数组：int b[4][5];
则行下标的范围为 0～3，列下标的范围为 0～4。引用数组元素 b[1][0]、b[3][4]、b[1+1][1+2]等都是合法的，而引用 b[4][5]则是不合法的，这里一定要注意定义跟引用的区别。

4.3.3 二维数组的初始化

在定义二维数组的同时给数组元素赋初值称为二维数组的初始化。初始化有如下几种形式。

（1）分行赋初值。

例如：

```
int a[3][4]={{1,2,3,4},{5,6,7,8},{9,10,11,12}};
```

在外层花括号中，每行元素的初始化值再分别用一对花括号括起来。初始化后数组各元素的值如图 4-6 所示。

1	2	3	4
5	6	7	8
9	10	11	12

图 4-6 分行初始化数组元素值

这种赋值方式可以省略数组的行数，例如：

```
int a[ ][4]={{1,2,3,4},{5,6,7,8},{9,10,11,12}};
```

（2）全部数值放在一个花括号中，按数组元素排列顺序赋初值。

例如：

```
int a[3][4]={1,2,3,4,5,6,7,8,9,10,11,12};
```

这种方式初始化后的结果跟第一种方式一样，数组各元素的值如图 4-6 所示。这种方式由于对数组全部元素赋初值，也可以省略行数，例如：

```
int a[ ][4]={1,2,3,4,5,6,7,8,9,10,11,12};
```

系统会根据数据总数和列数算出行数。但这种省略的写法几乎不用，因为可读性差。

（3）对部分元素赋初值。

① 例如：

```
int a[3][4]={{1,2},{5},{9}};
```

只对数组中第 0 行的 a[0][0]、a[0][1]，第 1 行的 a[1][0]，第 2 行的 a[2][0]进行了赋值，其余未赋值的元素由系统自动赋值为 0。初始化后数组各元素的值如图 4-7 所示。

1	2	0	0
5	0	0	0
9	0	0	0

图 4-7 部分初始化数组元素值(a)

② 例如：

```
int a[3][4]={1,2,5,9};
```

只对数组中第 0 行的 a[0][0]、a[0][1]、a[0][2]、a[0][3]进行了赋值，其余未赋值的元素由系统自动赋值为 0。初始化后数组各元素的值如图 4-8 所示。

（4）二维数组"清零"，里面每一个元素都是零。

例如：

```
int a[3][4]={0};
```

1	2	5	9
0	0	0	0
0	0	0	0

图 4-8 部分初始化数组元素值(b)

4.3.4　二维数组程序举例

【例4-8】　以矩阵形式输出二维数组中的每个元素。

```c
# include <stdio.h>
int main( )
{
    int a[3][4]={{1,2,3,4},{5,6,7,8},{9,10,11,12}};
    int i,j;
    for(i=0;i<3;++i)                        //i 是行循环变量
    {
        for(j=0;j<4;++j)                    //j 是列循环变量
            printf("%-4d",a[i][j]);
        printf("\n");                       //每行元素输出完后换行
    }
    return 0;
}
```

程序的运行结果为：

```
1   2   3   4
5   6   7   8
9   10  11  12
```

程序分析：二维数组要以矩阵形式输出，需要编程者在每行元素输出完后用 printf("\n"); 语句换行，系统不会自动换行。

【例4-9】　输入一个 3×4 的矩阵，查找其中的最大值，以及最大值所在的行、列下标。

```c
#include <stdio.h>
int main( )
{
    int a[3][4],i,j,max,max_row,max_col;
    printf("请输入一个 3 行 4 列的矩阵：\n");
    for(i=0;i<3;i++)                        //输入 3 行 4 列的矩阵值
        for(j=0;j<4;j++)
            scanf("%d",&a[i][j]);
    max=a[0][0];                            //假设数组中第一个元素是最大值
    max_row=0;
    max_col=0;
    for(i=0;i<3;i++)                        //查找矩阵中的最大值及其所在的行、列下标
        for(j=0;j<4;j++)
            if(a[i][j]>max)
            {
                max=a[i][j];                //max 的值为当前最大值
                max_row=i;                  //max_row 为最大值行下标
                max_col=j;                  //max_col 为最大值列下标
            }
    printf("最大值是%d，其行下标是%d，列下标是%d\n",max,max_row,max_col);
```

```
    return 0;
}
```

输入矩阵中各元素值，程序的运行结果为：

```
请输入一个3行4列的矩阵：
23 1 55 9
-3 8 67 33
2  0 11 14
最大值是67，其行下标是1，列下标是2
```

程序分析：在数组中查找最大值时需注意，max 的初值应该赋值为数组中的某个元素，如 a[0][0]，这样才能保证是数组中的各个元素在比较。如果改为查找最小值，想想程序应该怎么修改？

【例 4-10】 输入 3 个学生 4 门课的成绩，判断每个学生是否有不及格科目。

```c
#include <stdio.h>
int main( )
{
    float score[3][4],aver[3],sum;
    int i,j;
    for(i=0;i<3;i++)                    //输入 3 个学生 4 门课的成绩
    {
        printf("请输入第%d 个学生的 4 门课成绩：",i+1);
        for(j=0;j<4;j++)
            scanf("%f",&score[i][j]);
    }
    for(i=0;i<3;i++)                    //计算 3 个学生的平均分
    {
        sum=0;
        for(j=0;j<4;j++)               //求每个学生的分数总和
            sum+=score[i][j];
        aver[i]=sum/4.0;               //求每个学生的平均成绩
        printf("第%d 个学生的平均成绩是%.2f\n",i+1,aver[i]);
        return 0;
    }
}
```

程序的运行结果为：

```
请输入第1个学生的4门课成绩：78 88 93 97
请输入第2个学生的4门课成绩：56 83 87 78
请输入第3个学生的4门课成绩：92 88 67 90
第1个学生的平均成绩是89.00
第2个学生的平均成绩是76.00
第3个学生的平均成绩是84.25
```

程序分析：

（1）数组下标从 0 开始，所以当 i=0 时是第 1 个学生，输出中用"i+1"。

（2）变量 sum 用来存放每个学生 4 门课的总成绩，每次计算前需要清零，即对每个 i 值，在进入内层循环前执行 sum=0;语句。

（3）aver 这个数组存放 3 个学生各自的平均成绩，可以每计算一个平均成绩输出一个，也可以全部计算完后，用循环输出 aver 数组中的每个值。

4.4　字　符　数　组

前面介绍的数组都是数值型数组，而字符数组是用来存放字符型数据的数组。日常生活中，除了数值信息，还有很多字符信息需要存储，如姓名、学历、地址等，这些信息一般是字符串常量，用一个字符变量无法存储，而 C 语言中又没有字符串变量，因此，这些字符串需要用字符数组来存储。

4.4.1　字符串结束标志

字符串常量（简称字符串）是用一对双引号括起来的字符序列。C 语言规定，字符串的结尾以'\0'作为结束标志。在程序中书写字符串常量时，'\0'由系统自动在字符序列结尾添加，用户不需要自己书写。

注意：'\0'的 ASCII 码值是 0，表示一个"空操作符"（null），既不做任何操作，也不可以显示，因此输出字符中不会包含'\0'（屏幕上不显示）。

例如，"Hello world" "12345@qq.com" "# 985h *"这些都是字符串常量，每个字符占用 1 字节的存储空间，而系统会在每个字符串最后都加上一个'\0'（占用 1 字节）。

字符串的长度是指字符串中有效字符的个数，不包括结束符'\0'。但是在内存中，结束符'\0'要占用 1 字节。

例如，"Hello world"的长度是 11，占内存空间为 12 字节。"12345@qq.com"的长度是 12，占内存空间为 13 字节。注意：如果是中文字符，则 1 个中文字符占用 2 字节，长度为 2。

4.4.2　字符数组的定义、引用和初始化

1. 字符数组的定义及引用

字符数组的定义和数值型数组的定义方法一样，只是把类型说明符确定为 char，其一般形式为：

char 数组名[常量表达式];

例如：

```
char c[20];
```

表示定义了一个有 20 个字符型元素的数组 c。如果要访问数组 c 中的每个元素，可以用下标的方式，例如 c[0]、c[3]，下标为 0～19。

定义完数组后，如果要给数组赋值，只能给每个数组元素赋值，例如：

```
char c[8];
c[0]='H';  c[1]='e';  c[2]='l';  c[3]='l';  c[4]='o';
```

赋值后，这些字符在数组中的存放情况如图 4-9 所示。

| 'H' | 'e' | 'l' | 'l' | 'o' | | | |

图 4-9　字符数组赋值后字符存放示意图

2. 字符数组的初始化

字符数组的初始化是指在定义字符数组的同时对数组进行整体赋值，它可以逐个给数组元素赋予字符，也可以直接用"字符串常量"的形式为字符数组赋初值。

（1）用字符常量逐个初始化字符数组。

例如：char c[5]={'H', 'e', 'l', 'l', 'o'};

把 5 个字符依次分别赋给 c[0]~c[4]这 5 个元素，字符在内存中的存放情况如图 4-10(a)所示，是普通的字符序列。

| 'H' | 'e' | 'l' | 'l' | 'o' |

(a) 字符数组存放普通字符序列

| 'H' | 'e' | 'l' | 'l' | 'o' | '\0' | '\0' | '\0' |

(b) 字符数组存放字符串

图 4-10　字符常量逐个初始化字符数组存放示意图

说明：

① 如果花括号中的字符个数小于数组长度，则这些字符依次赋值给下标从 0 开始的数组元素，剩下的元素自动赋值为'\0'。

例如：

```
char c[8]={'H','e','l','l','o'};
```

数组长度为 8，初值个数为 5，5 个初值分别赋给 c[0]~c[4]这 5 个元素，剩下的 c[5]~c[7]自动赋值为'\0'，内存中存放情况如图 4-10(b)所示，字符序列结尾有'\0'，是字符串。

② 如果花括号中的字符个数大于数组长度，则出现语法错误。

例如：

```
char c[6]={'G','o','o','d',' ','l','u','c','k'};
```

数组长度为 6，初值个数为 9，初值个数大于数组长度，语法错误。

③ 如果数组中的元素全部初始化，则可以省略数组长度。

例如：

```
char c[ ]={'G','o','o','d',' ','l','u','c','k'};
```

系统会根据初值个数确定数组长度为 9。

（2）用"字符串常量"初始化字符数组。

例如：

```
char c[8]={"Hello"};
```

或者省略花括号，即

```
char c[8]="Hello";
```

这种情况下数组长度大于字符串所占长度，字符数组中存放情况如图 4-10(b)所示。如果数组长度超过字符串长度太多，会造成一定的内存浪费。因此可以在初始化数组时省略数组长度，由系统根据字符串所占内存长度来确定数组长度。

例如：

```
char c[ ]={"Hello"}; 或者 char c[ ]="Hello";
```

此时数组长度为 6，包括 5 个字符以及由系统在最后添加的'\0'，字符数组存放情况如图 4-11 所示。

'H'	'e'	'l'	'l'	'o'	'\0'

图 4-11 字符串在字符数组中存放示意图

在初始化字符串后，如果要重新给字符数组赋值，则要考虑新字符串所需要的空间，不要出现越界情况。

例如：

```
char c[ ]="good"
```

此时数组长度为 5，如果要给数组重新赋值为"Hello word"，需要 11 字节的内存空间，就会越界，因此在定义数组时长度应该设置大一点。

例如：

```
char c[12]="good"
```

4.4.3　字符数组的输入输出

字符数组在存储字符串时，设置的数组长度常常大于字符串长度（因为一般不会刻意地去数字符串的长度，因此长度设置大点儿可避免越界）。在输入输出时，应以字符串的长度作为有效长度，而不是数组长度。

字符数组的输入输出有两种方式：以单个字符的格式逐个输入输出和以字符串的格式整体输入输出。如果是字符串，在单个字符逐个输入时，需要注意在字符串有效字符的后面加上结束标志 '\0'，这样输出时才能根据结束标志'\0'控制输出操作完成。

（1）以单个字符的格式逐个输入输出，用格式符"%c"。

例如：

```
char c[4];
scanf("%c%c%c%c",&c[0],&c[1],&c[2],&c[3]);
printf("%c%c%c%c\n",c[0],c[1],c[2],c[3]);
```

"%c"是字符型格式符，用下标来引用数组中的每个元素，下标范围为 0～3，逐个输入和输出数组中的每个字符。

（2）以字符串的格式整体输入输出，用格式符"%s"。

例如：

```
char c[8];
scanf("%s",c);
printf("%s\n",c);
```

说明：

（1）"%s"是字符串的格式符，在输入输出函数中，实现对字符串的整体输入输出。

（2）数组名 c，表示数组的起始地址，在输入函数的地址列表中，不用再加地址符"&"。在输出函数中用数组名 c 表示从起始地址开始逐个输出字符，直到遇到'\0'为止。

（3）用 scanf()函数输入字符串时，按 Enter 键或者 Space 键都表示字符串输入结束，系统自动在字符串后面加上一个'\0'。

例如，从键盘输入 lucky↙，数组中字符存储情况如图4-12(a)所示。从键盘输入 one two↙，由于两个单词之间有空格，当遇到空格时，字符串输入结束，因此只将 one 送入了数组 c 中，数组中字符存储情况如图 4-12(b)所示。

| 'l' | 'u' | 'c' | 'k' | 'y' | '\0' | '\0' | '\0' |

(a) 字符串输入遇到回车结束

| 'o' | 'n' | 'e' | '\0' | '\0' | '\0' | '\0' | '\0' |

(b) 字符串输入遇到空格结束

图 4-12　scanf()函数输入字符串遇回车和空格键时字符数组示意图

（4）输入字符串时，应考虑到'\0'的位置，字符串长度不要超过字符数组长度。

例如，从键盘输入 c-program↙，数组中的字符存储情况如图4-13所示，没有'\0'的位置，那么数组中存储的就不是字符串，而是普通的字符序列。

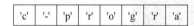

| 'c' | '-' | 'p' | 'r' | 'o' | 'g' | 'r' | 'a' |

图 4-13　输入字符串长度超过数组长度的字符数组示意图

（5）输出时，遇到'\0'结束，即使数组长度大于字符串长度，'\0'后面的字符也不输出。

（6）如果字符数组中包含一个以上的'\0'，则遇到第一个'\0'时，输出结束。

【例 4-11】　查找字符串中数字出现的次数。

```c
#include <stdio.h>
int main( )
{
  char c[80];
  int i,num=0;
  printf("请输入字符串: ");
  scanf("%s",c);                    //以字符串形式整体输入
  for(i=0;c[i]!='\0';i++)           //从第一个元素开始查找，直到最后一个有效元素
    if(c[i]>='0'&&c[i]<='9')        //查找范围为字符'0'～'9'
        num++;
  printf("数字在字符串中出现的次数为 %d\n", num);
  return 0;
}
```

程序的运行结果为：

```
请输入字符串: 2hj9s78hjhiqpbk3
数字在字符串中出现的次数为 5
```

程序分析：

（1）设置循环条件时用的"c[i]!='\0'"，而不是用"i<=80"，这个跟使用数值型数组时有区别，也可以把条件直接写成"c[i]"。

（2）查找时是以 ASCII 码值来查找的，ASCII 码范围在字符'0'～'9'的范围内则变量 num 的值增加一次。

【例 4-12】 用二维字符数组实现多个字符串的输入输出。

```c
#include <stdio.h>
int main( )
{
    char c[4][6];
    printf("请输入 4 个字符串：");    //每行为一个一维数组，存放一个字符串
    scanf("%s%s%s%s",c[0],c[1],c[2],c[3]);
    printf("输出 4 个字符串为：\n");
    printf("%s\n%s\n%s\n%s\n",c[0],c[1],c[2],c[3]);
    return 0;
}
```

程序的运行结果为：

```
请输入4个字符串: how old are you?
输出4个字符串为:
how
old
are
you?
```

程序分析：

（1）此例可将二维数组看作 4 个一维数组，每行一个一维数组。c[0]、c[1]、c[2]、c[3] 分别为第 0 行、第 1 行、第 2 行、第 3 行的起始地址，相当于一维数组的数组名。

（2）输入字符串 how old are you? ↙，空格和回车都作为字符串结束符，因此"how"存入以 c[0]为起始地址的内存中，"old"存入以 c[1]为起始地址的内存中，"are"存入以 c[2]为起始地址的内存中，"you?"存入以 c[3]为起始地址的内存中。输入字符串后，二维数组存放情况如图 4-14 所示。

'h'	'o'	'w'	'\0'	'\0'	'\0'
'o'	'l'	'd'	'\0'	'\0'	'\0'
'a'	'r'	'e'	'\0'	'\0'	'\0'
'y'	'o'	'u'	'?'	'\0'	'\0'

图 4-14 字符串在二维数组中存放示意图

4.4.4 字符串处理函数

C 语言函数库中提供了多个专门处理字符串的函数，常用的有字符串的输入、输出、连接、复制、比较、测字符串长度等函数，在使用这些函数时，需要把头文件"string.h"包含到文件中。

1. 字符串输入函数——gets( )函数

函数的调用形式为：

gets(字符数组);

函数功能：从标准输入设备（键盘）输入一个字符串到字符数组，以回车作为输入结束标志，并自动在字符串末尾加上结束符'\0'。

例如：

```
char c[10];
gets(c);
```

从键盘输入 Hello↙，就会将 Hello 及'\0'共 6 个字符存入字符数组 c 中。

【例 4-13】 用 gets()函数实现字符串的输入。

```
#include <stdio.h>
#include <string.h>
int main( )
{
   char c[20];
   printf("请输入字符串: ");
   gets(c);                         //用 gets( )函数输入字符串到数组 c 里面
   printf("输出字符串为: ");
   printf("%s\n",c);
   return 0;
}
```

输入 hello world↙，程序运行结果为：

```
请输入字符串: hello world
输出字符串为: hello world
```

程序分析：

（1）gets()函数输入的字符串中可以包含空格，而 scanf()函数不能包含空格，如果把第7 行的 gets()函数替换成 scanf("%s",c);则输出的字符串只有"hello"。

（2）gets()函数一次只能输入一个字符串，而 scanf()可以一次输入多个字符串，如例 4-12。

2. 字符串输出函数——puts( )函数

函数的调用形式为：

puts(字符数组或字符串常量);

函数功能：输出一个字符串，并将字符串结束标志'\0'转换成'\n'输出。

例如：

```
char c[8]="hello";
puts(c);      //相当于 printf("%s\n",c);
```

执行后，屏幕上输出"hello"，且光标移到下一行。也可以写成 puts("hello"); 直接输出字符串。

3. 字符串连接函数——strcat( )函数

函数的调用形式为：

strcat(字符数组1，字符数组2或字符串);

函数功能：将字符数组2中的字符串连接到字符数组1中字符串的后面，连接的结果放在字符数组1中，函数返回值为字符数组1的地址。

例如：

```
char c1[14]="hello ",c2[ ]="world!";
strcat(c1,c2);
```

调用 strcat( )函数前，数组 c1、c2 的存储情况如图 4-15 所示。

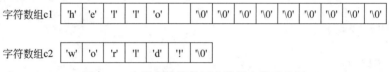

图 4-15　字符串连接前两个数组存储示意图

执行 strcat( )函数后，数组 c1、c2 的存储情况如图 4-16 所示。

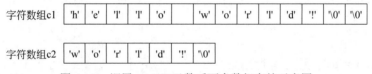

图 4-16　调用 strcat( )函数后两个数组存储示意图

说明：

（1）字符数组1应足够长，以便能够同时存放两个字符数组中的字符串。

（2）调用连接函数后，字符数组1后的'\0'被覆盖，只保留字符串2连接过来的'\0'。

【例 4-14】 用 strcat( )函数连接字符串。

```
#include <stdio.h>
#include <string.h>
int main( )
{
    char c1[14]="hello ",c2[ ]="world!";
    puts("连接后 strcat()函数结果: ");
    puts(strcat(c1,c2));                    //输出 strcat()函数的结果
    puts("连接后 c1 结果: ");
    puts(c1);                               //字符串连接后，输出 c1 的结果
    puts("连接后 c2 结果: ");
    puts(c2);                               //字符串连接后，输出 c2 的结果
    return 0;
```

```
}
```

程序运行结果为:

```
连接后strcat()函数结果:
hello world!
连接后c1结果:
hello world!
连接后c2结果:
world!
```

程序分析:由运行结果可见,strcat()函数执行后的结果即是字符数组1的结果。

4. 字符串复制函数——strcpy()函数

函数的调用形式为:

strcpy(字符数组1,字符数组2或字符串);

函数功能:将字符串2复制到字符数组1中,函数返回值为字符数组1的地址。
例如:

```
char c1[14]="hello ", c2[ ]="world!";
strcpy(c1,c2);
```

调用 strcpy()函数前,数组 c1、c2 的存储情况如图 4-15 所示。执行 strcpy()函数后,数组 c1、c2 的存储情况如图 4-17 所示。

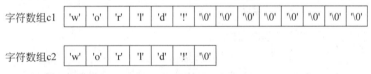

图 4-17 调用 strcpy()函数后两个数组存储示意图

说明:
(1)字符数组 1 应足够长,能存放下复制过来的字符串。
(2)复制时,字符串后的'\0'也一起复制到字符数组 1 中。

【例 4-15】 用 strcpy()函数复制字符串。

```
#include <stdio.h>
#include <string.h>
int main( )
{
    char c1[14]="hello ", c2[ ]="world!";
    puts("复制后 strcpy()函数结果: ");
    puts(strcpy(c1,c2));            //输出 strcpy( )函数的结果
    puts("复制后 c1 结果: ");
    puts(c1);                      //字符串复制后,输出 c1 的结果
    puts("复制后 c2 结果: ");
    puts(c2);                      //字符串复制后,输出 c2 的结果
    return 0;
```

```
}
```

程序的运行结果为：

```
复制后strcpy( )函数结果：
world!
复制后c1结果：
world!
复制后c2结果：
world!
```

程序分析：

（1）由运行结果可见，strcpy( )函数执行后的结果即是字符数组 1 的结果。

（2）字符串不能用赋值语句整体赋值实现复制，只能用此函数复制。

（3）还有 strncpy( )函数可以将字符串中前 n 个字符复制到字符数组 1 中，例如，strncpy(c1,c2,3);可以将字符数组 2 中"wor"这 3 个字符复制到字符数组 1 中，复制后结果为"worlo"。

5. 字符串比较函数——strcmp( )函数

函数的调用形式为：

strcmp(字符数组 1 或字符串 1，字符数组 2 或字符串 2)；

函数功能：比较两个字符数组（或字符串），自左至右对应的字符逐个比较 ASCII 码值，直到遇到不同字符或'\0'为止，函数返回值为一个整数，有以下 3 种情况。

（1）字符串 1>字符串 2，返回值为正整数（一般为 1）。

（2）字符串 1=字符串 2，返回值为 0。

（3）字符串 1<字符串 2，返回值为负整数（一般为-1）。

例如：strcmp("hello","Hello");函数返回值为 1，表示"hello">"Hello"。

strcmp("hello","hello");函数返回值为 0，表示"hello"="hello"。

strcmp("Hello","hello");函数返回值为-1，表示"Hello"<"hello"。

说明：

（1）当遇到第一对不同字符时，以其比较结果为函数的返回值，后面字符不再比较。

（2）遇到字符相同则继续比较，如果全部相同，返回值为 0，表示两个字符串相等。

（3）调用 strcmp( )函数比较后，不改变两个字符数组的内容。

（4）两个字符串的比较不能用关系运算符，只能用 strcmp( )函数。例如，判断两个字符串相等，不能用 c1==c2，只能用 strcmp(c1,c2)==0。

【例 4-16】 用 strcmp( )函数比较两个字符串。

```
#include <stdio.h>
#include <string.h>
int main( )
{
    char c1[ ]="hello", c2[ ]="HELLO";
    int f;
    f=strcmp(c1,c2);                      //f 用于接收 strcmp( )函数返回的整数
```

```
    printf("strcmp( )函数返回值为: %d\n",f);
    printf("比较结果为: \n");
    if(f>0)                          //如果 f 的值大于 0, 则 c1>c2
        puts("c1>c2");
    if(f==0)                         //如果 f 的值等于 0, 则 c1=c2
        puts("c1=c2");
    if(f<0)                          //如果 f 的值小于 0, 则 c1<c2
        puts("c1<c2");
    return 0;
}
```

程序的运行结果为:

```
strcmp()函数返回值为: 1
比较结果为:
c1>c2
```

程序分析:

(1) strcmp( )函数返回值有 3 种情况, 所以需要用 if 语句进行判断, 根据不同情况, 输出不同结果。

(2) 字符串"hello"与"HELLO"比较, 第一个字母就不相同, 而小写字母的 ASCII 码大于大写字母的 ASCII 码, 所以比较结果为"hello">"HELLO"。

(3) 函数参数可以直接用两个字符串常量比较, 例如: strcmp("good","bad")。

6. 测字符串长度函数——strlen( )函数

函数的调用形式为:

strlen(字符数组或字符串);

函数功能: 测字符串的实际长度, 不包含'\0'在内, 函数返回值为字符串有效字符个数。
例如:

```
char c[15]="hello";
printf("%d\n",strlen(c));
```

输出结果为 5 (有效字符个数)。

说明:

(1) 数组长度为 15, 字符串字符数为 6 (包含'\0'), 但所测长度不包含'\0'。

(2) 如果数组中有多个'\0', 则 strlen( )函数测长度到第一个'\0'为止。

【例 4-17】 用 strlen( )函数测字符串长度。

```
#include <stdio.h>
#include <string.h>
int main( )
{
    char c[15]="c program!";
    int len;
    len=strlen(c);                   //用变量 len 接收调用 strlen( )函数的返回值
```

```
    printf("用 strlen()函数测字符串长度为：%d\n",len);    //输出字符串长度 len
    return 0;
}
```

程序的运行结果为：

用**strlen()**函数测字符串长度为：10

程序分析：调用 strlen( )函数后，不改变字符数组的内容，因此函数参数可以直接用字符串常量，例如：strlen("world")。

7. 字符串转换小写函数——strlwr( )函数

函数的调用形式为：

strlwr(字符数组);

函数功能：将字符串中的大写字母转换为小写字母。

例如：

```
char c[8]="HELLO!";
strlwr(c);
puts(c);
```

输出结果为：hello!

调用 strlwr( )函数后，数组 c 中字符串里的大写字母全部转换为小写字母。函数调用前后数组存储情况如图 4-18 所示。

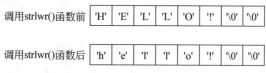

图 4-18　调用 strlwr( )函数前后数组存储示意图

8. 字符串转换大写函数——strupr( )函数

函数的调用形式为：

strupr(字符数组);

函数功能：将字符串中的小写字母转换为大写字母。

例如：

```
char c[8]="hello!";
strupr(c);
puts(c);
```

输出结果为：HELLO!

调用 strupr( )函数后，数组 c 中字符串里的小写字母全部转换为大写字母。函数调用前后数组存储情况如图 4-19 所示。

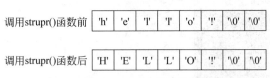

图 4-19 调用 strupr( )函数前后数组存储示意图

4.4.5 字符数组应用举例

【例 4-18】 输入三个字符串，要求按英文字母顺序从小到大输出三个字符串。

```c
#include <stdio.h>
#include <string.h>
int main( )
{
    char c1[20],c2[20],c3[20],s[20];
    printf("请输入第一个字符串: ");
    gets(c1);
    printf("请输入第二个字符串: ");
    gets(c2);
    printf("请输入第三个字符串: ");
    gets(c3);
    if(strcmp(c1,c2)>0)             //比较字符串 c1 和 c2 的大小
    {
        strcpy(s,c1);              //如果字符串 c1 大于 c2，则交换
        strcpy(c1,c2);
        strcpy(c2,s);
    }
    if(strcmp(c1,c3)>0)             //比较字符串 c1 和 c3 的大小
    {
        strcpy(s,c1);              //如果字符串 c1 大于 c3，则交换
        strcpy(c1,c3);
        strcpy(c3,s);
    }
    if(strcmp(c2,c3)>0)             //比较字符串 c2 和 c3 的大小
    {
        strcpy(s,c2);              //如果字符串 c2 大于 c3，则交换
        strcpy(c2,c3);
        strcpy(c3,s);
    }
    puts("三个字符串的输出顺序为: ");
    puts(c1);
    puts(c2);
    puts(c3);
    return 0;
}
```

输入 spring✓summer✓fall✓后，程序的运行结果为：

```
请输入第一个字符串: spring
请输入第二个字符串: summer
请输入第三个字符串: fall
三个字符串的输出顺序为:
fall
spring
summer
```

程序分析：

（1）有三个字符串，只能两个两个比较，先 c1 与 c2 比，使 c1 为较小字符串，然后 c1 与 c3 比，使 c1 为较小字符串，这样 c1 就为 3 个字符串中的最小者，最后再用 c2 与 c3 比，使 c2 小于 c3，三次比较完后 c1<c2<c3。

（2）字符串的交换使用的是 strcpy( )函数，不能用赋值运算符“=”直接赋值，如果用 s=c1，程序出错。

【例 4-19】　输入一个字符串，不使用 strlen( )函数，测字符串的长度。

```c
#include <stdio.h>
#include <string.h>
int main( )
{
    char c[20];
    int i,len=0;                    //len 用于计算字符个数
    printf("请输入一个字符串: ");
    gets(c);                        //输入字符串长度不应超过数组长度
    for(i=0;c[i];i++)               //判断条件 c[i]相当于 c[i]!= '\0'
      len++;
    printf("字符串的长度为: %d\n",len);
    return 0;
}
```

程序的运行结果为：

```
请输入一个字符串: hello world
字符串的长度为: 11
```

程序分析：可以省略定义变量 len，直接用 i 的值作为字符串长度也一样。

【例 4-20】　以字符串形式输入两个数字，不使用 strcmp( )函数，比较两个数的大小。

```c
#include <stdio.h>
#include <string.h>
int main( )
{
    char c1[20],c2[20];
    int i,len1,len2,f=0;            //设置 f 初始值为 0
    printf("请输入第一个数字: ");
    gets(c1);
    printf("请输入第二个数字: ");
    gets(c2);
```

```
    len1=strlen(c1);
    len2=strlen(c2);
    if(len1>len2)
        printf("%s > %s",c1,c2);              //如果 c1 长度大于 c2，则 c1>c2
    else if(len1<len2)
        printf("%s < %s",c1,c2);              //如果 c1 长度小于 c2，则 c1<c2
    else                                      //如果 c1 长度等于 c2，再逐个对字符做比较
    {
        for(i=0;c1[i]!='\0'&&c2[i]!='\0';i++)
        {
            if(c1[i]>c2[i])       //如果元素 c1[i]>c2[i]，f=1，后面不用继续比较
            {
                f=1;
                break;
            }
            if(c1[i]<c2[i])       //如果元素 c1<c2，f=-1，后面不用继续比较
            {
                f = -1;
                break;
            }
        }                         //如果 for 循环中两个 if 都不满足，则 f=0
        if(f>0)                   //如果 f>0，c1>c2
          printf("%s > %s",c1,c2);
        else if(f<0)              //如果 f<0，c1<c2
          printf("%s < %s",c1,c2);
        else                      //如果 f=0，c1=c2
          printf("%s = %s",c1,c2);
    }
    return 0;
}
```

程序的运行结果为：

```
请输入第一个数字: 1234      请输入第一个数字: 23242     请输入第一个数字: 2398
请输入第二个数字: 123455    请输入第二个数字: 234       请输入第二个数字: 2323
1234 < 123455               23242 > 234                 2398 > 2323
```

程序分析：比较两个数字字符串大小，要先判断字符串的长度，数字位数多，其字符串长度越长，数字就越大。在两个字符串长度相同的情况下，再逐个字符进行比较，此题逐个字符比较用的是 for 循环，也可以用 strcmp( ) 函数进行比较，用函数会使程序更简洁。如果用 strcmp( ) 函数比较，只需将程序中 for 循环部分改为 f=strcmp(c1,c2);即可。

【例 4-21】 输入一个字符串，统计其中大写字母、小写字母、数字及其他字符各有多少。

```
#include <stdio.h>
#include <string.h>
int main( )
{
    char s[40];
```

```
    int i,a=0,b=0,c=0,d=0;                //4 个变量用于存储 4 类字符的个数
    printf("请输入一个字符串: ");
    gets(s);
    for(i=0;s[i]!='\0';i++)
    {
        if(s[i]>='A'&&s[i]<='Z')          //s[i]范围为'A'～'Z', a 的值增加
            a++;
        else if(s[i]>='a'&&s[i]<='z')      //s[i]范围为'a'～'z', b 的值增加
            b++;
        else if(s[i]>='0'&&s[i]<='9')      //s[i]范围为'0'～'9', c 的值增加
            c++;
        else                              //以上都不满足，则其他字符 d 的值增加
            d++;
    }
    printf("字符串中大写字母有%d 个，小写字母有%d 个，数字有%d 个，其他字符有%d 个
\n",a,b,c,d);
    return 0;
}
```

程序的运行结果为：

```
请输入一个字符串: My E-mail is 1234@qq.com.
字符串中大写字母有2个，小写字母有12个，数字有4个，其他字符有7个
```

程序分析：

（1）循环的判断条件应该是 s[i]!='\0'，逐个对字符串中的有效字符来判断，而不是 i<40。

（2）在进行范围判断时需注意，大写字母范围不能写成'A'<=s[i]<= 'Z'，否则程序错误。小写字母范围、数字范围也要注意书写规范。

习 题 4

4.1　选择题

（1）如有定义 "char a[ ] = "abc", b[ ] = {'a', 'b', 'c'};"，则以下叙述中正确的是（　　）。

　　A. 数组 a 和 b 的长度相同　　　　　　B. 数组 a 的长度小于数组 b 的长度

　　C. 数组 a 的长度大于数组 b 的长度　　D. 上述说法都不对

（2）以下二维数组初始化语句中，正确且与 int a[ ][3]={1, 2, 3, 4, 5}等价的是（　　）。

　　A. int a[2][ ]={ 1, 2, 3, 4, 5};

　　B. int a[ ][3]={ 1, 2, 3, 4, 5, 0};

　　C. int a[ ][3]={ { 1, 2}, {3, 4}, {5, 0} };

　　D. int a[2][ ]={ { 1, 2, 3}, {4, 5}};

（3）若有说明 "int a[ ][3]={1, 2, 3, 4, 5, 6, 7};"，则 a 数组第一维的大小是（　　）。

　　A. 2　　　　　　　B. 3　　　　　　　C. 4　　　　　　　D. 无确定值

（4）以下程序运行后的输出结果是（　　）。

```
#include <stdio.h>
int main( )
{
  int a[4][4]={{1,4,3,2},{8,6,5,7},{3,7,2,5},{4,8,6,1}};
  int i,k,t;
  for(i=0;i<3;i++)
    for(k=i+1;k<4;k++)
      if(a[i][i]<a[k][k])
      {
        t=a[i][i];
        a[i][i]=a[k][k];
        a[k][k]=t;
      }
  for(i=0;i<4;i++)
    printf("%d, ",a[i][i]);
  return 0;
}
```

　　A．6, 4, 3, 2,　　　B．6, 2, 1, 1,　　　C．1, 1, 2, 6,　　　D．2, 3, 4, 6,

（5）下述对 C 语言字符数组的描述中错误的是（　　　）。

　　A．字符数组可以存放字符串

　　B．字符数组的字符串可以整体输入或输出

　　C．可以在赋值语句中通过赋值运算符 "＝" 对字符数组整体赋值

　　D．不可以用关系运算符对字符数组中的字符串进行比较

（6）以下不正确的定义语句是（　　　）。

　　A．int y[5]={0, 1, 3, 5, 7, 9};

　　B．double x[5]={2.0, 4.0, 6.0, 8.0, 10.0};

　　C．char c1[ ]={'1', '2', '3', '4', '5'};

　　D．char c2[ ]={'\x10', '\xa', '\x8'};

（7）以下能对二维数组 a 正确定义并进行初始化的语句是（　　　）。

　　A．int a[2][3]={ {1, 1}, {2}, {3} };　　　B．int a[3][ ]={ {1}, {2}, {3} };

　　C．int a[ ][ ]={1, 2, 3, 4, 5, 6};　　　D．int a[ ][3]={ {1, 1, 1}, {2, 2}, {3} };

（8）阅读下面程序：

```
#include <stdio.h>
#include <string.h>
int main( )
{
    char str[3][10],max[10];
    int i;
    for(i=0;i<3;i++)
    {
        printf("\n请输入第%d个字符串: ",i+1);
        gets(str[i]);
```

```
        }
        strcpy(max,str[0]);
        for(i=1;i<3;i++)
           if(strcmp(max,str[i])<0)
                strcpy(max,str[i]);
        printf("最大的字符串为:%s\n",max);
        return 0;
}
```

① 如果输入 how are you，则程序的输出结果是（   ）。

    A．hao   B．are   C．you   D．以上都不对

② strcpy(max, str[0])函数的功能是（   ）。

    A．将字符串 max 复制到 str[0]中

    B．将字符串 str[0]复制到 max 中

    C．比较 max 和 str[0]的大小，如果 max 大，返回正数

    D．比较 max 和 str[0]的大小，如果 max 小，返回正数

（9）以下程序运行后的输出结果是（   ）。

```
#include <stdio.h>
int main( )
{
    int i,k,a[10],p[3];
    k=5;
    for(i=0;i<10;i++)
        a[i]=i;
    for(i=0;i<3;i++)
        p[i]=a[i*(i+1)];
    for(i=0;i<3;i++)
        k+=p[i]*2;
    printf("%d\n",k);
    return 0;
}
```

    A．10   B．16   C．21   D．35

（10）下面程序的功能是从键盘输入的一组字符中统计出大写字母的个数 m 和小写字母的个数 n，并输出 m、n 中的较大者，请选择填空。

```
#include<stdio.h>
int main( )
{
    int m=0,n=0;
    char c;
    while((【1】)!='\n')
    {
        if(c>='A'&&c<='Z')
            m++;
```

```
        if(c>='a'&&c<='z')
            n++;
    }
    printf("%d\n",m<n?【2】)
    return 0;
}
```

【1】所在位置应该填写的内容为（   ）。

    A. c=getchar( )   B. getchar( )   C. c==getchar( )   D. scanf（"%c",c)

【2】所在位置应该填写的内容为（   ）。

    A. n:m   B. m:n   C. m:m   D. n:n

4.2 编写程序，用冒泡排序法实现一组数据的升序排列。

4.3 有一个按升序排列的整型一维数组，要求插入一个整数后，数组中的元素仍按升序排列。

4.4 输入一个字符串，要求删除其中的空格后输出。

4.5 编写程序打印输出以下的二维矩阵。

```
1   2   3   4
    6   7   8
       11  12
           16
```

4.6 输入两个字符串，不用 strcpy( )函数，实现两个字符串的复制操作。

4.7 已知一个二维数组 a，将其行和列的元素互换后存到另一个二维数组 b 中，并输出 b 数组。

$$a = \begin{pmatrix} 1 & 3 & 5 \\ 2 & 4 & 6 \end{pmatrix} \qquad b = \begin{pmatrix} 1 & 2 \\ 3 & 4 \\ 5 & 6 \end{pmatrix}$$

4.8 判断一个字符串是否为回文串（回文串指正读反读都一样的字符串，如字符串 "123aba321"）。

实验 6 一维数组和二维数组

一、实验目的

1. 掌握一维数组的定义、初始化方法。

2. 掌握一维数组中数据的输入输出方法。

3. 掌握二维数组的定义、赋值及输入输出的方法。

4. 了解用数组处理大量数据时的优越性。掌握在程序设计中使用数组的方法。数组是非常重要的数据类型，循环中使用数组能更好地发挥循环的作用，有些问题不使用数组难以实现。

二、实验内容

1. 下面的几个程序都能为数组元素赋值，请输入程序并运行，并比较这些赋值方法的异同。

（1）在定义数组的同时对数组初始化。

```c
//6-1-1.c
#include <stdio.h>
int main( )
{
   int a[4]={0,1,2,3};
   printf("%d  %d  %d %d\n",a[0],a[1],a[2],a[3]);
   return 0;
}
```

（2）不使用循环对单个数组元素赋值。

```c
//6-1-2.c
#include <stdio.h>
int main( )
{
    int a[4];
    a[0]=2; a[1]=4; a[2]=6; a[3]=8;
    printf("%d %d %d %d\n",a[0],a[1],a[2],a[3]);
    return 0;
}
```

（3）用循环结构，从键盘输入为每个数组元素赋值，输出各数组元素。

```c
//6-1-3.c
#include <stdio.h>
int main( )
{
    int i,a[4];
    for(i=0; i<4; i++)
      scanf("%d",&a[i]);
    printf("\n");
    for(i=0; i<4; i++)
       printf("%d ",a[i]);
    printf("\n");
    return 0;
}
```

2. 由键盘输入 10 个整数保存到一维数组中，找出这 10 个数中的最小值及其下标。试编程实现。

分析：定义一个整型变量（假设为 p）来存放最小值的下标，并将 p 初始化为 0，即从数组下标为 0 的元素开始判断。通过循环，依次判断数组中的每一个元素 a[i] 是否小于 a[p]，如果是，则 p=i。循环结束后，p 即为数组元素中最小值的下标，a[p] 即为最小值。

3. 将一维数组中的值按逆序重新存放。例如，原来的存放顺序为 8,6,5,4,1,2，要求改为按 2,1,4,5,6,8 的顺序存放（注意是逆序存放而不是逆序输出）。

分析：首先定义一个数组，为该数组赋值（可以在定义时初始化，也可以用循环语句从键盘输入）。要将数组元素逆序存放，通过交换数组元素实现，用第一个元素和最后一个元素交换，第二个元素和倒数第二个元素交换，……如果数组元素的个数为 n，则总共交换 n/2 次。

4. 求一个 4×4 矩阵的主对角线元素之和，填空并运行程序。

```c
#include <stdio.h>
int main( )
{
  int a[4][4]={{1,2,3,4},{5,6,7,8},{3,9,10,2},{4,2,9,6}};
  int i,sum=0;
  for(i=0; i<4; i++)
    _____ ;           //把对角线元素的和放在变量 sum 中
  printf("sum=%d\n",sum);        //输出对角线元素的和
  return 0;
}
```

分析：用循环求和，矩阵对角线上的元素的特征是行下标和列下标相同。

5. 输入一个正整数 n，再输入 n 个数，生成一个 n*n 的矩阵，矩阵中第 1 行是输入的 n 个数，以后每一行都是上一行循环左移一个元素。

输入输出示例：

```
Input n: 5
Input numbers: 3  1  7  6  10
the matrix is:
3  1  7  6  2
1  7  6  2  3
7  6  2  3  1
6  2  3  1  7
2  3  1  7  6
```

分析：C99 标准允许定义数组时，数组长度用变量表示。所以在本题中，先由用户输入数组长度 n，再定义数组，这样可以灵活地构造二维数组的大小。用户输入的 n 个数直接存放进二维数组的第一行。从第二行开始，每一行数据都由前一行数据左移一位得来。左移之前，用一个零时变量将该行的第一个元素暂存起来，然后从第二个元素开始，依次左移，最后将暂存的第一个元素放在最后一个元素的位置。

实验 7　字　符　数　组

一、实验目的

1. 掌握字符数组的定义、初始化和应用。

2. 掌握字符串处理函数的使用。

二、实验内容

1. 根据程序的输出结果，把下列三个程序补充完整（填入字符串处理函数）。

（1）

```
#include<stdio.h>
#include<string.h>
int main()
{
    char s1[50]={"Happy birthday "};
    char s2[]={"to Mary"};
    printf("%s\n", _____ );
    return 0;
}
```

输出结果：

```
Happy birthday to Mary
```

（2）

```
#include<stdio.h>
#include<string.h>
int main( )
{
    char s1[10],s2[ ]={"flower"};
    _____;
    printf("%s\n",s1);
    return 0;
}
```

输出结果：

```
flower
```

（3）

```
#include<stdio.h>
#include<string.h>
int main( )
{
    char s[ ]={"Happy birthday!"};
    printf("Len:%d\n", _____);
    return 0;
}
```

输出结果：

```
Len:15
```

2. 有一行文字，不超过 80 个字符，分别统计出其中英文大写字母、小写字母、数字、空格及其他字符的个数。试编程实现。

分析：定义 5 个整型变量分别统计大写字母、小写字母、数字、空格和其他字符的个数（即作为 5 个计数器使用），并为这 5 个变量赋初值 0。在循环中对字符数组的每个元素进行判断，相应的计数器加 1。注意循环控制条件的设置，80 应该为字符数组长度，而循环次数应该用字符串的实际长度来控制。

思考：如果是对一篇英文文章进行统计，又该怎么编程呢？文章的行数和每行字数可以自己来设。提示：对文章的内容要用二维字符数组来存储。

3. 从键盘输入两个字符串 a 和 b，把字符串 b 的前 5 个字符连接到字符串 a 的后面，试编程实现。要求：不得使用字符串处理函数。

分析：应该在字符串 a 的结束符的位置开始存放字符串 b 的字符，所以首先必须找到字符串 a 的结束符的下标。再用循环把字符串 b 的前 5 个字符复制到字符串 a 中去。复制完成后，在字符串 a 的末尾加上结束符。

4. 编写程序实现在一个字符串中查找指定的字符，并输出指定的字符在字符串中出现的次数及位置，如果该字符串中不包含指定的字符，请输出提示信息。

分析：定义两个一维数组，a 字符数组用来存放字符串，b 整数数组用来存放指定的字符在字符串中出现的位置（即下标）。定义一个标志变量 flag，并初始化为 0，如果字符串包含指定字符，将 flag 置 1。在循环中对字符数组的每个元素和指定字符进行比较，如果相同，就把其下标依次存放在数组 b 中，同时计数值加 1。

第5章

函 数

有了前面的基础，我们已经能够编写基本的 C 语言程序了，将功能代码写在程序的主函数之中，然而随着程序功能的复杂程度增加，主函数也会越写越长，这会给程序的阅读和维护带来很多不必要的麻烦。

函数对我们来说并不陌生，在前面的学习中，学习了格式化输入函数、格式化输出函数、字符输入输出函数等，还有在每个 C 语言程序中所用到的主函数，它们之间有什么不同，又有什么关系？通过本章的学习读者会更深入地了解函数。

5.1 函 数 概 述

5.1.1 为什么要使用函数

早在 11 世纪的北宋时期，中国人民发明的活字印刷作为中国古代"四大发明"之一，通过使用可以移动的金属或胶泥字块，来取代传统的抄写或无法重复使用的印刷版。按照稿件把单字挑选出来，印完后再将字模拆出，留待下次排印时再次使用，这是产品领域最早的模块化设计。

模块化设计的思想是先将产品划分并设计出一系列通用部件（即模块），再通过模块的灵活选择和组合构成不同的产品。其核心思想是划分模块、组合模块，而这一思想在程序设计中也一样通用，其中，划分模块是用函数的定义来实现的，组合模块则是用函数的调用来实现的。

函数一词是从 function 翻译过来的，其另一个含义是功能，可以理解为每个函数实现一定的功能。例如，用 sin()函数实现一个数的正弦值计算，用 printf()函数来实现格式化的输出，这些常用的函数都是由系统的库函数提供的，不再需要自己动手编写，我们根据需要调用这些函数即可，这样大大提高了编程的效率，简化了调试的难度。

在实现一个较复杂的程序时，往往会按照功能进行模块划分，每个模块再通过一个或多个函数来实现。通过主函数调用其他函数，或者其他函数之间的互相调用来组合出复杂的程序。一个 C 语言程序只能有一个主函数，也是程序的执行入口，主函数不能被其他函数调用，而其他函数只有直接或间接被主函数调用才能被执行到。

总之，要善于利用函数，以减少重复编写功能相同代码的工作量，以便实现模块化的程序设计。

下面通过一个简单的函数例子来看一下使用函数的好处是什么。

【**例 5-1**】 输出下面的结果，使用函数调用来实现。

```
####################
Hello C!
####################
```

程序如下。

```
#include <stdio.h>
int main( )
{
    void print_line();        //print_line()函数声明
    void print_msg();         //print_msg()函数声明
    print_line();             //调用 print_line()函数
    print_msg();              //调用 print_msg()函数
    print_line();             //调用 print_line()函数
    return 0;
}
void print_line()
{
    printf("####################\n");
}
void print_msg()
{
    printf("      Hello C!      \n");
}
```

程序的运行结果为：

```
####################
        Hello C!
####################
```

说明：print_line()和 print_msg()是两个用户自定义函数名，分别实现输出一行"#"号和文字内容。

在这个例子中，输出的两行符号在代码中只出现了一次，当改变题目中的输出符号或者输出内容时，只需要修改其中的 print_line()和 print_msg()函数就可以做到，实现一改全改。总结使用函数的好处如下。

第一，方便代码重用。所谓"重用"，是指有一些代码的功能是相同的，操作是一样的，通过将这种功能的代码提取成一个函数，以后用到这个功能时只需要调用这个函数就可以了，不需要再重复地编写同样的代码。这样可以避免重复性代码。

第二，方便代码维护。可以对出问题的函数或者需要修改的函数进行局部修改，减少修改范围。

5.1.2 函数的分类

通过 5.1.1 节的介绍，可以看出函数分为库函数和用户自定义函数，这是从用户使用的角度对函数进行划分的。

（1）库函数。也叫标准函数，是由系统提供的，不需要用户定义，可以直接调用它们，在使用库函数时需要整理出如表 5-1 所示的函数使用说明，以库函数 abs() 为例。

表 5-1　库函数 abs() 的使用说明

函数原型	int abs(int x)
函数的功能	求整数 x 的绝对值
函数参数的数目、类型、顺序、意义	1 个 int 型的参数，表示对此参数求绝对值
函数返回值的类型、意义	int 型的返回值，表示求出的绝对值结果
使用时所需要包含的头文件	math.h

（2）用户自定义函数。它是用户根据代码功能的模块划分自己编写的函数。例 5-1 中的 print_line() 和 print_msg() 函数就是用户自定义函数。

从函数的定义形式来看，函数可分为以下两类。

（1）无参函数。这类函数在函数调用过程中不需要传入任何数据，一般用来执行一定的功能，例 5-1 中的 print_line() 和 print_msg() 函数都是无参函数，其作用仅仅是输出固定的内容。

（2）有参函数。这类函数在函数调用过程中，通过参数传递数据，在函数内部根据参数数据来进行计算或者控制程序流程。例如，print_line() 函数可以增加一个 int 型的参数，控制"#"字符的输出个数，从而使该函数更加灵活，应用于更多场合。

5.2　函数定义

C 语言规定，函数和变量一样必须"先定义，后使用"。C 语言提供了极为丰富的库函数，这些函数的定义由编译系统完成，用户只需要使用预处理命令#include 将对应的头文件包含到程序中就可以使用它们。然而，库函数只能提供一些基本的功能，在实际的 C 语言程序编写过程中，所需要的大多数功能函数都需要自己定义。

C 语言中函数定义的基本格式如下。

函数类型 函数名 (类型 1 形式参数 1，类型 2 形式参数 2，…，类型 n 形式参数 n)
{
　　函数体
}

说明：

（1）一般将**函数类型 函数名（类型 1 形式参数 1，类型 2 形式参数 2，…，类型 n 形式参数 n)**称为函数首部或函数头。

（2）函数头中的**函数类型**表示函数返回数据（即返回值）的数据类型，如果函数不返回任何数据，可以使用 void 类型表示空，如果省略函数类型，大多数编译器默认函数类型为 int。

（3）函数头中的**函数名**要符合标识符的命名规则，且最好能够有见名知意的效果，以便按名调用，且在程序可见范围内同一个函数名不能重复定义。

（4）函数头中在函数名后的一对小括号内是**形式参数列表**，简称形参列表，形参之间用逗号分隔，每个参数都要指定名字和类型，以便在调用函数时向它们传递数据。列表中参数个数可以是 0 个、1 个或多个，当形参个数为 0 个时，形参列表可以是空着或者使用 void 表示空，此时定义的函数为无参函数，当形参个数不为 0 个时，即形参列表至少有 1 个形参，此时定义的是有参函数。通过上述说明，无参函数的定义形式如下。

```
函数类型 函数名()
{
    函数体
}
```

或

```
函数类型 函数名(void)
{
    函数体
}
```

（5）**函数体**一般包括声明部分和语句部分。声明部分包括对函数使用的变量定义以及要调用的函数声明（具体见 5.4 节）等，在函数体中声明部分仅定义函数体中所用到的除形参以外的其他局部变量，声明部分和语句部分根据需要可省略，若两者都省略，即函数体为空时，这样的函数称为空函数。空函数的定义如下。

```
函数类型 函数名()
{ }
```

例如：

```
void dummy() { }
```

表示定义了一个函数 dummy()，函数体是空的，其他函数通过 dummy(); 来调用该空函数，调用该函数不会起到任何实际作用，什么也不会做，那么空函数有什么用呢？在程序设计初期阶段进行功能模块划分的过程中，可以对一些功能实现尚不明确或处理方式待定的模块定义相应的空函数，通过调用空函数来占一个位置，等以后功能确定的时候再来补充函数体的实现。所以通过空函数可以使程序的结构非常清楚，可读性好，而且功能扩充方便，不会影响大的程序结构。

为了便于理解函数的定义，我们将用 C 语言函数来解决一个数学函数题目。

【例 5-2】 有三个未知整数 a、b、c，其中，c = f(a,b) = a*b，用 C 语言函数实现数学函数 f 的功能。

分析：该数学函数名为 f，只要给出参数 a 和 b 的值，就可以调用函数 f，求得 c 的值，参照 C 语言的函数定义格式，将数学函数 f(a,b)对应的 C 语言函数如下。

```
int f(int a, int b)     //定义函数名为 f，形式参数 a 和 b 为整型
{                       //函数 f 的开始
```

```
    int s;                 //声明部分，定义本函数中用到的变量 s 为整型
    s = a * b;             //语句部分，运算结果放入 s 中
    return s;              //将 s 的值返回，此语句的作用相当于调用函数 f(a,b)值为 s
}                          //函数 f 的结束
```

说明：

（1）函数 f 的功能可以实现计算任意整数 a 和任意整数 b 的乘积，并将乘积返回。这里需要注意函数头的写法，如果写成了 int f(int a, b)就是错误的，应该分别指明每个形参的数据类型。

（2）在函数体中，可以不定义变量 s，直接将表达式 a*b 的值返回，代码还可以简化如下。

```
int f(int a, int b)        //定义函数名字为 f，形式参数 a 和 b 为整型
{                          //函数 f 的开始
    return a * b;          //调用函数 f(a,b)值为 a*b
}                          //函数 f 的结束
```

（3）return 语句后面的内容也可以用小括号括起来。例如：

```
return (s);或 return (a * b);
```

该函数实现的功能可以用图 5-1 来理解，函数需要从外部输入两个数 a 和 b，函数内部处理后可以得到一个数 s，其值为 a*b，并将值输出。

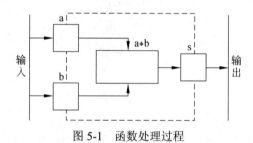

图 5-1 函数处理过程

在 C 语言中，所有函数的定义，包括主函数在内，都是"平行"的。也就是说，在一个函数的函数体内，不能再定义另一个函数，即不能嵌套定义。下面通过一个例子来对比几个简单函数定义的区别。

【例 5-3】 对比下面定义的三个函数。

```
#include<stdio.h>
int f1(void)              //定义函数名为 f1,是无参函数
{                         //函数 f1 的开始
    return 3+4;           //调用函数 f1,返回值为 7
}                         //函数 f1 的结束
int f2(int a)             //定义函数名为 f2,有 1 个形式参数 a,为整型
{                         //函数 f2()的开始
    return a+4;           //调用函数 f2(a)值为 a
}                         //函数 f2()的结束
```

```
int f3(int a, int b)          //定义函数名为f3，形式参数a和b为整型
{                             //函数 f3()的开始
    return a+b;               //调用函数 f3(a,b)值为a+b
}                             //函数 f3()的结束
void main()
{
    //主函数中调用了f1()函数、f2()函数和f3()函数
    printf("f1=%d, f2=%d, f3=%d", f1(), f2(5), f3(7,9));
}
```

程序的运行结果为：

```
f1=7, f2=9, f3=16
```

说明：该程序中除了主函数之外，还定义了3个自定义函数，功能都是求和。函数f1()没有任何参数，其功能为计算3与4的和且只能实现3与4求和；函数f2()只需要一个参数，其功能为实现计算任意整数与4的和；函数f3()则需要两个参数，其功能为实现计算任意整数与任意整数的和。

因此，在对功能进行划分阶段，需要首先设计和定义好函数首部（包括函数的返回值类型，形参的个数和类型等），使函数的功能具有很好的通用性。

5.3　函数调用

函数定义仅仅是将各个功能模块准备好，为了实现完整的功能代码，还需要将各个模块进行组装，即函数调用，一个函数只有直接或间接被主函数调用，才会在程序运行中起到作用。

5.3.1　函数调用的一般形式

函数调用在我们开始第一个C语言程序时就已经开始了，如前面见过的：

```
printf ("Hello World! \n");
print_line();
```

其中，printf()函数是系统库函数，print_line()函数是自己定义的函数，因此可以根据需要调用这两类函数来完成程序的功能，无论调用哪类函数，其调用的一般形式如下。

函数名(实际参数1,实际参数2,…,实际参数n)

说明：

（1）在调用函数之前，函数必须是事先定义好的，一对小括号内为以逗号分隔的实际参数，切记不要在实际参数前面写类型，实际参数可以是常量、变量、表达式或者函数调用等。如果调用的函数是无参函数，则小括号内为空的。

（2）在调用函数时，要求实际参数的个数、类型都要与函数定义中的形式参数一一对应。每个实际参数要有具体的值，通过函数调用将数据传递给被调用函数对应位置的形参

变量，并执行函数的具体功能。

（3）将调用其他函数的函数称为**主调函数**，被其他函数调用的函数称为**被调函数**。如例 5-3 中的函数 f1()、f2()、f3()被 main()函数调用，main()函数是主调函数，f1()、f2()、f3()函数是被调函数。当函数调用关系变得更复杂时，一个函数可以既是主调函数又是被调函数。

一般地，函数调用在程序中出现的形式可以有如下 3 种。

1. 函数调用语句

函数调用作为一条执行语句（语句末尾加上分号;）出现在主调函数中。仅执行被调函数的功能和操作，而对于被调函数的返回值没有要求，即被调函数的函数类型可以是 void 类型，也可以是其他类型，但是在主调函数中不使用其返回的数据。如例 5-1 中的函数调用"print_line();"，以及我们经常调用的 printf()和 scanf()函数。

2. 参与表达式运算

函数调用参与表达式运算。如"ch=getchar();"或者"c=f(3,4);"这两个都是赋值表达式语句，赋值运算符右侧是一个函数调用（getchar()函数是一个字符输入库函数，f()函数是一个自定义的函数），将被调函数的返回值赋值给赋值运算符左侧的变量。

这种形式的函数调用要求被调函数的函数类型不能是 void 类型，即必须有数据返回。在主调函数中使用其返回数据的值参加表达式的运算，包括我们学习过的算术运算、逻辑运算、关系运算、条件运算等。例如：

```
c=5*f(2,5);
d=f(4,3)>f(3,4);
```

若 f()函数为例 5-2 中定义的功能为计算两个数乘积，那么通过上述语句，c 的值为 50（即 5 乘以函数调用 f(2,5)的返回值 10 的积），d 的值为 0（即函数调用 f(4,3)返回值 12 大于函数 f(3,4)返回值 12 的关系表达式为假）。

3. 作为函数实参

函数调用还可以作为另一个函数调用的实参。这种形式的函数调用也要求被调函数的函数类型不能是 void 类型，必须有数据返回。如例 5-3 中的 main()函数中的语句：

```
printf("f1=%d, f2=%d, f3=%d", f1(), f2(5), f3(7,9));
```

首先，从被调用函数 printf()的角度看，这是一个函数调用语句，函数的实际参数有 4 个，第一个是输出字符串的格式，第二个实际参数是函数调用 f1()，第三个实际参数是函数调用 f2(5)，第四个实际参数是函数调用 f3(7,9)，后面三个实际参数的值分别为这 3 个函数调用的返回值。又如：

```
c=f(3,f(4,5));
```

内层的函数调用 f(4,5)是作为外层 f()函数调用的第二个参数。

无论函数调用以哪种形式出现，函数调用本身并不需要分号结尾，只需要使用函数名及所需的实际参数即可，而分号在表示一个完整的 C 语言可执行语句结束的时候才需要。

5.3.2 函数调用的过程分析

有了函数之间的调用，那么程序是如何执行的呢？通过下面的例子来分析程序运行的过程。

【例 5-4】 编写一个完整的程序，调用例 5-2 中定义的 c = f(a,b) = a*b 的函数，实现 15 与 4 的积。

```
#include<stdio.h>
int f(int a, int b)                          //定义函数名字为 f，形式参数 a 和 b 为整型
{
    int s;
    s = a * b;
    return s;
}
int main()
{
    int c;                                    //定义存放结果的变量
    c=f(15,4);                                //调用函数 f，将得到的值赋给 c
    printf("Result is %d\n",c);               //输出 c 的值
    return 0;
}
```

程序运行结果为：

`Result is 60`

程序的执行顺序为：

（1）任何程序的入口都是主函数，所以程序先进入主函数，然后根据声明语句分配变量 c 的存储空间，执行 "c=f(15,4);" 语句，这是一个赋值表达式语句，赋值运算符的右边是调用函数 f(15,4)，程序需要向前面的代码行查找 f() 函数的定义或者声明，找到后跳转到 f() 函数去执行。

（2）调用函数 f() 时，C 编译系统会将实参 15 和 4 依次按顺序赋值给形参 a 和 b，这个过程称为**参数传递**。这样 a 和 b 都有了具体的值，继续执行 f() 函数内部的语句，计算 a 与 b 的积并赋值给变量 s。通过"return s;"语句将结果 60 输出返回给主函数，程序执行到函数 f() 的结束大括号位置，函数调用结束。

（3）程序继续回到主函数中调用 f() 的位置，将调用函数 f() 获得的返回值 60 赋给变量 c，再执行"printf("sum is %d\n",c);"，将结果 60 输出。

（4）程序继续执行主函数中的语句，执行"return 0;"，主函数正确返回，程序结束。

标记了执行顺序的完整程序如下。

```
    #include<stdio.h>
⑤int f(int a, int b)                          //定义函数名为 f，形式参数 a 和 b 为整型
⑥{
⑦    int s;
```

```
⑧        s = a * b;
⑨        return s;
⑩  }
①  int main()
②  {
③      int c;                          //定义存放结果的变量
④⑪   c=f(15,4);                        //调用函数 f()，将得到的值赋给 c
⑫   printf("Result is %d\n",c);    //输出 c 的值
⑬       return 0;
⑭  }
```

总之，main()函数是主函数，它可以调用其他函数，但不允许被其他函数调用。C 语言程序的执行总是从主函数开始的，也是到主函数结束的，即使自定义的其他函数位于主函数的前面，程序仍然从主函数开始执行。如果执行到函数调用则程序转去执行被调用的函数，完成函数调用后再返回到函数调用前的位置继续往下执行，最后由主函数结束整个程序。一个 C 语言程序必须有且仅有一个主函数。

在函数调用过程中，系统会把实参的值传递给被调函数的形参，也就是形参变量的值是从实参得到的，该值只在函数调用期间有效，也只能在该函数内参与运算。在参数传递过程中，当实参的数据类型与对应的形参变量类型不一致时，会根据数据类型转换原则，根据形参的数据类型获取实参的数据。

5.3.3 函数的返回值

当函数调用在表达式中或者是作为函数参数时，在主调函数中希望通过函数调用得到一个值来参与运算或传递参数。这个值就是被调函数的返回值。如例 5-4 的主函数中有语句

```
c=f(15,4);
```

从 f()函数的定义可知，函数调用 f(15,4)的值是 60，这个 60 就是函数的返回值，再通过赋值语句将 60 赋给变量 c。

对函数返回值需要做如下说明。

（1）**函数的返回值仅能通过函数内的 return 语句得到**。return 语句能够将被调函数中的运算结果返回给主调函数，return 语句也表示本次函数调用过程的结束，若被调函数内无 return 语句，则函数调用执行到函数定义的"}"时，函数调用自动返回。如果需要使用 return 语句返回数据，那么被调函数的函数类型一定不能是 void 类型。

在一个函数中可以有一个以上的 return 语句，根据程序的执行顺序，第一个被执行到的 return 语句起作用。return 语句后面的括号是可有可无的，如"return (s);"或"return s;"是等价的。return 后面的值可以是一个常量、变量、表达式或者是另一个函数调用的返回值，例如：

```
return getchar();
```

表示返回一个用户输入的字符。等价于：

```
char c=getchar();
return c;
```

（2）**函数的返回值类型**。在函数定义时指定了函数类型，这个类型就表示该函数返回值的类型。例如下面的函数头：

```
int bigger(float a, float b)          //函数返回值为 int 型
double min(int x, int y)              //函数返回值为 double 型
```

因此虽然函数的返回值是通过 return 语句返回的，但是返回值的数据类型是由函数定义的函数头中的函数类型决定的。函数类型最好与 return 语句返回的值类型保持一致，前面例子中的函数返回值与函数类型都是一致的。若二者不一致，函数返回数据以函数类型为准，由 C 编译系统自动完成类型转换，即**函数类型决定返回值的类型**。

【**例 5-5**】 修改例 5-4 中的函数，将形参及内部的变量 s 变为 float 类型，分析程序运行结果。

```
#include<stdio.h>
int f(float a, float b)          //定义函数名为 f，形式参数 a 和 b 为实数类型
{
    float s;
  s = a * b;
    return s;
}
int main()
{
    int c;                       //定义存放结果的变量
    c=f(1.5,4.5);                //调用函数 f()，将得到的值赋给 c
    printf("Result is %d\n",c);  //输出 c 的值
  return 0;
}
```

程序运行结果为：

```
Result is 6
```

分析：在主函数中执行了赋值语句 c=f(1.5,4.5);，将调用函数 f()的返回值赋值给变量 c，在调用 f()函数时传递的实参是 float 型的常量，与 f()函数定义的形参类型一致，函数调用后，形参变量 a 和 b 的值分别为 1.5 和 4.5，因此计算出来的 s 的值为 6.75。然而函数 f()的函数头定义的函数类型为 int，而在函数体中 return 语句返回的数据 s 是 float 型，二者出现不一致。按照赋值规则，系统会将 s 的值转换为 int 型，得到整数 6 作为函数的返回值。因此主函数中 c 的值输出为 6。

（3）**无返回值函数，函数类型应定义为 void**。这样的函数一般只执行一定的操作，不返回任何数据，因此这类函数调用仅能作为函数调用语句，不能参与表达式运算或作为函数实参。这类函数的函数体中不能使用带值的 return 语句返回数据，仅能通过"return;"来表示函数调用的结束。

5.4　函　数　声　明

在程序运行前的编译阶段，要进行语法检错。程序编译的顺序是按照代码书写的先后顺序来依次编译的，若编译到函数调用语句时，还未编译到函数定义的部分，C编译系统无法确定是否有此函数的定义，也无法确定此函数调用格式是否正确，所以C编译系统会提示找不到函数。因此，在一个函数中调用另一个函数时需要具备如下条件。

（1）被调函数必须"先定义，后使用"。也就是被调函数必须是有具体定义的，可以是用户自己定义也可以是系统定义（库函数）。

（2）被调函数是库函数时，要在文件的开头使用预处理指令#include 将包含库函数定义的信息"包含"到本文件中。例如：

```
#include <stdio.h>
#include <math.h>
#include <string.h>
```

其中，尖括号内的"stdio.h""math.h""string.h"是文件扩展名为.h 的文件，称为头文件（header file），在头文件中包含我们所使用的库函数的声明，编译阶段最先处理的是预处理指令，编译系统可以根据头文件中的声明确定库的函数调用格式。

（3）被调函数是自定义函数时，则分为下面两种情况。

① 被调函数定义的位置在主调函数定义之后时，即先编译主调函数，后编译被调函数，主调函数需要在调用被调函数之前对被调函数进行**声明**（declaration），其作用是告知编译系统被调函数的名字、函数类型、形参个数及形参类型等信息，以便编译阶段检查函数调用是否正确。如例 5-1 中主调函数中对两个自定义的被调函数进行了声明。

② 被调函数定义的位置在主调函数定义之前时，即先编译被调函数，后编译主调函数，主调函数可以不对被调函数作**声明**，如例 5-3～例 5-5 中主调函数的定义是在源文件的最后，不需要对被调函数作声明。当然，这种情况即使作了声明也是合法的。

【**例 5-6**】　改变例 5-4 中的两个函数定义的先后顺序。

```
#include<stdio.h>
int main()
{
    int f(int a, int b);          //声明函数 f()
    int c;                        //定义存放结果的变量
    c=f(15,4);                    //调用函数 f()，将得到的值赋给 c
    printf("Result is %d\n",c);   //输出 c 的值
    return 0;
}
int f(int a, int b)               //定义函数名字为 f，形式参数 a 和 b 为整型
{
    int s;
    s = a * b;
    return s;
```

}

程序运行结果为：

`Result is 60`

通过对比例 5-4 和例 5-6 中，除了函数的定义顺序改变，在主函数中增加了一条对函数 f()的声明语句，即本例中第 4 行，通过观察可以看出，这条声明语句是被调函数 f()的函数头，加一个分号构成的。函数头称为函数原型，函数声明也叫原型声明，在函数原型中，包含编译系统用于检查函数调用合法性的基本信息（函数名、函数类型、参数个数、参数类型及顺序），这样编译系统就可以对函数调用做合法性检查，以保证函数调用的正确性。

实际上，编译系统在检查函数调用合法性时，仅使用了形参的类型，对形参名字不做任何检查，因此函数声明时可以不写形参名。因此，函数声明的一般形式有下面两种。

函数类型 函数名(类型 1 形式参数 1, 类型 2 形式参数 2,…, 类型 n 形式参数 n);

或

函数类型 函数名(类型 1, 类型 2,…, 类型 n);

这两种形式的声明的特点是前者仅复制函数头加一个分号即可，不易出错，且可以从函数的形参名字中猜出各个参数的含义，不会传递错参数。而后者能够让函数声明显得非常精炼。在编写程序时根据个人喜好选择两种声明方法。例如，函数 f()的函数声明为"int f(int a, int b);"，也可以将参数名省略，声明为"int f(int , int);"。

在前面的例子中，函数声明的语句都是写在主调函数内部，实际上也可以将函数的声明写在文件的开头——所有函数之前。例如：

```
#include<stdio.h>
int f(int a, int b);          //声明函数 f
int main()
{
  int c;                       //定义存放结果的变量
  c=f(15,4);                   //调用函数 f，将得到的值赋给 c
  printf("sum is %d\n",c);     //输出 c 的值
  return 0;
}
int f(int a, int b)            //定义函数名为 f，形式参数 a 和 b 为整型
{
  int s;
  s = a+b;
  return s;
}
```

在文件的开头对被调函数的声明称为外部声明，能够让编译系统在编译所有函数之前认识被调函数，在主函数的内部不需要再次对被调函数声明。而且写在所有函数前面的外部声明有效范围为整个文件。也可以将声明写在文件中间某个位置，其有效范围则是从

声明处到文件末尾。更详细的可以参考 5.8 节。

5.5　数组作为函数参数

数组是一组数据的集合，数组中每个元素具有相同的数据类型，单个数组元素与普通变量的使用方式基本相同，如赋值、参与运算等变量可以出现的地方，都可以使用数组元素代替，因此，函数调用时实参也可以是一个数组元素。此外，数组的名字也可以作为函数的实参和形参。

【例 5-7】 定义一个数组保存 3,4,5,6,7 这五个数，并求所有元素的和。

```
#include<stdio.h>
int main()
{
    int sum(int a, int b);                  //声明函数 sum
    int data[5]={3,4,5,6,7};                //定义并初始化数组元素
    int result=0;                           //定义并初始化存放结果的变量
    int i;
    for(i=0;i<5;i++)
        result = sum(result,data[i]);
    printf("Result is %d\n", result);       //输出 sum 的值
    return 0;
}
int sum(int a, int b)                       //定义函数名为 sum, 形式参数 a 和 b 为整型
{
    int s;
    s = a+b;
    return s;
}
```

程序运行结果为：

```
Result is 25
```

本例中定义并声明了函数 sum()，其功能为计算两个数的和，在调用函数 sum() 时，传递的两个实参一个是已累加的和 result 变量，另一个是当前遍历的数组元素 data[i]。通过本例可以发现当使用数组元素作为函数实参时，其用法和普通变量是一样的，本例的目的是为了介绍数组元素作为函数实参，所以将求和的功能定义为一个函数。

除可以用数组元素作为函数实参外，还可以用数组名作为函数参数，包括函数定义的形参和函数调用的实参，而数组名代表的是整个数组的首元素地址，实际上是在传递地址，更详细的参数传递过程见 5.6 节。

1. 一维数组名作函数参数

当使用一维数组作为函数参数时，被调函数定义的形参为一维数组，数组的长度可以指定具体长度或者省略。函数调用时对应的实参仅使用数组名。例 5-8 中使用了两种形参数组的定义形式。

【**例5-8**】 已知一个数组保存了5门课的成绩，求总成绩。

```c
#include<stdio.h>
int main()
{
    int total1(int array[5]);          //声明函数 total1
    int total2(int array[],int num);   //声明函数 total2
    int score[5]={89,91,93,97,100};    //定义并初始化数组元素
    int sum;                           //定义存放结果的变量
    sum=total1(score);                 //调用函数并传递数组名作为实参
    printf("Total1 is %d\n",sum);      //输出 sum 的值
    sum=total2(score,5);
    //调用函数并传递数组名作为实参，数组长度为5
    printf("Total2 is %d\n",sum);      //输出 sum 的值
    return 0;
}
//定义函数名为total1，形参array为一维数组，元素个数是5
int total1(int array[5])
{
    int i,s=0;
    for(i=0;i<5;i++)
        s+=array[i];
    return s;
}
/* 定义函数名为total2，第一个形参array为一维数组，第二个形参num表示数组长度，类型
为int */
int total2(int array[],int num)
{
    int i,s=0;
    for(i=0;i<num;i++)
    {
        s+=array[i];
    }
    return s;
}
```

程序运行结果为：

```
Total1 is 470
Total2 is 470
```

说明：

（1）函数 total1()和 total2()的功能都是对数组元素进行求和并返回，它们的第一个形参是数组 array，且数组元素是 int 类型，在函数 total1()的定义中形参 array 的数组元素个数为5，而在函数 total2()中形参 array 的数组元素个数未指定，通过另一个形参 num 来传递数组元素个数。

（2）在主函数中首先声明函数 total1()和 total2()，然后定义并初始化一个含有5个元素

的数组 score，并将数组的名字作为调用 total1()和 total2()函数的第一个实参，函数调用的返回值赋值给 sum 变量并输出到屏幕。实参数组元素类型与函数形参的数组元素类型一致，在调用函数 total2()时传递了第二个实参 5 表示 score 数组的实际长度为 5。

（3）数组作为形参的定义形式：

```
int total1(int array[5])
int total2(int array[],int num)
```

对比两个函数头中第一个参数数组，函数 total1()的数组 array 声明元素个数为 5，而函数 total2()的数组 array 没有声明元素个数，而是通过第二个形参 num 指定数组长度。这两种定义形参数组的方式都是正确的，实际上，C 编译系统并不检查形参数组的大小，在学习了第 6 章指针后，可以知道编译系统是将形参数组作为指针变量来处理的，就能够从本质上更深入地理解形参数组。

一般地，第二种定义形式如 total2()函数具有更强的通用性，函数调用时可以处理各种长度的数组，如 sum=total2(score,5);表示实参数组名 score 的长度为 5。sum=total2(score,7);表示实参数组名 score 的长度为 7，注意：一定要在实参传递时保证数组长度参数与数组的实际长度一致，否则，在被调函数内会造成数组访问的越界。

2. 多维数组名作函数参数

多维数组的单个元素也可以作为函数调用的实参，与一维数组元素作实参情况类似。

当使用多维数组作为函数参数时，被调函数定义中的形参数组可以指定每一维的大小，也可以省略第一维的大小，但是不能省略第二维以及更高维度的大小，因为数组是按行存放的，例如二维数组，必须指定列数（即一行包含元素的个数），这和初始化多维数组时的省略原则是一致的。例如，下面的多维数组的形参定义写法都是错误的。

```
int array[2][];
int array[][];
```

正确写法应该是：

```
int array[2][4];
int array[][4];
```

多维数组作为实参时，除第一维以外的维度都要与形参相同，例如，对于上面正确定义的形参数组，实参数组的定义只要是 4 列的均可以。这样形参数组与实参数组就是由相同类型和长度的一维数组组成的。如在前面提到的，C 编译系统并不检查形参数组第一维的大小。

【例 5-9】 有一个 3×4 的矩阵，求所有元素的和。

```
#include<stdio.h>
int main()
{
    int total1(int array[3][4]);              //声明函数 total1
    int total2(int array[][4],int num);       //声明函数 total2
    int score[3][4]={89,91,93,97,100,78,87,98,98,77,96,90};
```

```
    int sum;                                //定义存放结果的变量
    sum=total1(score);                      //调用函数并传递数组名作为实参
    printf("Total1 is %d\n",sum);           //输出 sum 的值
    sum=total2(score,3);
    //调用函数并传递数组名作为实参,并传递行数为 3
    printf("Total2 is %d\n",sum);           //输出 sum 的值
    return 0;
}
//定义函数名为 total1,形式参数 array 为 3 行 4 列的二维数组
int total1(int array[3][4])
{
    int i,j,s=0;
    for(i=0;i<3;i++)
        for(j=0;j<4;j++)
            s+=array[i][j];
     return s;
}
//定义函数名为 total2,第一个形参 array 为 4 列的二维数组,第二个形参 num 表示数组的
//行数,类型为 int
int total2(int array[][4],int num)
{
    int i,j,s=0;
    for(i=0;i<num;i++)
        for(j=0;j<4;j++)
            s+=array[i][j];
    return s;
}
```

程序运行结果为:

```
Total1 is 470
Total2 is 470
```

该例与例 5-8 类似,使用了两种多维数组形参定义方式定义了函数 total1() 和 total2(),其中,total1() 指定了每个维度的大小,而 total2() 省略了第一维的大小,通过第二个形参来动态获取第一维的大小,当然也可以在函数内将行数固定写成 3 行,和一维数组类似,这样做使得函数的通用性稍差一些。

总之,无论是一维数组还是多维数组,作为形参在定义时仅可以省略第一维的大小,其他维度必须指定,而作为实参时,则要保证数组各维度(尤其是第一维)大小的匹配,因为编译系统在参数传递时不做第一个维度长度检查,只能编程者来保证第一个维度的访问范围,以防止在被调函数中出现数组访问越界的情况。

5.6 函数调用中的参数传递

前面学习了函数的参数可以是普通数据或数组,函数调用是实参将参数值传递给形参,然后在函数中实现对数据处理和返回的过程。参数类型决定参数传递方式,包括单向值传

递和"双向"地址传递。

1．单向值传递

当基本类型的常量、变量或表达式等作函数的实参时，形参与实参占用不同的内存空间（可同名）。从实参到形参的数据传递是单向的。即：形参值的改变不会影响到实参，这称为"单向值传递"。

【例 5-10】　输入两个数，输出其中值小的。

```c
#include<stdio.h>
int min(int a, int b)        //定义函数名字为min，形式参数a和b为整型
{
    return (a<b?a:b);        //返回一个条件表达式，将小的值返回
}
int main()
{
    int x,y,z;
    printf("Please input 2 integer:\n");
    scanf("%d%d",&x,&y);     //输入两个整数
    z=min(x,y);              //调用min()函数，传递实参x和y，将返回值赋值给z变量
    printf("Min is %d\n",z);
    return 0;
}
```

程序运行结果为：

```
Please input 2 integer:
4 5
Min is 4
```

说明：

（1）min()函数指定了两个 int 类型的形参变量 a 和 b，函数类型为 int。函数体中仅有一条 return 语句，通过条件表达式得到 a 和 b 中较小的并返回。

（2）在 main()函数中 "z=min(x,y);" 语句调用 min()函数，这里的 x 和 y 是实参，是在 main()函数中定义用来存储用户输入数据的。通过函数调用，将数据从 x 和 y 传递给形参 a 和 b。而函数将较小的值返回并赋值给变量 z。

min()函数在被调用之前，形参变量 a 和 b 并不占用内存中的存储空间，在函数调用语句被执行时，形参列表中的每个形参变量根据各变量的类型被临时分配存储空间，形参变量存储空间的值也是函数调用时从实参传递过来的，不需要在函数内部初始化。参数传递过程如图 5-2 所示。

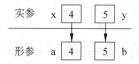

图 5-2　函数调用时参数传递过程

当函数 min()被调用时，系统为形参 a 和 b 分配存储空间，并将实参 x 和 y 的值依次赋

值到形参 a 和 b 中，当执行完 min() 函数，其返回值为较小的值 4，主调函数再将返回值 4 赋值给 z。函数调用结束时系统将 min() 函数所使用的临时存储空间（包括形参 a 和 b）收回。

从上面的参数传递过程可以简单理解为：函数被调用时，系统会为每个形参根据各自的类型分配相应的存储空间，通过参数传递将实参的值依次赋值给形参。因此，当实参的值与形参出现类型不匹配时，如形参是整型，而实参是浮点型，系统会自动进行类型转换，在参数传递赋值时将浮点型转换为整型数据赋值给形参。

【例 5-11】 分析下面程序的运行结果。

```c
#include<stdio.h>
void numpp1(int x)              //定义 numpp1 函数，一个整型形参 x
{
    ++x;
}
int numpp2(int x)              //定义 numpp2 函数，一个整型形参 x
{
    return ++x;
}
int main()
{
    int a=2;
    numpp1(a);                //调用 numpp1 函数，传递实参 a
    printf("numpp1=%d\n",a);
    a=2;
    a=numpp2(a);              //调用 numpp2 函数，传递实参 a
    printf("numpp2=%d\n",a);
    return 0;
}
```

程序运行结果为：

```
numpp1=2
numpp2=3
```

说明：

（1）numpp1 函数没有返回值，在主函数中使用函数调用语句的形式被调用。在函数调用时形参 x 从实参 a 获得值为 2，在函数体中对形参 x 进行自增 1，在函数 numpp1() 调用结束后，形参 x 的存储空间被释放，因此主函数输出 a 的值时没有任何改变，依然是 2。

（2）numpp2 函数有返回值，在主函数中使用赋值表达式语句的形式被调用。在函数调用时形参 x 从实参 a 获得值为 2，在函数体中对形参 x 进行自增 1，并将自增后的值 3 通过 return 语句返回给主调函数，在函数 numpp2 调用结束后，形参 x 的存储空间被释放，主调函数将返回值 3 通过赋值语句又赋值给了 a 变量。因此主函数输出 a 的值为 3。

总之，当基本类型的常量、变量或表达式等作函数的实参时，仅仅是在函数调用时将实参的值赋值给形参变量，而改变形参变量的值不会影响实参，即数据是单向（从实参到形参）传递的，只有通过函数返回值的形式将形参返回给主调函数，再赋值给实参来做到数据从形参到实参传递。

2. "双向" 地址传递

当地址常量或地址变量（例如：数组名）作函数的实参时，从实参到形参传递的是地址，传递方向依然是单向，但由于形参与实参传递的是一个内存的地址，使得二者都指向相同的内存空间，形参地址中值的改变会影响到实参地址中存放的值，这种传递也称为"双向地址传递"。在学习了指针后对本节内容会理解更加深刻。

【例 5-12】 使用选择法对 10 个整数数组升序排序。选择法排序思想：首先从 n 个整数中选出值最大的整数，将它交换到第一个元素位置，再从剩余的 n-1 个整数中选出值次大的整数，将它交换到第二个元素位置，重复上述操作 n-1 次后，排序结束。

```c
#include <stdio.h>
int main()
{
    void sort(int array[],int num);          //声明函数 sort
    int a[10]={23,21,2,5,7,89,1,34,-9,32},i;  //定义并初始化数组元素
    sort(a,10);
    printf("Sorted result is :\n");
    for(i=0;i<10;i++)
        printf("%d ",a[i]);
    printf("\n");
    return 0;
}
void sort(int b[],int num)  //定义函数 sort，形参 1 是一维数组，形参 2 是数组长度
{
    int i,j,k,t;
    for(i=0;i<num-1;i++)                //执行 num-1 次选择
    {
        k=i;
        for(j=i+1;j<num;j++)
         if(b[j]<b[k])                  //从 i+1 到最后一个元素中找到最小的，用 k 记录位置
            k=j;
        t=b[k];b[k]=b[i];b[i]=t;        //交换第 k 个元素和第 i 个元素的值
    }
}
```

程序运行结果为：

```
Sorted result is :
-9 1 2 5 7 21 23 32 34 89
```

说明：

（1）sort()函数中定义了两个形参，一个是一维数组 b，另一个是 int 类型 num 表示数组长度，函数无任何返回值，在 main()函数中定义并初始化了一个数组 a，并将 a 作为 sort()函数调用的实参。

（2）在 sort()函数内，对 b 数组中的数组元素进行排序，根据每个数组元素的大小交换，得到了升序排列的 b 数组。

（3）main()函数在调用 sort()函数完毕后，输出了实参数组 a 的每个元素的值，输出结果为所有数组元素升序排列。即形参数组元素的排序改变了实参数组元素的顺序。即数据实现了"双向"传递。

当数组名作为函数实参时，实参到形参传递的是数组的首元素的地址，而不是每个元素的值。即形参数组 b 通过参数传递得到了实参数组 a 的首地址，这样两个数组地址相同，代表二者使用相同的一段内存单元（包含所有数组元素的内存，见图 5-3），如果实参数组 a 的首地址是 2000，那么传递给形参数组 b 后，b 数组的首地址也是 2000，而 a[0]和 b[0]占用同一个存储单元……，如果数组元素 b[0]与 b[8]的值交换，也就意味着 a[0]与 a[8]的值交换，在程序中对数组的排序就是利用了这一特点改变了实参数组元素的值，实现"双向"传递。

回顾例 5-8 和例 5-9 的数组作为参数的例子中，就很容易理解在函数内部，对形参数组元素的遍历实际上就是在遍历实参数组元素的值。

a		a[0]	a[1]	a[2]	a[3]	a[4]	a[5]	a[6]	a[7]	a[8]	a[9]
数组起始地址 2000		23	21	2	5	7	89	1	34	−9	32
b		b[0]	b[1]	b[2]	b[3]	b[4]	b[5]	b[6]	b[7]	b[8]	b[9]

图 5-3 数组名为参数时内存空间

总之，被调用函数的形参只有函数被调用时才会临时分配存储单元，一旦调用结束占用的内存便会被释放，无论是值传递还是地址传递，传递的都是实参的一个副本，传递的数据只能从实参传给形参，反之不行。只是当传递的是地址（如数组名作为参数）时，可以通过形参改变对应地址中存放的数据值，从而改变实参地址中存放的数据。

5.7 函数的嵌套调用与递归调用

在 C 语言中，所有函数的定义都是"平行"的，即函数不能嵌套定义，但是函数之间的调用允许嵌套调用，而且还可以调用自己。

5.7.1 函数的嵌套调用

C 语言程序设计的过程，通过函数定义，将程序进行了功能模块划分，每个函数实现一个功能模块；通过函数调用将功能模块进行组装，实现完整的程序功能。实际上，在功能模块划分时，有些功能模块会比较大，还需要进一步划分成为更小的模块，即定义多个函数；在模块组装时通过一层一层的组将小功能模块组装成大的模块，最后将所有模块组装出完整的功能，即**函数嵌套调用，就是在一个函数调用另一个函数的过程中，另一个函数又调用其他函数。**

如图 5-4 所示，就是在主函数调用了函数 a()，函数 a()又调用了函数 b()，从 main()函数开始共 3 层函数。其执行过程为：

（1）执行 main()函数开头部分（调用函数 a()之前）。

（2）调用函数 a()，流程转至函数 a()。

（3）执行 a()函数开头部分（调用函数 b()之前）。

（4）调用函数 b()，流程转至函数 b()。

（5）执行函数 b()，如果再无其他函数调用，完成全部操作。

（6）返回函数 a()中调用函数 b()的位置。

（7）继续执行函数 a()中剩余部分，直至函数 a()结束。

（8）返回函数 main()中调用函数 a()的位置。

（9）继续执行 main()函数的剩余部分，直至函数 main()结束，程序运行结束。

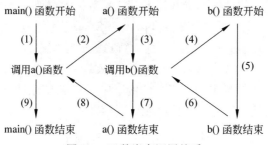

图 5-4　函数嵌套调用关系

【例 5-13】 用户输入任意一个整数 n，编写程序计算从 1 到 n 的平方和，即 $s=1^2+2^2+\cdots+n^2$。

```c
#include<stdio.h>
int main()
{
    int sum(int n);                 //声明函数 sum
    int square(int k);              //声明函数 square
    int n,s;
    printf("请输入正整数 n:\n");
    scanf("%d",&n);
    s=sum(n);                       //调用 sum()函数
    printf("s = %d\n",s);
    return 0;
}
int square(int k)                   //定义 square()函数，功能为求 k 的平方
{
    return k*k;
}
int sum(int n)                      //定义 sum 函数
{
    int i,total=0;
    for(i=1;i<=n;i++)
    {
        total+=square(i);           //调用 square()函数，求得 i 的平方并累加
    }
    return total;
```

```
}
```

程序运行结果为:

```
请输入正整数n:
3
s = 14
```

说明:

(1) main()函数中调用了函数 sum()来完成 n 个数的平方和计算,在函数 sum()中,又嵌套调用了 square()函数来计算一个数的平方。

(2) 在 square()函数中,定义了一个形参 k,并返回 k 的平方给调用函数 sum()。在 sum() 函数中,定义了一个形参 n,通过循环计算 1~n 的平方和,循环中平方的计算是通过调用 square()函数完成的。

在设计函数时,将可重用的功能划分为一个函数,将复杂的功能拆分为更小的功能函数,再通过嵌套调用将相关函数功能组装起来。这样代码更精炼、专业和易于理解。

5.7.2 函数的递归调用

在函数嵌套调用时,如果**一个函数直接或间接地调用该函数本身,则称这样的函数调用为递归调用**。这也是 C 语言的特点之一,允许函数的递归调用。例如:

```
int a(int k)
{
  if(k>1)
    return k*a(k-1);    //a()函数中又调用了a()函数本身
  return 1;
}
```

在调用函数 a()的过程中,又调用了函数 a()本身,这就是直接递归调用,如图 5-5 所示。如果在调用函数 a()的过程中,调用了函数 b(),而在函数 b()的调用过程中又要调用函数 a(),这就是间接递归调用,如图 5-6 所示。

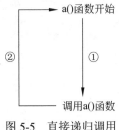

图 5-5 直接递归调用

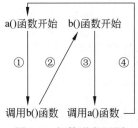

图 5-6 间接递归调用

从图 5-5 和图 5-6 可以看出,直接递归调用递归过程中只用了一个函数,而间接递归调用递归过程中用到两个或更多函数。而且在调用过程中两种调用过程都形成了一个环形调用,在程序运行过程中,如果遇到了无终止的递归调用,则程序将和遇到死循环一样,永远地运行下去。显然,程序中不应该出现这样的递归调用,而只能出现有限次数、有终止的递归调用。一般地，和避免死循环一样，通过 if 语句来控制，只有满足某条件才执行递归，否则停止递归，然后逐层返回。如前面例子中当 k>1 条件满足时才递归调用函数本身。

递归调用是一种逻辑思想，将一个大工作分为逐渐减小的小工作，比如一个工作要搬 50 块石头，只要先搬走 49 块，再搬剩下的一块就能搬完了，然后考虑那 49 块，只要先搬走 48 块，再搬剩下的一块就能搬完了。这一思想在程序实现过程中依靠函数递归这个特性来实现，嵌套调用函数本身。

【例 5-14】 递归问题：有 4 个人坐在一起讨论考试分数，问第 4 个人多少分？他说比第 3 个人多 3 分。问第 3 个人，又说比第 2 个人多 3 分。问第 2 个人，说比第 1 个人多 3 分。最后问第 1 个人，他说他 75 分。请问第 4 个人多少分？

分析：为了求第 4 个人的分数，就要先知道第 3 个人的分数，而第 3 个人的分数也是未知的，要求第 3 个人的分数，就要先知道第 2 个人的分数，而第 2 个人的分数又是和第 1 个人的分数有关，而且每个人的分数都比其前一个人多 3 分。即：

```
score(4)=score(3)+3
score(3)=score(2)+3
score(2)=score(1)+3
score(1)=75
```

根据题目中给出的分数关系，可以列出计算第 n 个人分数的数学公式如下。

$$\text{score(n)} = \begin{cases} 75 & (n=1) \\ \text{score}(n-1)+3 & (n>1) \end{cases}$$

利用递归思想可以很方便地解决这个问题，定义一个函数 score，参数为第 n 个人，来计算并返回第 n 个人的分数。

```c
#include<stdio.h>
int score(int n)
{
    if(n>1)
    {    //递归条件成立，继续进行递归调用
        return score(n-1)+3;
    }
    return 75;
}
int main()
{
    printf("第 4 个人的分数是%d 分。\n", score (4));
    return 0;
}
```

程序运行结果为：

第4个人的分数是84分。

说明：

（1）score()函数是一个递归调用函数，函数形参为 n，即用来计算第 n 个人的分数，函数中通过 if 条件判断 n 是否大于 1，决定是否继续递归调用计算第 n–1 个人的分数。对于 score()函数还可以使用相反的条件判断，决定是否停止递归调用，代码如下。

```c
int score(int n)
{
    if(n==1)
    {   //递归结束条件成立，结束递归
        return 10;
    }
    return score(n-1)+3;
}
```

（2）在 main()函数中，除了 return 语句之外，只有一个 printf()函数调用语句，该语句中输出的第 4 个人的分数，将 score(4)函数调用的返回值作为 printf()的输出参数。score(4)的返回值是 score(3)+3，而 score(3)的返回值是 score(2)+3，score(2)的返回值是 score(1)+3，直到计算 score(1)时得到的返回值是 75，这个过程是一个**递推**过程，得到 score(1)返回值后再依次**回归**，得到 score(4)的返回值 84。递推和回归过程如图 5-7 所示。

图 5-7　递推和回归过程

从这个过程可以发现，递归调用过程中如果没有终止条件判断，将无限地递推下去，无法进入回归过程来得到具体的计算结果，因此在递归调用时，无论是直接递归还是间接递归，都要在程序中保证递归的终止条件一定会在递归过程中得到满足。

从例 5-14 可以看出，编写递归函数调用时，首先要将待求解问题分析并分解成更小的同样的子问题，找到该问题及子问题之间的通用公式，其次要找到该问题的终止分解条件，例如找到最小子问题的解，即不需要再分解的问题的解。通过例 5-15 来更加深入地理解递归过程。

【例 5-15】 求两个整数的最大公约数。

分析：最大公约数也称最大公因数、最大公因子，是指两个或多个整数共有约数中最大的一个，常见的有质因数分解法、短除法、辗转相除法、更相减损法等。首先要知道一个定理："两个正整数 a 和 b（a > b），它们的最大公约数等于 a 除以 b 的余数 c 和 b 之间的最大公约数"。辗转相除法就是基于这个定理的，其思路为：求两个数的最大公约数，首先用较大数除以较小数，得到余数，之后每步都是用上一步的除数去除以上一步的余数，得到新的余数，如此反复，直到最后余数是 0 为止（即最后一步的除法是整除的），那么最后的除数就是这两个数的最大公约数。如图 5-8 所示为计算 123 456 和 7890 两个数的最大公约数的过程，第一列为被除数，第二列为除数，第三列为得到的余数。当计算到最后一步余数为 0，此时的除数是 6。所以 123 456 和 7890 这两个数的最大公约数为 6。

a	b	a%b
123456	7890	5106
7890	5106	2784
5106	2784	2322
2784	2322	462
2322	462	12
462	12	6
12	6	0

图 5-8　最大公约数计算过程

总结可得，最大公约数的递归思想为：

（1）若 a 可以整除 b，则最大公约数是 b。

（2）如果 1 不成立，最大公约数为 b 与 a%b 的最大公约数。

可以列出计算两个数最大公约数的数学公式如下。

$$\gcd(a,b)=\begin{cases} b, & a\%b=0 \\ \gcd(b,a\%b), & a\%b!=0 \end{cases}$$

```c
#include<stdio.h>
int main()
{
    int gcd(int a,int b);              //声明函数 gcd()
    int x,y,s;
    printf("请输入两个整数:\n");
    scanf("%d%d",&x,&y);
    s=gcd(x,y);                        //调用 gcd()函数
    printf("%d和%d的最大公约数是%d\n",x,y,s);
    return 0;
}
int gcd(int a,int b)                   //定义 gcd()递归函数
{
    if(b == 0)
        return a;
    else
        return gcd(b, a%b);
}
```

程序运行结果为：

```
请输入两个整数:
123456 7890
123456和7890的最大公约数是6
```

说明：gcd()函数是一个递归调用函数，用来计算形参 a 和形参 b 的最大公约数，在递归过程中，第一个参数为前一次调用的除数，第二个参数为前一次调用的余数，因此当第二个参数为 0 时递归终止，直接返回第一个参数的值，否则，根据递归公式递归调用 gcd()函数，将除数传递为第一个参数，余数传递为第二个参数。

上述两个例子都是通过先找出问题的公式，并根据公式写出递归函数的。而递归调用还可以用于解决更复杂的问题，将问题由繁化简，用简单的问题和已知的操作运算来解决。例如，汉诺（Hanoi）塔问题，这是一个古典的数学问题，也是递归函数调用非常经典的一个例子。

【例 5-16】 汉诺（Hanoi）塔问题：在一块铜板装置上，有三根杆（编号 A、B、C），在 A 杆自下而上、由大到小按顺序放置 64 个金盘（如图 5-9 所示）。游戏的目标：把 A 杆上的金盘全部移到 C 杆上，并仍保持原有顺序叠好。操作规则：每次只能移动一个盘子，并且在移动过程中三根杆上都始终保持大盘在下，小盘在上，操作过程中盘子可以置于 A、B、C 任一杆上。

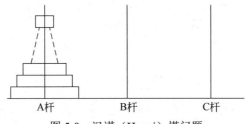

图 5-9　汉诺（Hanoi）塔问题

分析：对于这个问题，如果金盘数量少，还是容易找出移动方法的，但盘子数量多达 64 个时，绝大多数人都不可能直接写出移动盘子的每一步，但可以利用递归的思想来解决。根据操作规则，将所有盘移动到 C 杆，且最大的在下面，那么首先要想办法将最大的先移动到 C 杆，再将其他的移动过来就可以了，而移动最大的金盘之前又需要将其上面的所有金盘移动到 B 杆才能移动最大的金盘。假设待移动金盘数为 n（从上到下编号为 1～n），为了将这 n 个金盘从 A 杆移动到 C 杆，如图 5-10 所示，可以分为以下三步完成。

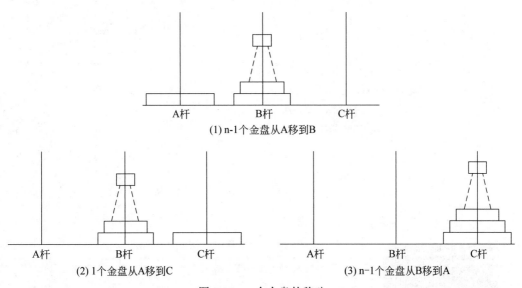

图 5-10　n 个金盘的移动

（1）从 A 杆将 1～n-1 号盘移至 B 杆（以 C 盘为中介）。

（2）将 A 杆中剩下的第 n 号盘移至 C 杆。

（3）从 B 杆将 1～n-1 号盘移至 C 杆（以 A 杆为中介）。

这样问题就解决了，但在实际操作中，只有第二步可直接完成，而第一、三步又成为移动的新问题。以上操作的实质是把移动 n 个金盘的问题转换为移动 n-1 个金盘，那一、三步如何解决？事实上，上述方法设金盘数为 n（可以为任意数），该步骤同样适用于移动 n-1 个金盘。因此，解决 n-1 个金盘从 A 杆移到 B 杆(第一步)或从 B 杆移到 C 杆(第三步)，进一步转换为移动 n-2 个金盘的操作，层层递推，可将原问题转换为解决移动 n-2，n-3，…，3，2，直到移动 1 个盘的操作，而移动一个金盘的操作是可以直接完成的（即递推的终点）。

在第一步和第三步中都是将 n-1 个金盘进行移动，其区别是金盘移动的起始和终止杆不同，且作为中介的杆也不同，因此在设计递归函数时，除了金盘数量参数之外，还需要杆的参数用来描述和表示金盘的移动。

```c
#include <stdio.h>
int main()
{
  void hanoi(int n,char from,char mid,char to);  //hanoi()函数声明
  int m;
  printf("输入金盘数：");
  scanf("%d",&m);
  printf("移动 %d 个金盘步骤:\n",m);
  hanoi(m,'A','B','C');
  return 0;
}
//将 n 个盘从 from 杆借助 mid 杆,移到 to 杆
void hanoi(int n,char from,char mid,char to)     //Hanoi()函数定义
{
  if(n==1)
    printf("%c-->%c\n",from,to);
  else if(n>1)
  {
    hanoi(n-1,from,to,mid);
    printf("%c-->%c\n",from,to);
    hanoi(n-1,mid,from,to);
  }
  else
    printf("金盘数量有误\n");
}
```

程序运行结果为：

说明：

（1）hanoi()函数是一个递归调用函数，第一个参数为要移动的金盘个数，第二个参数 from 为金盘所在的杆，第三个参数 mid 为作为中介的杆，第四个参数 to 为金盘移动的目标杆。main()函数中调用 hanoi(m,'A','B','C');语句表示将 m 个金盘从 A 杆移动到 C 杆，B 杆作为中介。

（2）hanoi()函数中是根据前面的分析来实现的。

① 当金盘数量为 1 时，可以直接移动，即输出当前的 from 和 to。

② 当金盘数量大于 1 时，不能直接移动金盘，首先，需要将上面的 n–1 个金盘先从 from 杆移动到 mid 杆上，而此时 to 杆作为中介杆，即 hanoi(n–1,from,to,mid)；然后，直接移动第 n 个金盘从 from 杆到 to 杆；最后，还要将 n–1 个金盘从 mid 杆移动到 to 杆，此时 from 杆作为中介杆，即 hanoi(n–1,mid,from,to)。

③ 当金盘数小于 1 时，输出金盘数量有误。

通过这几个递归函数的分析，我们发现递归调用的关键是找出问题的规律，将问题分解为更小的同类子问题的过程，同时找出递归终止条件或继续条件，即最简单的子问题的解。这样就可以有效防止问题无限地递归。

5.8 变量的作用域和生存期

变量是对程序中数据存储的抽象，实际上在 C 语言中，每个变量都有数据类型、作用域、生存周期、存储区四个属性。其中，数据类型很容易理解，在前面学习的过程中也接触过，每个变量在定义时都指定了数据类型。而本章将对变量的其他属性更深入地学习。

（1）从变量的作用域（即空间）的角度来观察，变量可以分为全局变量和局部变量。

（2）从变量值存在的时间（即生存期）来观察，变量的存储方式分为静态存储方式和动态存储方式。

5.8.1 局部变量和全局变量

变量代表的是一个存储区域，在函数内部定义变量时，不能使用相同名字的变量，但是在不同函数中为什么可以使用相同名字的变量呢？为什么函数内部不能定义和形参变量同名的变量呢？这些都和变量的另一个属性——变量的作用域有关。

变量的作用域就是指变量在什么范围内有效。变量的作用域和变量的定义位置有关，不同位置的变量决定了其作用域，即可被引用的有效范围。前面最常见的变量定义方式是在函数内部的开头对变量定义，实际上，变量的定义一般有以下 3 种情况。

（1）在函数内部的开头定义。

（2）在函数内的复合语句内定义。

（3）在函数的外部定义。

其中，前面两种在函数内部或复合语句内定义的变量（包括形参变量）叫局部变量（也称为内部变量），在函数外部定义的变量叫全局变量（也称为外部变量）。下面分别探讨一下这两类变量的有效范围——作用域。

1. 局部变量

局部变量的作用域：**从定义处开始，到本函数或复合语句结束。**即在函数内部的变量只能在本函数范围内有效，只有本函数内才能引用它们，在复合语句内定义的变量只能在本复合语句范围内有效，只有本复合语句内可以引用它们。本章前面的例子中定义的变量绝大部分都是局部变量。

分析下面的变量作用范围：

```
int fun(int m)
{  int a,b;
      ⋮
}
int sum(int x,int y)
{  int a,b;
      ⋮
}
int main()
{  int i,j;
      ⋮
}
```

说明：

（1）函数 fun()中定义了局部变量 a 和变量 b，仅在函数 fun()内有效，其形参变量 m 也是仅在函数 fun()内有效。

（2）函数 sum()中也定义了局部变量 a 和变量 b，仅在函数 sum()内有效，其形参变量 x 和 y 也是仅在函数 sum()内有效。两个函数都定义了局部变量 a 和变量 b，在不同函数中使用相同名字的变量，它们的有效范围不同，函数调用时占用的存储空间也是不相同的，互相之间不会有任何干扰。

（3）主函数中定义的变量 i 和 j 只能在 main()函数中有效，在变量有效范围上主函数没有任何特权。

也就是说，每个函数可以有自己的局部变量，且这些局部变量仅在函数内生效。不同函数可以定义相同名字的局部变量，函数就好像一个班级，不同班级班委的职务可以相同，例如班长，每个班级的班长是不同的人，具有不同的工作范围。

除了在函数内定义局部变量，局部变量还可以出现在复合语句中。下面是一个函数 main()的定义，函数内部的开头定义了 a 和 b 两个局部变量，它们的有效范围从定义处开始一直到函数结束；在函数的 if 语句中是一个复合语句，其中又定义了一个局部变量 c，其仅在 if 语句中有效，在 if 语句外的 main()函数语句无法访问变量 c。

```
void main()
  {
```

```
    int a,b;
    a=1;
    if(a==1)
    {
        int c;
        ⋮
    }
    ⋮
}
```

右侧标注：
- int c; ⋮ — 变量 c 的有效范围
- 整个块 — 变量 a 和 b 的有效范围

总之，因为函数体和复合语句都在一对大括号"{}"内，因此可以总结为，在大括号内定义的变量为局部变量，其有效范围为：从定义处开始，到同级大括号结束为止，一旦出了定义变量所在的大括号，该局部变量将不能被引用。

2．全局变量

全局变量的作用域：在未做特殊声明的情况下，从定义处开始，到所在源文件末尾为止。全局变量的有效范围会跨多个函数，即同一个变量可以被多个函数使用。

分析下面程序中的全局变量。

```
#include<stdio.h>
int x;
void fun(int n)
 {
   int a,b;
    ⋮
 }
int y;
int main()
{
    ⋮
}
```

在所有函数之外定义了全局变量 x 和全局变量 y。变量 x 定义在文件的开头，从其定义开始后面的所有函数（包括函数 fun() 和函数 main()）都可以使用变量 x，而变量 y 定义在文件的中间，从其定义处开始后面的所有函数（包括函数 main()）可以使用变量 y。全局变量 y 不能被 fun() 函数使用。

全局变量的有效范围可以跨多个函数，在多个函数中起作用，也就是一个全局变量可以被多个函数读写，而一个函数调用只能传递一个函数返回值，利用全局变量在一定程度上增加了函数之间的数据交换方式。再次把函数比作班级，那么全局变量就好像一个年级组长，同一个人管理多个班级。

为了在程序中区分变量是全局变量还是局部变量，一般仅从编程习惯上，将全局变量命名为首字母大写，局部变量命名为全小写。

【例 5-17】 输入 10 个学生成绩（值为 0～100），写一个函数求出最大值和最小值。

分析：题目要得到两个结果，而一个函数只有一个返回值，因此可以利用两个全局变量来记录最大值和最小值。

```
#include<stdio.h>
float Max=0,Min=100;
void max_min(float num)
{
    if(num > Max) Max=num;
    if(num < Min) Min=num;
}
int main()
{
    float num;
    int i;
    printf("Please input 10 scores\n");
    for(i=0;i<10;i++)
    {
        scanf("%f",&num);
        max_min(num);
    }
    printf("Max=%.2f,Min=%.2f\n",Max,Min);
    return 0;
}
```

程序运行结果为：

```
Please input 10 scores
99 60.5 79 67.8 95 87 72 80 91 100
Max=100.00,Min=60.50
```

说明：主函数中循环 10 次输入，每输入一个数将这个数传递给 max_min()函数进行处理，max_min()函数的返回值是空的，其和 main()函数之间的数据交换是通过全局变量 Max 和 Min 来实现的。初始情况下，Max 的值为最小值 0，Min 的值为最大值 100，当第一个输入数据 99 传递给 max_min()函数时，函数内的两个判断条件都成立，所以会更新全局变量 Max 和 Min 的值为 99，一直这样重复 10 次判断后，全局变量 Max 和 Min 的值就分别保存 10 个数中最高的和最低的分数，当循环结束后，main()函数又访问全局变量 Max 和 Min 来输出最高和最低分数。

虽然通过全局变量解决了函数之间的多个数据交换问题，然而并不建议在程序中过多地使用全局变量。第一，全局变量的存储空间会在整个程序执行过程中一直被占用，不像函数的局部变量在函数调用时分配，函数调用结束时回收；第二，降低了函数的通用性。如果一个函数使用了本文件内定义的全局变量，当将函数移动到其他文件时，还要将全局变量一起移动，但是如果出现了其他文件中的全局变量重名时，就会出错。这样大大降低了程序的通用性、可靠性和可移植性。在程序设计过程中，函数尽量保持强内聚性、弱耦合性原则；第三，当全局变量过多时，会降低程序的可读性和清晰性。当一个程序文件出现多个全局变量被多个函数使用时，人们很难判断程序运行不同时刻每个全局变量的值是什么，全局变量过多就会缠绕在文件内的函数之间，剪不断理还乱。

函数之间的局部变量可以重名，它们的作用范围互相隔离，不会有任何影响，那么如果全局变量和局部变量重名时，它们共同的作用范围内会出现什么样的结果呢？下面通过程序及运行结果来找出答案。

【例5-18】 分析下面程序的运行结果。

```c
#include <stdio.h>
int c = 1;                      //定义全局变量为c并赋值为1
int test()
{
    int c = 2;                  //函数test内定义局部变量c并赋值为2
    printf("%d\n",c);
}
int main()
{
    printf("%d\n",c);
    int c = 3;                  //主函数内定义局部变量c并赋值为3
    printf("%d\n",c);
    test();
    printf("%d\n",c);
    return 0;
}
```

程序运行结果为：

说明：

（1）该程序中定义了 3 个变量，且变量名都是 c，程序中通过 4 个输出函数来输出所处位置变量 c 的值。

（2）首先分析 3 个变量及它们的作用域，值为 1 的变量 c 定义在所有函数之外，在文件的开头，其作用域为定义处开始至文件末尾；值为 2 的变量 c 定义在函数 test() 内，其作用域为 test() 函数内，此时 test() 函数内有两个变量 c 生效；值为 3 的变量 c 定义在主函数的第 2 行，其作用域为主函数的第 2 行到函数结束，此时的主函数内部分语句也有两个变量 c 生效。

（3）然后再分析程序执行结果，主函数的第一个输出语句中输出变量 c，该语句仅有一个全局变量 c 在生效，所以输出 1；主函数的第二个输出语句中也是输出变量 c，该语句生效的变量 c 包括全局变量和主函数定义的局部变量，从输出结果可以看出输出的是局部变量的值 3；主函数调用了 test() 函数，test() 函数内的输出语句中输出变量 c，从输出结果看出输出的是 test() 函数内的局部变量 2；最后主函数的第三个输出语句中输出变量 c，其结果与第二个输出语句一样，它们的生效变量 c 是一样的。

从上面的例子可以看出，如果在全局变量作用域内的函数或程序中定义了同名局部变量，则在局部变量的作用域内，同名全局变量暂时不起作用，也就是在局部变量的作用范围内，局部变量有效，全局变量被"屏蔽"不起作用。

5.8.2　变量的存储方式和生存期

前面讲了变量的作用域，是描述变量在哪段代码中有效，接下来从另一个角度学习变量，变量值的存在时间——**变量的生存期**来观察变量，也就是变量什么时候被创建，什么时候被释放，即变量的生存期就是变量在内存中占据存储空间的时间。

有的变量在程序运行过程中一直存在，有的则是程序运行时临时分配的，也就是说，变量的存储有两种方式：动态存储方式与静态存储方式。静态存储方式是指在程序运行期间由系统分配固定的存储空间的方式，而动态存储方式是在程序运行期间根据需要进行动态地分配存储空间的方式。

首先来看一下内存中的用户存储空间，可以分为以下三个部分。

（1）程序区。

（2）静态存储区。

（3）动态存储区。

全局变量全部存放在静态存储区，在程序开始执行时给全局变量分配存储区，程序运行完毕后释放。在程序执行过程中它们占据固定的存储单元，而不是动态地进行分配和释放。在动态存储区存放以下数据。

（1）函数形式参数。

（2）自动变量（未加 static 声明的局部变量）；详见后面的介绍。

（3）函数调用时的现场保护和返回地址。

对以上这些数据，在程序运行的过程中从动态存储空间动态地分配和释放程序所需要的数据，当运行到函数调用时，从动态存储区动态分配空间来保存形参及函数调用相关数据，函数调用结束时释放这些数据。这种动态分配和释放的机制使得对同一个函数调用多次，这个函数的形参等变量所使用的地址有可能是不相同的。

在定义和声明变量时，一般应指定变量在内存中存储的方式（如静态存储、动态存储），也叫存储类型，若不指定则程序将采用默认的方式来存储。因此，变量完整的定义中除了变量的数据类型之外，还应加上存储类型的限制。格式如下：

[存储类型]　数据类型 变量名；

C 语言中，变量的存储类型可以分为四类：auto（自动型）、static（静态型）、register（寄存器型）、extern（外部型）。前面所写的代码中都省略了存储类型，也就是按照默认的方式来存储。不同类型的变量的生存期不同，下面来介绍不同类型变量的生存期。

1. auto（自动局部变量）

使用 auto 关键字定义的局部变量，系统是动态地分配存储空间，数据存储在动态存储区中。函数的形参和函数及复合语句内定义的局部变量都是此类型，这些变量的存储空间都是自动分配、自动释放的，因此该类型的变量称为自动变量。例如：

```
auto int a=4;
```

如果在定义局部变量时未指定任何存储类型，则系统默认使用 auto 指定为自动存储类型，数据存储在动态存储区中。也就是前面几章的例子中，局部变量都没有指定任何存储

类型，系统就是默认使用 auto 指定为自动变量的。也就是

```
auto int a=4;
```

等价于

```
int  a=4;
```

2．static（静态局部变量或静态全局变量）

1）静态局部变量

当函数中的局部变量的值在函数调用结束后不消失而继续保留原值，即其占用的存储单元不释放，下次函数调用时还继续使用同一个存储空间及其中保留的值时，就需要使用static 关键字来指定局部变量的存储类型。

【例 5-19】 分析下面程序的运行结果。

```
#include <stdio.h>
int test()
{
    static int c = 2;        //函数 test 内定义静态局部变量 c 并赋值为 2
    printf("%d\n",++c);
}
int main()
{
    int i;
    for(i=0;i<4;i++)
        test();
    return 0;
}
```

程序运行结果为：

```
3
4
5
6
```

说明：该程序中循环调用了 4 次 test()函数，在 test()函数中定义了一个静态局部变量 c并初始化为 2，然后输出自增 1 后的结果。每调用 test()函数一次，变量 c 都会自增 1，而由于使用了 static 的存储类型声明，因此变量 c 存储在静态存储区，在整个程序运行期间都不会释放，因此每一次调用 test()函数时 c 的值都是上次调用结束时的值，这是因为变量 c的初始化为 2 的工作不是在函数调用时完成的，而是在编译时初始化的。在每次函数调用时不会重新初始化，而自动变量由于是存储在动态存储区，所以每次动态分配后都需要初始化变量。

当使用 static 声明局部变量时，该局部变量在某些方面和全局变量具有了相似的特点，因为它们都共同存储在静态存储区中，下面从它们的共同特点来对静态局部变量进行说明。

（1）静态局部变量属于静态存储类别，在静态存储区内分配存储单元。在程序整个运行期间都不释放。而自动变量（即动态局部变量）属于动态存储类别，在动态存储区分配存储单元，函数调用结束后自动释放。

（2）静态局部变量在编译时赋初值，即只赋初值一次；而对自动变量赋初值是在函数调用时进行，每调用一次函数重新赋一次初值，相当于执行一次赋值语句。

（3）如果在定义局部变量时没有赋初值，则对静态局部变量来说，编译时自动赋初值 0（对数值型变量）或空字符（对字符变量）。而对自动变量来说，如果没有赋初值则它的值是一个不确定的值，因为每一次调用函数，自动变量存储单元可能会改变。

2）静态全局变量

全局变量是存储在静态存储区中的，其生存期也是固定的（从程序运行开始到运行结束），而其作用域从前面的学习我们知道，是从变量定义处开始到本文件的末尾，实际上一个全局变量的作用域还可以通过另一个存储类型 extern（本节后续介绍）来扩大到更大的范围，甚至更多的文件中。如果程序设计者希望某个全局变量不被其他文件引用，即仅本文件内引用，则可以使用 static 关键字声明全局变量。表示该全局变量的作用域仅限于本文件——被声明的文件中，称这种变量为静态全局变量，也叫静态外部变量。例如：

```
static int a=4;
```

如果上述语句是在所有函数之外定义的变量 a，则 a 就是一个静态全局变量，其作用域仅在本文件内。

这里请读者一定注意的是 static 修饰的变量，如果是局部变量表示该局部变量存储区域为静态存储区，在程序执行期间变量的存储空间一直存在。如果是全局变量表示全局变量的作用域限制在本文件内。

3．register（寄存器局部变量）

一般情况下，不论是静态存储还是动态存储的变量的值都是在内存中的，在程序执行时通过访问内存来存取数据。如果某个变量的存取频率特别高，为了减少存取变量的时间，提高程序的执行效率，允许将局部变量的值放在 CPU 的寄存器中，需要访问变量时直接从寄存器存取，不必再到内存中去存取。由于对寄存器的存取速度远高于对内存的存取速度，因此这样做可以提高执行效率，这种变量叫寄存器变量，用关键字 register 声明。例如：

```
register int a=4;  //变量a为寄存器变量
```

随着计算机技术的发展，硬件性能的提高，智能的编译系统能够时识别出频繁存取的变量，从而自动地将这些变量存储在寄存器中。因此实际上 register 声明的必要性不大，只需要在阅读他人代码时遇到 register 能够理解其含义即可。

4．extern（外部全局变量）

全局变量的生存期是不能被改变的，程序的整个运行期间全局变量一直存在，但是一个全局变量的作用范围（默认定义处至文件末尾）是可以根据程序需要来调整的。常见情况有：①文件中在某全局变量定义之前定义的函数能否访问这个全局变量；②某文件中的函数能否访问其他文件中定义的全局变量。下面分别说明。

情况①：如果全局变量的定义不在文件的开头，那么其作用范围将不包括全局变量定义之前的函数，也就是这些函数不能访问这个全局变量。如果这些函数需要引用这个全局变量，则应该在引用之前用 extern 关键字进行声明，表示将全局变量的作用域扩大到声明处。这样从 extern 声明处开始该全局变量都可以被引用。例如：

```
#include <stdio.h>
int test()
{
    extern  int  A;    //声明全局变量 A
    ⋮
}
int A=5;
int main()
{ ...}
```

这个代码片段中定义全局变量 A 的位置在两个函数之间，也就是其作用范围只包含后面的 main()函数，当函数 test()要引用变量 A 时，通过第一个声明语句将全局变量 A 的作用域范围扩大到 test()函数中。当用 extern 声明全局变量时，可以省略类型名，也就是上面test()函数中的声明语句可以简写为 "extern A;"，因为这个语句不是变量 A 的定义语句，仅仅是用来声明变量 A 的作用范围的，所以可以只写变量名即可。

一般建议将全局变量定义在一个文件的开头，这样就可以避免多余的 extern 声明语句。

情况②：跨文件引用全局变量。对于较大型的程序其源文件可能不止一个，那么一个文件要引用另一个文件中定义的全局变量时，也需要使用 extern 关键字声明。

如果一个程序中包含两个文件，在文件 code1.c 文件中定义了一个全局变量 A，在文件code2.c 中也定义同名的全局变量 A，在程序连接时会出现 "重复定义" 的错误，因为在程序的静态存储区中出现了重名的两个全局变量 A。因此如果两个源文件想要使用同一个全局变量 A 时，应该仅在一个文件中定义，在另一个文件中通过 extern 关键字来声明，将变量 A 的作用范围扩大到本文件中。例如：

```
#include<stdio.h>           #include<stdio.h>
int A=O;                    extern A:    //等价于 extern int A;
int test()                  int main()
{                           {
}                           }
...                         ...
```

图 5-11　跨文件引用全局变量

通过 extern 关键字对全局变量声明就可以在多个文件直接读写同一个全局变量了。对于 code2.c 文件中使用了 extern A 声明的全局变量 A，是如何找到变量 A 的呢？在编译时，当遇到 extern 声明的语句时，首先在本文件内找到该全局变量的定义，如果找到则直接扩大其作用范围；如果未找到，在连接时从其他文件中找该全局变量的定义。若从其他文件找到了则扩大该变量的作用范围到本文件中，如果未找到或者找到了但是对应变量是使用static 关键字修饰的，则直接报错。

通过本节学习我们知道变量的位置决定了其作用域和生存期，一个变量的作用域也称变量的可见范围，一个变量的生存期决定了变量是否存在。表 5-2 对不同类型不同位置的变量是否在函数内及函数外可见及存在进行了归纳。

表 5-2　不同类型不同位置变量的作用域和生存期

变量存储类型	函数内		函数外	
	可见	存在	可见	存在
自动、寄存器变量	是	是	否	否
静态局部变量	是	是	否	是
静态全局变量	是	是	是（本文件内）	是
全局变量	是	是	是	是

从表中可以看出，自动变量和寄存器变量在函数内外的可见和存在是一致的，即在函数外不能被引用，值也不存在；静态局部变量的可见和存在是不一致的，在函数外变量值存在，但是不可被引用；静态全局变量和全局变量的可见和存在是一致的，在函数内和函数外都可见且存在。

总之，在使用 auto、static 和 register 声明局部变量时，是在定义变量的基础上加上这些关键字，不能单独使用，用来表示变量存储位置的不同，自动变量存储在动态存储区；静态局部变量存储在静态存储区；寄存器变量存储在 CPU 的寄存器中。在使用 extern 和 static 声明全局变量时，是在限制全局变量的作用域范围，其中，static 是在定义变量时使用，不能单独使用，而 extern 是在声明变量时使用。

5.9　内部函数和外部函数

前面学习了变量分为局部变量和全局变量，局部变量的作用范围为函数内或复合语句内，不能改变；而全局变量可以使用不同的关键字定义或者声明来改变其作用范围。那么程序中定义的函数是否也有作用范围呢？本文件定义的函数是否可以被其他文件调用呢？实际上，函数和全局变量在作用域上非常相似，本节将继续学习函数的作用范围。

全局变量通过 static 关键字定义后，这个全局变量只能在本文件内使用，通过 extern 关键字声明后，则可以扩大全局变量的作用范围。函数本质上也是全局的，函数的定义就是要被其他函数调用，如果不加声明，一个文件中的函数既可以被本文件也可以被其他文件中的函数调用。但是，也可以指定函数只能被本文件调用，而不能被其他文件调用。根据此特点，将函数分为**内部函数和外部函数**。

在 C 语言中，如果一个函数只能被本文件内的其他函数调用，不能被其他源文件中的函数调用，该函数称为**内部函数**。内部函数在定义时函数头的最左端加上 static 关键字，因此又被称为静态函数，形式如下：

static 函数类型 函数名(形式参数)

使用内部函数，可以使函数仅局限于所在的文件，因而在不同文件中可以定义相同名称的内部函数而相互不干扰。例如，函数定义

```
static int fun(int a)
{...}
```

表示该函数 fun()是一个内部函数，只能被本文件中的函数调用，而不能被其他文件中的函数调用。

和全局变量类似，这里的 static 是对函数的作用范围的一个限定，限定该函数只能在其所处的源文件中使用，因此在不同文件中出现相同函数名称的内部函数是没有问题的，从而提高了程序的可靠性。

当一个程序由多个源文件组成时，如果一个函数可以被其他源文件中的函数调用，该函数称为**外部函数**。外部函数在定义时函数头的最左端加上 extern 关键字，形式如下：

```
extern 函数类型 函数名(形式参数)
```

例如：

```
extern int fun(int a,int b)
{...}
```

表示函数 fun()可供其他文件中的函数调用。

C 语言规定，可以在定义函数时省略 extern，也就是默认定义的函数都是外部函数。所以除非声明为 static，我们所写的都是外部函数。本章前面所有例子中定义的函数都是省略了 extern 关键字。

与引用其他文件中的全局变量类似，当使用其他文件定义的外部函数时，需要对函数进行声明，通过在函数声明语句的最左端加上 extern 关键字，表示该函数的定义在其他文件中。例如，图 5-12 中为两个源文件之间定义、声明和调用的外部函数 test()。

```
#include<stdio.h>

int test()
{
}
...
```

```
#include<stdio.h>

int main()
{
    extern int test();  //声明外部函数
    test();
}
```

图 5-12 跨文件调用函数

图 5-12 的例子中，code1.c 文件中定义了一个函数 test()并且省略了 extern 关键字，在另一个文件 code2.c 的 main()函数中调用 test()函数，并且在调用之前使用了 extern 关键字对 test()函数进行声明，说明该函数的定义在其他程序文件中。

本质上讲，全局变量和函数没有区别。函数名是指向函数二进制块开头处的指针，就像全局变量的声明一样，extern int test();声明语句可以放在 code2.c 中的任何位置，而不一定非要放在主调函数 main()中。实际上，C 语言也允许省略外部函数声明时的 extern 关键字，因此，code2.c 的代码也可以写成下面的形式。

```
#include<stdio.h>
int test();  //声明函数 test
int main()
{
```

```
    test();
}
```

在声明函数时如果省略了 extern 关键字，就和前面学习的函数声明一样了，编译器不能通过声明语句判断这个函数是在本文件内还是其他文件中，因此为了提高编译速度，建议在声明外部函数时使用 extern 关键字。

【例 5-20】 不使用#include<stdio.h>，输出一个 Hello,0。

分析：为了输出一个字符串，需要调用 printf()函数，而之前的学习中是通过 include 包含 stdio.h 头文件来使用这个函数的，也就是这个函数的定义不在本文件而是在其他文件中，所以只要对这个函数进行原型声明就可以在本文件中使用。

```
extern int printf( const char* format ,…);
int main()
{
    int i=0;
    printf( "Hello,%d\n",i);
    return 0;
}
```

程序运行结果为：

Hello,0

说明：该程序中通过 extern 关键字声明了 printf()函数，编译时系统能够在其他文件（系统的库文件）中找到该函数的定义，如前面介绍过的，程序中的 extern 可以省略。

通过 extern 声明外部函数的方法比较简单，需要引用哪个函数就声明哪个函数。在实际开发过程中，如果每个外部函数都使用一个声明语句会给开发带来很多的工作，因此最常用的方法是使用包含头文件的方法来声明外部函数，这样做的好处是，会加速程序的编译（确切地说是预处理）过程，节省时间。尤其在大型 C 程序编译过程中，这种差异是非常明显的。关于多个文件的程序将在 5.10 节介绍。

extern 关键字既可以作用于函数名又可以作用于变量名。作用于函数时可以省略，因为对于函数的定义有函数体，函数的声明没有函数体，编译器很容易区分定义和声明，所以对于函数声明来说，有没有 extern 都是一样的。但是作用于变量名时，extern 关键字是不可以省略的，即全局变量的声明语句中 extern 关键字是必需的，如果变量的声明没有 extern 修饰且没有显式的初始化，则编译系统无法区分语句是变量的定义还是声明，因此全局变量的声明语句必须使用 extern 修饰。

5.10 多文件程序

在编写复杂功能的 C 语言程序时，往往需要实现很多的功能，如果将复杂功能全写在主函数里，代码太过冗长，通过本章的学习我们知道需要进行模块划分，拆分成多个函数，当函数越来越多时，一个源文件会太长，因此考虑将代码拆分成多个源文件。但是两个独立的源代码文件不能编译形成可执行的程序，因此，当一个程序包含多个源程序文件时，需要建立一个项目来包含多个文件（包括源文件和头文件），在编译时系统会分别编译项目中的每个文件，然后连接生成一个可执行文件。下面介绍如何创建项目及如何设计程序文件。

在使用 Dev-C++开发时，首先创建一个项目，打开 Dev-C++，选择"文件"→"新建"→"项目"，弹出如图 5-13 所示的对话框，选择 Console Application 控制台程序，选中"C 项目"单选按钮，为项目命名后单击"确定"按钮，系统会弹出项目文件的保存位置，保存后系统会默认创建一个包含 main.c 源文件的项目工程。

图 5-13　"新项目"对话框

新建好的项目如图 5-14 所示，窗口左侧可以看出项目中的文件列表，并可以通过右键添加或删除文件。

```
#include <stdio.h>
#include <stdlib.h>

/* run this program using the console pauser or add your own getch, system("pau...

int main(int argc, char *argv[]) {
    return 0;
}
```

图 5-14　新建项目

创建好项目后，就可以在项目中添加文件包括.h 头文件和.c 源文件。Dev- C++对一个项目中所有的源代码文件进行编译后，链接生成可执行文件。有的 IDE 有"编译"和"建构"两个按钮，前者是对单个源代码文件进行编译，后者是对整个项目进行链接。

输出"Hello world"的程序相信读者都可以很快写出来，下面再用多文件来实现这个程序，详见例 5-21。

【例 5-21】　使用多文件实现输出"Hello world"。

首先，可以添加一个头文件 hello.h 并输入如下内容。

```
//hello.h
#include <stdio.h>
```

```
void print_hello(void);
```

其中，包含标准输入输出头文件和函数 print_hello 的声明。然后，再添加一个源文件 hello.c，定义一个输出"Hello world"的函数，代码如下。

```
//hello.c
#include "hello.h"
void print_hello(void)
{
    printf("Hello world!\n");
}
```

其中，包含 hello.h 头文件和函数 print_hello()的定义。最后，再添加一个源文件 main.c，定义程序的入口主函数，代码如下。

```
#include "hello.h"
int main()
{
    print_hello();
    return 0;
}
```

其中，包含 hello.h 头文件和函数 main()的定义。至此这个项目中添加了 3 个文件（2 个源文件，1 个头文件），如图 5-15 所示。在系统对源文件编译时，首先预处理 include 命令，找到 hello.h 文件并引入其中的内容，在 main.c 源文件中，使用了一个外部函数 print_hello()，而这个函数的声明是通过包含头文件 hello.h 实现的。

图 5-15　简单项目举例

例子中的项目比较简单，只有一个头文件，在实际开发时，头文件的个数可能不止一个，头文件的包含关系也比较复杂，有可能发生重复包含同一个头文件的情况。而头文件包含命令#include 的效果与直接复制粘贴头文件内容的效果是一样的，预处理器实际上也是这样做的，它会读取头文件的内容，然后输出到#include 命令所在的位置。当头文件增多时，头文件之间出现嵌套包含关系，如果被包含的头文件中还包含其他的头文件，预处理器会继续将它们也包含进来，这个过程会一直持续下去，直到不再包含任何头文件。

如果头文件 file1.h 中有程序段 A，在头文件 file2.h 中包含头文件 file1.h，又在头文件 file3.h 中同时包含 file1.h 和 file2.h，那么最后头文件 file3.h 中的程序段经过预处理后的情况如图 5-16 所示。经过预处理后，file3.h 中会重复引入同一个头文件 file1.h，重复引入同一头文件有什么问题呢？当在 file1.h 文件的程序段 A 中定义变量或者函数时（注意是定义不是声明，多次声明是没有问题的），多次引入头文件 file1.h 就会报"变量被多次定义"的错误。

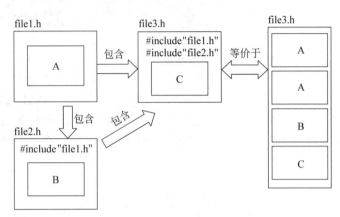

图 5-16　多文件包含导致重复

因此，在设计多文件项目时，除非特别必要，在内容安排上应该尽量遵循以下原则。

（1）头文件中只存放"声明"，而不存放"定义"，因为声明语句重复不会报错，但是定义语句如果重复则会冲突。一般在头文件中包含：文件包含命令、公共类型的定义、结构/联合/枚举声明、函数声明、变量 extern 声明、公用的宏定义等。

（2）源文件中定义所有的全局变量、函数和只在本文件中使用的类型等。

（3）只用#include 包含头文件，不用它来包含源文件。

通常，源文件中所有的行都参加编译。若希望按不同的条件去编译不同的程序部分，就是**"条件编译"**，即根据实际定义的宏（条件）进行代码静态编译的手段，可根据表达式的值或某个特定的宏是否被定义来确定编译条件。条件编译的用法有很多，最常见的条件编译是防止重复包含头文件的宏。

如果 f.c 源文件中包含 f1.h 和 f2.h 两个头文件，而 f1.h 头文件及 f2.h 头文件中均包含 x.h 头文件，则 f.c 源文件中重复包含 x.h 头文件。可采用条件编译指令，来避免头文件的重复包含问题。在所有头文件中都按如下格式编写。

```
#ifndef _HEADNAME_H_
#define _HEADNAME_H_
//头文件内容
#endif
```

预处理指令 ifndef 用来判断自定义符号_HEADNAME_H_（也叫宏）是否被定义，当该头文件第一次被包含时，由于没检测到宏名_HEADNAME_H_，则使用预处理指令 define 定义一个宏_HEADNAME_H_，其值为系统默认。并且包含该条件编译指令在 #endif 之前的头文件内容；如果该头文件再次被包含时，由于检测到已存在宏名_HEADNAME_H_的定义，则忽略该头文件内的所有代码，从而避免了重复包含。例 5-21 中的 hello.h 头文件内容通过条件编译修改后如下。

```
//hello.h
#ifndef _HELLO_H_
#define _HELLO_H_
#include <stdio.h>
void print_hello(void);
#endif
```

在头文件中，这种宏保护方案使得程序员可以"任性"地引入当前模块需要的所有头文件，不用操心这些头文件中是否包含其他的头文件，但也不是没有缺点，#ifndef 的方式依赖于宏名不能冲突，这可以保证同一个文件不会被包含多次，也能保证内容完全相同的两个文件不会被不小心同时包含，缺点是如果不同头文件的宏名不小心"撞车"，可能就会导致头文件存在，但编译器却找不到声明的状况，因此每个头文件中的宏名称建议使用文件名来定义，避免重复。

习　题　5

5.1　选择题

（1）关于函数正确的说法是（　　）。

　　A. 主函数必须在写其他函数之后，函数内可以嵌套定义函数

　　B. 主函数必须写在其他函数之前，函数内不可以嵌套定义函数

　　C. 主函数可以写在其他函数之后，函数内不可以嵌套定义函数

　　D. 主函数必须写在其他函数之前，函数内可以嵌套定义函数

（2）关于函数的定义，叙述错误的是（　　）。

　　A. 必须指出函数的名字和类型

　　B. 函数的表达式调用必须是有返回值的函数调用

　　C. 必须给出函数完成的功能语句

　　D. 一个函数中有且只能有一个 return 语句

（3）若定义函数如下：

```
fun(int a,float b)
{
return a+b;
}
```

则该函数的返回类型是（　　）。

　　A. int　　　　　　　B. void　　　　　　　C. float　　　　　　　D. 不确定

（4）以下语句不是正确原型的是（　　）。

　　A. int f(i);　　　　B. int f(int);　　　　C. int f();　　　　D. int f(void);

（5）以下叙述中错误的是（　　）。

　　A. 如果形参与实参的类型不一致，以形参类型为准

　　B. 实参可以为任意类型

C. 形参可以是常量、变量或表达式

D. 实参可以是常量、变量或表达式

（6）设函数 f() 的定义形式为：

```
void f(char ch, float x ) {…}
```

则以下对函数 f() 的调用语句中，正确的是（　　）。

A. f("abc",3.0);　　　B. f(32,32);　　　　　C. t=f('D',16.5);　　　D. f('65',2.8);

（7）下面程序执行后的输出结果是（　　）。

```
#include <stdio.h>
void F(int x) { return (3*x*x); }
int main()
{
  printf("%d",F(3+5));
  return 0;
}
```

A. 编译出错　　　　B. 192　　　　　　　C. 25　　　　　　　D. 29

（8）以下对静态局部变量的叙述，不正确的是（　　）。

A. 数值型静态局部变量的初值默认为 0

B. 在一个函数中定义的静态局部变量可以被另一个函数调用

C. 静态局部变量在整个程序运行期间都不释放

D. 静态局部变量是在编译时赋初值的，故它只被赋值一次

（9）以下叙述中错误的是（　　）。

A. 全局变量都是静态存储

B. 动态分配变量的存储空间在函数结束调用后就被释放了

C. 函数中的局部变量都是动态存储

D. 形参的存储单元是动态分配的

5.2　填空题

（1）以下函数调用语句中，含有的实参个数是＿＿＿＿。

```
Fcalc(exp1,(exp3,exp4,exp5));
```

（2）若函数定义如下，则该函数返回的值是＿＿＿＿。

```
int data()
{
    float x=9.9;
    return(x);
}
```

（3）下面程序段的运行结果是＿＿＿＿。

```
int a=3, b=4;
void fun(int x1, int x2)
```

```
{
    printf("%d, %d", x1+x2, b);
}
int main()
{
    int a=5, b=6;
    fun(a, b);
    return 0;
}
```

（4）在函数调用过程中，如果函数 A 调用了函数 B，函数 B 又调用了函数 A，则称为函数的_____。

（5）如果希望变量在函数调用结束后仍然保留其值，则可以将变量定义为局部静态变量，定义方式为在类型说明符前加上_____关键字。

5.3　编写一个函数 prime()，计算 1000 以内的素数，并返回个数，在主函数中调用 prime() 函数，获取并输出这些数（每行 10 个）。

5.4　编写一个函数，将一个字符串中的所有单词首字母转换为大写字母。在主函数中输入一个字符串，调用该函数转换后将转换后字符串输出。

5.5　编写一个函数，实现与字符串库函数 strcmp() 一样的功能。

5.6　编写一个函数 draw()，能够绘制指定层数的金字塔图形，在主函数中输入一个金字塔层数，调用函数 draw() 绘制金字塔。例如，当输入 5 时，绘制图形如下。

```
    *
   ***
  *****
 ******
*******
```

5.7　用递归的方法对给定的任意 n 和 x 值求分段函数 $F_n(x)$ 的值，函数定义如下。

$$F_n(x) = \begin{cases} F_0(x) = 1 \\ F_1(x) = 3x \\ F_n(x)=3xF_{n-1}(x) -3(n-1)F_{n-2}(x) \end{cases}$$

实验 8　函　　数

一、实验目的
1. 掌握定义函数的方法。
2. 掌握实参与形参的对应关系，以及"值传递"的方式。
3. 掌握函数的嵌套调用和递归调用的方法。
4. 掌握全局变量和局部变量、动态变量、静态变量的概念和使用方法。

二、实验内容
1. 下面程序的功能是：根据输入的整数 x 和 n，利用函数 fact() 实现求 x^n。

例如：

输入：2，3　　　输出：8

请将程序补充完整。

```c
#include <stdio.h>
long int fact( _____①_____ )              //定义 fact()函数
{
    long int i,s=1;
     if (n==0)  return 1;
     for(i=1; i<=n; i++)
        s=s*x;
     _____②_____ ;                        //返回结果
}
int main( )
{
     int x,n;
     printf("please enter X and  N(>=0): ");
     scanf("%d,%d", &x, &n );
     printf("%ld\n",_____③_____ );             //调用 fact()函数
     return 0;
}
```

2. 编写程序求 n 的阶乘。要求用 fact()函数实现求 n 的阶乘。

分析：fact()函数实现求 n 的阶乘，主函数中完成 n 的输入及 fact()函数的调用。另外，由于阶乘值较大，可以选择用 long long int 类型的变量保存阶乘值。

3. 分析下面程序实现的功能。

```c
#include <stdio.h>
void fun( int i )
{
  if (i>1)
  fun(i/2) ;
  printf("%d", i%2);
}
int main()
{
  int n;
  scanf("%d", &n);
  fun(n) ;
  return 0;
}
```

分析：本题中的 fun()函数是一个递归函数，当形参 i 等于 0 或 1 时停止递归调用。调用停止后，执行每个 fun()函数中的 printf("%d", i%2);语句。可以分析得知，i%2 的结果只可能是 0 或 1。

4. 分析下面程序的功能。

```c
#include <stdio.h>
int f(char s[ ],char t[ ]);
int main()
{
    char a[20],b[20];
    int i;
    scanf("%s%s",a,b);
    i=f(a,b);
    printf("%d\n",i);
    return 0;
}
int f(char s[ ],char t[ ])
{
    int i=0;
    while(s[i]==t[i] && s[i]!='\0') i++;
    return ((s[i]=='\0' && t[i]=='\0') ? 1 :0);
}
```

分析：本题中主函数的功能比较简单，调用 f()函数，返回值送给变量 i。分析 f()函数发现，其返回值只可能为 0 或 1。f()函数中 while 循环的结束条件是，字符串 s 和字符串 t 中对应位置的字符不相等，或者，两个字符串从头依次比较，各个字符均相对，直至字符串 s 结束。所以，f()函数实现的功能是判断两个字符串是否相对，相等返回 1，不相等返回 0。

5. 用函数实现冒泡排序。

分析：题目要求编写实现冒泡排序的函数，主函数则应该实现待排序数据的输入，调用函数以及排序完成的数据的输出。本题练习数组作为函数参数，注意实参数组和形参数组的书写格式。

6. 主函数 main()如下，请编写函数 yanghui()，输出杨辉三角形的前 n（n≤15）行。杨辉三角形如右图所示。

```
1
1  1
1  2  1
1  3  3  1
1  4  6  4  1
1  5  10  10  5  1
```

```c
#include<stdio.h>
#define N 15
...
...
int main()
{
    int a[N][N]={0},n,i,j;
    printf("please input size of yanghui triangle(<=15):");
    scanf("%d",&n);
    printf("\n");
    yanghui(a,n);
    for(i=0;i<n;i++)
    {
        for(j=0;j<=i;j++)
            printf("%-5d",a[i][j]);
```

```
    printf("\n");
  }
  return 0;
}
```

分析：本题练习二维数组作函数参数，注意实参数组和形参数组的书写格式。

第6章

指　针

指针是 C 语言中的重要概念，也是 C 语言的一个重要特色。正确而灵活地运用指针，可以有效地表示复杂的数据结构，可以实现动态分配内存，可以直接处理内存地址等。掌握指针的应用，可以使程序简洁、紧凑、高效。每一个学习 C 语言的人都应该深入地理解指针，并掌握指针及指针变量的用法。本章介绍变量在内存中的存储结构、指针的概念、指针变量的具体用法。

6.1　指针和指针变量

6.1.1　变量的存储结构

计算机的内存由若干字节组成，每字节都有一个唯一的编号，以便 CPU 能读写任何字节的内容。字节的编号也称"地址"。程序中定义的变量、函数等称为实体，每个实体都要在内存中占用若干连续字节，实体占用的字节中，首字节的编号是实体的地址。

例如，

```
char ch = 'A';
int i = 5;
float f = 3.8;
```

如图 6-1 所示，变量 ch 在内存中占 1 字节，其地址就是该字节的编号 101；变量 i 在内存中占连续的 4 字节，字节的编号为 102，103，104，105，其地址是 102；变量 f 在内存中占连续的 4 字节，字节的编号为 107，108，109，110，其地址是 107。变量占用的内存空间是由编译系统分配的。

访问内存单元是通过内存单元的地址实现的。访问变量有两种方式：一种称为"直接访问"方式，另一种称为"间接访问"方式。"直接访问"方式是程序员并不需要知道变量的具体存储地址，而是直接通过变量名来访问这块空间，由编译器在编译时将变量名转换为变量的实际地址。如果将变量 i 的地址 102 存放在另一个变量名为 p 的变量中，变量 p 的值就是变量 i 所占用存储空间的起始地址值 102，要存取变量 i 的值时，先找到存放"变量 i 的地址"的变量 p，从中取出 i 的地址 102，然后再从地址为 102、103、104、105 的存储单元中取出变量 i 的值 5，或向变量 i 中存储新的值。这种存取变量的方式就是"间接访问"方式，如图 6-1 所示。

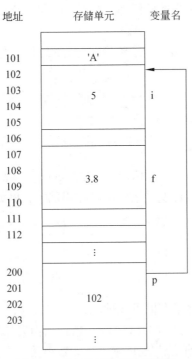

图 6-1 内存单元及指针示意图

6.1.2 指针和指针变量的概念

我们把地址形象地称为"**指针**"。指针不能用一般的变量存储，而需要用一种特殊的变量来存储，这种特殊的变量就叫作**指针变量**。

指针变量和其他类型的变量一样，也必须先声明后使用。定义指针变量的一般格式为：

数据类型 ∗ 指针变量名 1[, ∗指针变量名 2,…] ;

说明：

（1）指针变量名前面的"∗"是一个说明符，表示该变量不是一个普通变量，而是指针变量。

（2）指针变量名前面的数据类型名，表示指针型变量所指向的变量的数据类型。

例如，声明一个指向整型变量的指针变量 p 和一个整型变量 i 的格式如下。

```
int  i;   //定义一个整型变量i
int  *p;  //定义一个指向整型变量的指针变量p
```

指针变量的初始化同其他类型变量的初始化方法相同，例如：

```
int  i = 5;
int  *p = &i;
```

说明：

（1）&是取地址运算符。给指针变量赋值时，变量的地址必须使用取地址运算符&求得，不能直接将一个整数（因为地址值都是整数）赋值给指针变量。如 int *p=102; 就是错误的。

（2）如果指针变量 p 中存储了一个整型变量 i 的地址，称指针变量 p 指向整型变量 i，如图 6-2 所示。

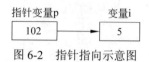

图 6-2　指针指向示意图

（3）p 和 i 的类型应该一致。例如，int i=5; float *p; p = &i;是错误的。

（4）指向同类型数据的指针变量之间可以互相赋值。例如：

```
int i = 5;
int *p, *q;
p = &i;
q = p;
```

（5）通常情况下，指针常量有以下几种。

① 空指针：其值为符号常量 NULL，表示指针未指向任何变量。

② 数组的名字：代表数组的首地址常量，即数组第一个元素的首地址。

③ 函数的名字：代表调用函数的入口地址，即该函数所占内存空间的起始地址。

6.1.3　变量的间接访问

为了表示指针变量 p 和它所指向的整型变量 i 之间的联系，在程序中用符号 * 表示"指向"。* 是间接寻址运算符，用来获取指针变量所指的变量，实现变量的间接引用。例如，p 代表指针变量，*p 就代表指针变量 p 所指向的整型变量 i，即*p 代表整型变量 i。根据前面的定义，下面两个语句的作用相同。

```
i=3;   //对整型变量 i 的直接访问
*p=3;  //对整型变量 i 的间接访问
```

【例 6-1】　分析以下程序的运行结果。

```
#include<stdio.h>
int main()
{
    int i=5;
    int *p;
    p=&i;
    *p=10;   //*p 等价于 i，间接访问整型变量 i
    printf("p=%#x\n",p);
    printf("i=%d\n",i);
    return 0;
}
```

程序的运行结果为：

```
p=0x12ff7c
i=10
```

说明：

（1）指针变量 p 指向整型变量 i 之后，语句*p=10 等价于 i=10，所以整型变量 i 的值被修改为 10。

（2）语句 printf("p=%#x\n",p)要求用带前导符的十六进制数输出 p 的值，p 的值是整型变量 i 的地址。由于给变量分配的内存单元是不固定的，所以 p 的值可变。

在 32 位操作系统中，各种类型的指针变量在内存中都占 4 字节。指针变量指向一个变量，本质上是指向了一段内存区域。通过指针变量访问变量，本质上是访问一段内存区域。当通过指针变量访问其所指向的内存区域时，指针变量的类型决定了访问内存区域的方式。如通过字符型指针变量访问内存区域时，每次读写 1 字节，通过整型指针变量访问内存区域时，每次读写 4 字节。

6.1.4 指针变量作函数参数

函数的参数可以是整型、实型、字符型等基本数据类型，也可以是指针类型。使用指针作为函数的参数，实际上向函数传递的是变量的地址。下面举例说明。

【例 6-2】 将输入的两个整数按从大到小的顺序输出。要求用函数处理，并用指针类型的数据作函数参数。

```
swap(int *p1,int *p2)
{
    int temp;
    temp=*p1;
    *p1=*p2;
    *p2=temp;
}
int main()
{
    int a,b;
    int *pointer_1,*pointer_2;
    scanf("%d,%d",&a,&b);
    pointer_1=&a;
    pointer_2=&b;
    if(a<b) swap(pointer_1,pointer_2);
    printf("%d,%d\n",a,b);
    return 0;
}
```

输入及程序运行结果：

```
3,10 ✓
10,3
```

说明：

（1）swap()函数的作用是交换两个变量（a 和 b）的值。swap()函数的形参 p1、p2 是指针变量。程序运行时，先执行 main()函数，输入 a 和 b 的值。然后将 a 和 b 的地址分别赋给指针变量 pointer_1 和 pointer_2，使 pointer_1 指向 a，pointer_2 指向 b。

（2）接着执行 if 语句，如果 a<b，则执行 swap()函数。在函数调用时，要将实参变量的值传递给形参变量，但实参 pointer_1 和 pointer_2 是指针变量，实质是将&a 和&b 传递给形参变量 p1 和 p2。因此形参 p1 的值为&a，p2 的值为&b。这时 p1 和 pointer_1 都指向变量 a，p2 和 pointer_2 都指向变量 b。

（3）接着执行 swap()函数的函数体，使*p1 和*p2 的值互换，也就是使 a 和 b 的值互换。函数调用结束后，p1 和 p2 被释放。

（4）最后在 main()函数中输出的 a 和 b 的值是已经经过交换的值。即通过地址的传递，对形参值的改变也影响到了实参值的改变。

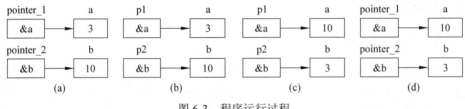

图 6-3　程序运行过程

思考：如果将 swap()函数定义为如下形式，在 main()函数中用"swap(a,b);"调用 swap()函数，还能否实现 a 和 b 的互换？

```
swap(int x,int y)
{
    int temp;
    temp=x;
    x=y;
    y=temp;
}
```

结果是 a 和 b 的值不能实现互换。用 swap(a,b)调用函数 swap()时，是将实参 a 的值传递给形参 x，将实参 b 的值传递给形参 y。执行 swap()函数后，只是交换了形参 x 和 y 的值，并没有影响到实参 a 和 b 的值。在函数调用结束后，形参 x 和 y 被释放，a 和 b 仍然保持原始值。即由于"值传递"的方式是"单向传递"，形参值的改变不能使实参值随之改变。

如果将 swap()函数写成如下形式，也是不正确的。因为把 temp 定义为指针变量后，却没有给 temp 赋值，让其有明确的指向。*temp 就是一个未知的存储单元的值。因此在使用指针变量时一定要让指针变量有确定的指向。

```
swap(int *p1,int *p2)
{
    int *temp;
    *temp=*p1;      //此语句有问题
```

```
    *p1=*p2;
    *p2=temp;
}
```

由上述内容可见，在 C 语言中，函数的参数传递方式主要有两种：值传递与地址传递。下面对这两种传递形式进行总结。

（1）值传递。

值传递方式使用变量、常量、数组元素作为函数参数，实际上是将实参的值复制到形参相应的存储单元中，即形参和实参分别占用不同的存储单元，这种传递方式称为"参数的值传递"或者"函数的传值调用"。

值传递的特点是单向传递，即函数被调用时给形参分配存储单元，把实参的值传递给形参，在函数调用结束后，形参的存储单元被释放，而形参值的任何变化都不会影响到实参的值，实参的存储单元仍保留并维持数值不变。

（2）地址传递。

地址传递方式使用数组名或者指针作为函数参数，传递的是该数组的首地址或指针的值，因而形参接收到的是地址，即指向实参的存储单元，即形参和实参其实表示的是相同的存储单元，这种传递方式称为"参数的地址传递"。

6.2　指针与数组

在有了指针变量以后，我们就可以通过指针变量来访问数组元素。
例如：

```
int a[5] = {1,3,5,7,9} ;
int *p;
p=a;
```

数组名代表数组的首地址，赋值语句 p=a 是把数组 a 的首元素的地址赋给指针变量 p，使得指针变量 p 指向数组 a 的首元素。注意，p=a 不是把数组 a 的各元素的值赋给 p。欲访问 a 的第 5 个元素，既可以写为 a[4] 又可以写为*(p+4)，两个表达式都返回数组 a 的第 5 个元素的值。由于数组下标从 0 开始，因此，用 4 作下标和对指针变量加 4 都能访问数组的第 5 个元素。

C 语言提供了两种访问数组的方法，即指针法和数组下标法。使用指针法的速度高于使用数组下标的速度。因此经常使用指针访问数组元素。

6.2.1　指针与一维数组

一个数组是由一块连续的内存单元组成的一段存储空间，数组名就是这块连续内存单元的首地址。根据数组的数据类型，每个数组元素占有几个连续的内存单元。一个数组包含若干个元素，每个数组元素都在内存中占用存储单元，它们都有相应的地址。指针变量指向数组，就是把数组的起始地址放到一个指针变量中。指针变量也可以指向数组元素，即把某一数组元素的地址放到一个指针变量中。

所以，指向数组的指针是指数组的起始地址，指向数组元素的指针是数组元素的地址。如图 6-4 所示。

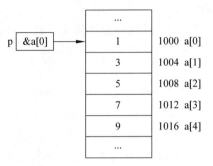

图 6-4　指向一维数组的指针

1. 指针指向数组的方法

定义一个指向数组的指针变量的方法，与定义一个指向变量的指针变量的方法相同。例如：

```
int a[5];
int *p;
```

如果数组为 int 型，则指针变量也应为 int 型。对该指针变量赋值：

```
p=a;       //指针变量指向数组 a
p=&a[0];   //指针变量指向数组 a 的第 1 个元素 a[0]
```

把 a[0]元素的地址赋给指针变量 p，也就是说，p 指向 a 数组的第 1 个元素 a[0]，如图 6-4 所示。当然，语句 p=&a[4]; 就表示让指针变量 p 指向 a 数组的第 5 个元素。

C 语言规定数组名代表数组的首地址，即第 1 个元素的地址，所以把数组 a 的首地址赋给指针变量 p，也可以用语句 "p=a;"。因此，"p=&a[0];"和 "p=a;"两个语句完全等价。

2. 指针的运算

数值变量可以进行加减乘除算术运算。而对于指针变量，因为它保存的是一个内存地址，所以对两个指针进行乘除运算是没有意义的。当指针已指向一个数组元素时，指针可以进行加减运算。即通过指针自增、自减、加上或者减去某个整数值来移动指针指向内存单元的位置。

1）自增自减运算

例如：

```
int *ptrnum,arr_num[10];
ptrnum = arr_num;
ptrnum++;
```

指针 ptrnum 指向整型数组 arr_num，即存储数组中第 1 个元素的地址。执行"ptrnum++"之后，ptrnum 会指向 arr_num[0]地址之后的下一个连续地址，即数组中下一个元素 arr_num[1]的地址。

注意，指针变量加 1/减 1，是指指针向后/向前移动 1 个位置，表示指针变量指向下一个/上一个元素的首地址，而不是在原地址基础上加 1/减 1。所以，一个类型为 T 的指针变量的移动，是以 sizeof(T)为移动单位的。

2）加减运算

当指针变量加上或者减去某个整数值时，指针变量向前或者向后移动 n 个数据元素。例如：

```
ptrnum = &arr_num[5];
ptrnum = ptrnum - 2;
```

指针变量 ptrnum 首先指向数组的第 6 个元素，执行完"ptrnum = ptrnum - 2;"之后，ptrnum 指向数组的第 4 个元素，即 arr_num[3]。

3）关系运算

指向同一类型的两个指针变量可以进行关系运算，比较两个指针值的大小。

（1）p1==p2，表示 p1 和 p2 指向同一变量。

（2）p1>p2，表示 p1 处于高地址位置。

（3）p1<p2，表示 p1 处于低地址位置。

（4）指针变量还可以与 0 比较：设 p 为指针变量，则 p==0 成立表明 p 是空指针，它不指向任何变量；p!=0 成立表示 p 不是空指针。

【例 6-3】 用指针法使数组元素倒序排列，理解指针变量的移动运算和比较运算。

```
#include <stdio.h>
#define N 5
int main()
{
    int a[N],temp,*p,*pa,*pb;
    printf("please input 5 interger into the array:\n");
    for(p=a;p<a+N;p++)
        scanf("%d",p);
    printf("The original array is:\n");
    for(p=a;p<a+N;p++)
        printf("%5d",*p);
    printf("\n");
    pa=&a[0];
    pb=&a[N-1];
    for( ;pa<pb;pa++,pb--)
    {
        temp=*pa;
        *pa=*pb;
        *pb=temp;
    }
    printf("Now the array is:\n");
    for(p=a;p<a+N;p++)
        printf("%5d",*p);
    printf("\n");
```

```
    return 0;
}
```

运行结果：

```
please input 5 interger into the array:
1 2 3 4 5
The original array is:
    1    2    3    4    5
Now the array is:
    5    4    3    2    1
```

3. 通过指针引用数组元素

如果指针变量 p 已指向数组中的一个元素，则 p+1 指向同一数组中的下一个元素。如果 p 的初值为&a[0]，则：

（1）p+i 和 a+i 就是 a[i]的地址，即指向元素 a[i]，如图 6-5 所示。

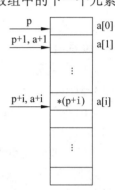

（2）*(p+i)或*(a+i)表示指针 p+i 或 a+i 所指向的数组元素，即 a[i]。例如，*(p+5)或*(a+5)就是数组元素 a[5]，即 *(p+5)⇔*(a+5)⇔a[5]。

（3）指向数组的指针变量也可以带下标，如 p[i]与*(p+i)等价。

根据以上所述，引用一个数组元素，可以用：

① 下标法，如 a[i]或 p[i]。

② 指针法，如*(a+i)或*(p+i)。

图 6-5　指针引用数组元素

其中，a 是数组名，p 是指向数组的指针变量，其初值 p=a。

【例 6-4】　有一个整型数组 a，有 5 个元素，要求输出数组中的全部元素。

分析：有三种方法实现对数组元素的访问。

（1）下标法。使用这种方法，数组元素的值用 a[i]表示，数组元素的地址用&a[i]表示。这种方法的特点是直观，但访问速度慢，要先计算数组元素的地址 a+i，再指向该元素后才能存取。

（2）地址法。因为数组名表示数组的首地址，所以可以通过数组名访问数组元素。使用这种方法，数组元素的值用*(a+i)表示，数组元素的地址用 a+i 表示。这种方法同下标法一样，访问速度较慢，但比较直观。

（3）指针法。通过指针变量访问数组元素。使用这种方法，数组元素的值用*p 表示，数组元素的地址用 p 表示，不必每次都重新计算地址，而且 p++这样的自加操作执行速度较快。这种方法的特点是速度快，但不直观。

下面用三种方法输出数组的各元素。

```c
#include <stdio.h>
int main()
{
    int i, a[5]={1,2,3,4,5}, *pa=a;
    for(i=0;i<5;i++)
        printf("%4d", a[i]);        //下标法
```

```
        printf("\n");
        for(i=0;i<5;i++)
            printf("%4d", pa[i]);        //下标法
        printf("\n");
        for(i=0;i<5;i++)
            printf("%4d", *(a+i));       //地址法
        printf("\n");
        for(i=0;i<5;i++)
            printf("%4d",*(pa+i));       //指针法
        printf("\n");
        for(;pa<a=5;pa++)
            printf("%4d",*pa);           //指针法
        printf("/n");
        return 0;
}
```

程序的运行结果如下。

```
1,2,3,4,5
1,2,3,4,5
1,2,3,4,5
1,2,3,4,5
1,2,3,4,5
```

说明：

（1）指针变量可以改变本身的值。指针变量 pa 可以指向数组的各个元素，通过 pa++ 使 pa 的值不断改变。但是数组名是指针常量，其值不能被改变，所以 a++ 是错误的。

（2）数组 a 包含 5 个元素，最后一个元素是 a[4]。必须注意的是，指针变量 pa 是可以指向数组以后的内存单元的，并且编译器不会检查这种越界的情况。如果在程序中引用数组元素 a[5]，虽然并不存在这个元素，但编译器并不认为它非法，系统仍然把它按*(a+5) 处理，先找出 a+5 的值，即 a[5]的地址，然后取出它所指向的内存单元的内容。这样做在编译时不会出错，但结果没有任何实际意义，应避免出现这样的情况。所以在使用指针变量指向数组元素时，应切实保证让指针变量指向数组中的有效元素。

（3）如果有语句 p=a，使 p 指向数组，则：

① ++和*的优先级相同，结合方向为自右向左，因此*p++等价于*(p++)。*p++的作用是先得到 p 指向的变量值（即*p），然后再使 p 加 1。

例如：

```
for(p=a; p<a+10; p++) printf("%d",*p);
```

可以改写为

```
for(p=a; p<a+10; ) printf("%d",*p++);
```

两者作用完全相同，都是先输出*p 的值，然后使 p 的值加 1，下一次循环时，p 就指向下一个元素。

② *(p++)与*(++p)作用不同。前者是先取*p 的值，后使 p 加 1；后者是先使 p 加 1，再取*p 的值。

例如，若 p 的初值为 a，即指向 a[0]，输出*(p++)时，得 a[0]的值；而输出*(++p)，则得到 a[1]的值。

③ (*p)++表示将 p 所指向的元素值加 1，而不是指针值加 1。例如：

```
p=a; a[0]=5;
```

(*p)++使 a[0]的值为 6。

6.2.2 指针与二维数组

1. 二维数组的地址

在 C 语言中，二维数组由一维数组扩展而成。当定义一个二维数组时，例如：

```
int a[3][4]={{1,2,3,4},{5,6,7,8},{9,10,11,12}};
```

其元素是按行优先的顺序存储的，12 个下标变量占用了连续的一片内存单元。

首先，C 语言把 a 看作一维数组，它有三个元素 a[0]，a[1]，a[2]，每一个元素代表一行；其次，a[0]，a[1]，a[2]分别是三个一维数组，一维数组 a[0]包含 a[0][0]，a[0][1]，a[0][2]，a[0][3] 4 个元素；一维数组 a[1]包含 a[1][0]，a[1][1]，a[1][2]，a[1][3] 4 个元素；一维数组 a[2]包含 a[2][0]，a[2][1]，a[2][2]，a[2][3] 4 个元素。其结构如图 6-6 所示。

由于 a[0]、a[1]、a[2]都是一维数组，a[0]、a[1]、a[2]就都可以被看作数组名。既然 a[i] 是数组名，则 a[i]+0 就表示元素 a[i][0]的地址，即&a[i][0]，a[i]+1 就表示元素 a[i][1]的地址。如此，a[i]+j 就表示元素 a[i][j]的地址，即&a[i][j]，*(a[i]+j)就表示元素 a[i][j]的值，如图 6-7 所示。

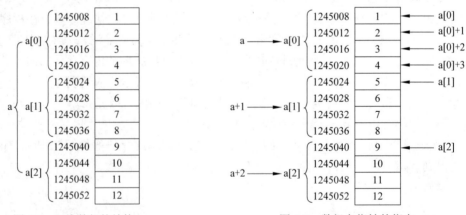

图 6-6 二维数组的结构　　　　　图 6-7 数组名指针的指向

数组名 a 代表整个二维数组的首地址，即元素 a[0][0]的地址，也代表第一行元素的首地址&a[0]，即 a 指向 a[0]。a+1 表示第二行元素的首地址&a[1]，即 a+1 指向 a[1]，也是元素 a[1][0]的地址。a+2 表示第三行元素的首地址&a[2]，即 a+2 指向 a[2]，也是元素 a[2][0]的地址。如此，a+i 表示&a[i]，也就有*(a+i)等于 a[i]，所以 a[i]+j 也等于*(a+i)+j。即*(a+i)+j

也表示元素 a[i][j]的地址。因此，*(*(a+i)+j)表示元素 a[i][j]的值。

综上，元素 a[i][j]的地址有三种表示方法，分别为&a[i][j]，a[i]+j，*(a+i)+j。元素值 a[i][j]的另外两种表示方法为*(a[i]+j)，*(*(a+i)+j)。

例如，a[1][2]、*(a[1]+2)、*(*(a+1)+2)表示第 2 行第 3 列的元素值。&a[1][2]、a[1]+2、*(a+1)+2 表示第 2 行第 3 列的元素的地址。

C 语言中，数组名是指针常量，因而 a，a[0]，a[1]及 a[2]不能被赋值。指针常量可以进行&运算，运算结果就是指针常量本身。所以，&a 就是 a，&a[0]就是 a[0]。

【例 6-5】 数组名指向的理解。

```c
#include<stdio.h>
int main( )
{
    int a[3][4] = {1, 2, 3, 4, 5, 6, 7, 8, 9, 10, 11, 12};
    printf("%u,%u,%u\n", a, a+1, a+2);    //输出每一行的首地址
    printf("%u,%u,%u,%u\n", a[0], a[0]+1,a[0]+2,a[0]+3);
    //输出第一行 4 个元素各自的地址
    printf("指针常量的地址: %u,%u\n", a[0], &a[0]);
    //指针常量的地址就是常量本身
    return 0;
}
```

程序运行结果：

```
6356736, 6356752, 6356768
6356736, 6356740, 6356744, 6356748
指针常量的地址: 6356736, 6356736
```

2. 指向二维数组的指针变量

如果将二维数组的首地址赋给相应基本类型的指针变量，则该指针变量就指向了二维数组，此后就可以通过该指针变量去访问数组。

（1）指向数组元素的指针变量。

【例 6-6】 通过指针变量访问二维数组的元素。

```c
#include <stdio.h>
int main( )
{
    int  a[3][4] = {1, 2, 3, 4, 5, 6, 7, 8, 9, 10, 11, 12};
    int  *p, i, j;
    for(p = a[0]; p < a[0]+12; p++)
        printf("%u,", p);                    //输出 12 个下标变量的地址,&a[0][0],…
    printf("\n");
    for(p = a[0]; p < a[0]+12; p++)
        printf("%3d", *p);                   //指针法，连续输出 12 个下标变量
    printf("\n");
    for(p = a[0], i = 0; i < 12; i++)
        printf("%3d", p[i]);                 //下标法，连续输出 12 个下标变量
```

```
        printf("\n");
        for(i = 0;  i < 3;  i++)
            for(j = 0;  j < 4;  j++)
                printf("%3d", a[i][j]);              //下标法，输出 3 行 4 列下标变量
        printf("\n");
        for(i = 0;  i < 3;  i++)
            for(j = 0;  j < 4;  j++)
                printf("%3d", *(a[i]+j));        //指针法，相当于 a[i][j]
        return 0;
    }
```

程序运行结果：

```
6356736, 6356740, 6356744, 6356748, 6356752, 6356756, 6356760, 6356764, 6356768, 6356772, 6356776, 6356780,
   1   2   3   4   5   6   7   8   9  10  11  12
   1   2   3   4   5   6   7   8   9  10  11  12
   1   2   3   4   5   6   7   8   9  10  11  12
```

说明：

① 在程序

```
for(p = a[0], i = 0;  i < 12;  i++)
    printf("%3d", p[i]);
```

中，是把二维数组当成一维数组来访问的，二维数组 3 行 4 列 12 个元素，分别对应 p[0]~p[11]。a[0]是 a[0][0]的地址。

② 如果把 p = a[0]改为 p = a 就会出错，因为 a 不是整型变量的地址。

（2）行指针。

可以定义一种指针变量，它不是指向一个元素，而是指向一个包含 m 个元素的一维数组。用这样的指针变量来指向二维数组的行，称为行指针。

行指针的一般定义形式为：

类型符　(*指针变量名) [一维数组元素个数]；

其中，"类型符"为所指向数组的数据类型。"*"表示其后的变量是指针类型。"一维数组元素个数"表示二维数组每一行的元素个数，即二维数组的列数。因为二维数组的每一行其实都是一个一维数组。

注意："*指针变量名"两边的括号不可少。若缺少括号，则表示定义指针数组（6.6 节介绍），意义就完全不同了。

例如，把二维数组 a[3][4]分解为一维数组 a[0]、a[1]、a[2]之后，定义指向二维数组的行指针变量 p：

```
int (*p)[4]
```

它表示 p 是一个指针变量，它指向包含 4 个元素的一维数组。若指向第一个一维数组 a[0]，其值等于 a、a[0]或&a[0][0]等。而 p+i 则指向一维数组 a[i]。从前面的分析可得出*(p+i)+j 是二维数组 i 行 j 列的元素的地址，而*(*(p+i)+j)则是 i 行 j 列元素 a[i][j]的值。

【例6-7】 有3个学生，各学4门课程，计算每个学生的总成绩及平均分数。

```c
#include <stdio.h>
int main( )
{
    int n=3,m=4,i,j;              //n个学生，各学m门课程
    float *p_begin,*p_end;
    float sum[3]={0,0,0},average[3]={0};
    float score[3][4]={ {78,82,73,65},{98,97,89,91},{89,87,81,93} };
    float (*p)[4]=score; //声明指向二维数组的行指针p，并指向数组score的第一行
    for(i=0;i<n;i++)
    {
        for(j=0;j<m;j++)
            sum[i]=sum[i]+*(*(p+i)+j);
        average[i]=sum[i]/m;
        printf("sum[%d]=%5.2f,average[%d]=%5.2f",i,sum[i],i,average[i]);
        printf("\n");
    }
    return 0;
}
```

程序运行结果：

```
sum[0]=298.00,average[0]=74.50
sum[1]=375.00,average[1]=93.75
sum[2]=350.00,average[2]=87.50
```

6.2.3 数组作函数参数

数组作函数参数的方式有两种，一种是数组元素作函数参数，另一种是数组名作函数参数。

1. 数组元素作函数参数

在定义数组，并对数组赋值之后，数组中的元素都可以被单独引用，与普通变量相同，数组元素可以在函数调用时作为函数的实参。

【例6-8】 输出数组元素中的最大值。

```c
#include<stdio.h>
int main()
{
    int max(int x,int y);
    int a[10],m,i;
    for(i=0;i<10;i++)
        scanf("%d",&a[i]);
    m=0;
    for(i=0;i<10;i++)
        m=max(m,a[i]);
    printf("%d\n",m);
    return 0;
```

```
}
int max(int x,int y)
{
    int z;
    z=x>y?x:y;
    return z;
}
```

程序运行结果：

```
12 34 54 29 98 51 88 65 11 67
98
```

数组元素作函数实参时，实参与形参之间是"值传递"的方式。函数调用时，将该数组元素的值传递给对应的形参。

2. 一维数组名作函数参数

当数组名作函数的实参时，由于数组名是数组的首地址，所以实参传递给形参的是数组的起始地址。形参得到该地址后就指向实参数组。因此，当一维数组作函数的实参时，相应的形参可以是与实参类型相同的一维数组或者指针变量。

归纳起来，如果用数组作函数的参数，实参和形参的表示形式可以有如表 6-1 所示 4 种情况。

表 6-1　实参和形参的表示形式

实参	形参	实参	形参
数组名	数组名	指针变量	数组名
数组名	指针变量	指针变量	指针变量

【例 6-9】 设计一个程序将 n 个数从大到小排序。

主函数中用数组名作实参：

```
#include<stdio.h>
#define N 10
int main()
{
    int a[N],i;
    printf("input array a[%d]:\n",N);
    for(i=0;i<N;i++)
        scanf("%d",&a[i]);
    sort(a,N);                      //数组名 a 作函数的实参
    for(i=0;i<N;i++)
        printf("%4d",a[i]);
    printf("\n");
    return 0;
}
```

主函数中用指针变量作实参：

```
int main()
{
    int a[N],i,*pa=a;              //*pa=a 是让指针变量 pa 指向数组 a
    printf("input array a[%d]:\n",N);
    for(i=0;i<N;i++)
        scanf("%d",pa++);
    pa=a;
    sort(pa,N);                    //用指针变量 pa 作函数实参
    for(i=0;i<N;i++)
        printf("%4d",*pa++);
    printf("\n");
    return 0;
}
```

自定义函数 sort()中用数组名作形参：

```
void sort(int x[],int n)          //形参定义为不指明长度的数组
{
  int i,j,k,t;
  for(i=0;i<n-1;i++)
  {
    k=i;
    for(j=i+1;j<n;j++)
      if(x[k]<x[j])
        k=j;
    if(k!=i)
    {
      t=x[i];
      x[i]=x[k];
      x[k]=t;
    }
  }
}
```

发生函数调用时，实参数组 a 的地址传给形参数组，两个数组占用相同的内存单元，共享数组中的数据。a[0]与 x[0]代表同一个元素，a[1]与 x[1]也代表同一个元素，以此类推。所以实质上，实参数组和形参数组就是同一个数组，就好比同一个人有两个名字。

也可以把形参数组定义成固定长度的数组，例如：

```
void sort(int x[N],int n)
```

但此时数组长度无任何意义，因为系统在编译时只检查数组名，并不检查数组长度。在实际应用中，一般都再额外定义一个变量传递数组长度，如本例中的形参变量 n。

也可以使用指针变量作形参，这时只需要将 sort()函数的首部更改为 void sort(int *x,int n)，其余函数体部分不需做任何改动，函数执行的过程也完全相同。

需要读者注意的是，不管形参是固定长度的数组，还是不指明长度的数组，抑或是指针变量，系统其实都将形参处理成指针变量。

不管选择哪种主函数的形式和 sort() 函数的形式，构成的程序都能实现题目的功能要求。
程序运行结果：

```
input array a[10]:
9 10 12 7 6 4 8 11 15 2
    15  12  11  10   9   8   7   6   4   2
```

3. 二维数组作函数参数

二维数组中的元素作函数参数时，与一维数组元素作函数实参是相同的。当二维数组
名作函数实参时，相应的形参可以是与实参类型相同的二维数组或者指针变量。

当形参是二维数组时，由于二维数组在内存中是按行优先存储，并不真正区分行与列。
所以在形参数组中就必须指明列的个数，才能保证实参数组与形参数组中的数据一一对应。
因此，形参数组中第二维的长度是不能省略的，而且必须和实参数组相同。

【例 6-10】 编写程序，输入 5 个不等长的字符串，找出其中最长的串。

```c
#include<stdio.h>
#include<string.h>
#define N 5
int main()
{
  void maxstr(char str[][40],int *p);
  char str[N][40];
  int p=0,i;
  printf("Please input %d string:\n",N);
  for(i=0;i<N;i++)
    gets(str[i]);
  maxstr(str,&p);
  printf("\nThe longest string is %s.\n",str[p]);
}
void maxstr(char str[][40],int *p)
{
    int i;
    for(i=1;i<N;i++)
    if(strlen(str[*p])<strlen(str[i]))
        *p=i;
}
```

程序运行结果：

```
Please input 5 string:
chengdu
hangzhou
xian
chongqing
kunming

The longest string is chongqing.
```

程序中将 maxstr() 函数的形参 str 说明成一个第一维可变的二维数组，指针变量 p 用来

记录最长字符串的位置（下标）。形参 str 还可以定义为二维数组 maxstr(char str[N][40], int *p)，或者定义为指针变量 maxstr(char (*str)[40], int *p)。

6.3 指针与字符串

1. 字符串的表示形式

C 程序是用字符数组存放字符串的，访问字符串有以下两种方法。

（1）用访问数组的方式访问字符串，既可以通过数组名和下标来引用字符串中的任意字符，也可以通过数组名和格式声明"%s"来输出整个字符串。

【例 6-11】 定义一个字符数组，对它进行初始化，然后输出该字符串和第 4 个字符。

```c
#include<stdio.h>
int main()
{
    char string[]="I am a student.";
    printf("%s\n",string);
    printf("%c\n",string[3]);
    return 0;
}
```

程序运行结果：

```
I am a student.
m
```

程序中的 string 是数组名，它代表字符数组的首地址。string[3]代表数组中第 4 个、序号为 3 的元素。

（2）用字符型指针变量指向一个字符串常量，通过指针变量引用字符串。

【例 6-12】 通过指针变量输出字符串。

```c
#include<stdio.h>
int main()
{
    char *string="I am a student.";
    printf("%s\n",string);
    return 0;
}
```

这段程序没有定义字符数组，而是定义了一个字符指针变量 string，用字符串常量"I am a student."对它初始化。C 语言对字符串常量是按字符数组来处理的，在内存中开辟了一个字符数组，用来存放该字符串常量。对字符指针变量 string 进行初始化，实际上是把字符串第 1 个元素的地址，即存放字符串的字符数组的首地址赋给 string，而不是把"I am a student."这几个字符赋给 string。

语句"printf("%s\n",string);"用来实现输出字符指针变量 string 所指向的字符串。输出过程如下：系统首先输出字符指针变量 string 所指向的字符，即字符串"I am a student."

的第一个字符"I"，然后 string 自动加 1，指向下一个字符，再输出此字符，string 不断加 1 依次指向后面的字符，直到遇到字符串结束符'\0'。

除了用语句"char *string="I am a student.""外，还有以下两种方法，也可以实现对字符指针变量的赋值。

方法一：

```
char *string;
string="I am a student.";
```

方法二：

```
char *string, str[10];
string=str;
```

string 是字符指针变量，它可以被重新赋值，例如：

```
string="Hello world!";
```

这样 string 就指向字符串"Hello world!"的第一个字符，而不再指向字符串"I am a student."了。

【例 6-13】字符加密。有字符串信息"The enemy will surprise us at night."，要求实现对字符串中的英文字符加密。加密方法为，用随机函数产生一个随机数，然后将字符串中的字符都加上这个数字，产生新的字符。例如，随机数为 5，字符'T'加 5 转换成'Y'，而字符'w'加 5 转换成'b'，即采用循环加密的方法。

```c
#include<stdio.h>
#include<string.h>
#include<stdlib.h>
int main()
{
    char src[]="The enemy will surprise us at night.",*p=src;
    int i,r;
    int len=strlen(p);
    printf("The source string is:%s\n",p);
    r=rand()%9;
    for(i=0;i<len;i++)
    {
        if(p[i]>='a'&&p[i]<='z'||p[i]>='A'&&p[i]<='Z')
          if(p[i]<='z'&&p[i]+r>'z'||p[i]<='Z'&&p[i]+r>'Z')
            p[i]=p[i]+r-26;
          else p[i]=p[i]+r;
    }
    printf("The random number is %d.\n",r);
    printf("The encrypted string is:%s\n",p);
    return 0;
}
```

程序运行结果：

```
The source string is:The enemy will surprise us at night.
The random number is 5.
The encrypted string is:Ymj jsjrd bnqq xzwuwnxj zx fy snlmy.
```

2. 字符指针作函数参数

将一个字符串从一个函数传递到另一个函数，可以用字符数组名作参数，也可以用指向字符串的指针变量作参数。

【例6-14】 要求在已知字符串的每两个字符之间都加上一个空格。

（1）用字符数组名作函数参数。

```c
#include <stdio.h>
#include<string.h>
void addspace(char s[])
{
  int len,n;
  len=strlen(s);
  n=len-1;
  s[n*2+1]='\0';
  while(n>=1)
  {
    s[n*2]=s[n];
    s[n*2-1]=' ';
    n--;
  }
  s[1]=' ';
}
int main()
{
  char str[255];
  gets(str);
  addspace(str);
  puts(str);
  return 0;
}
```

程序运行结果：

```
hello
h e l l o
```

说明：在调用 addspace()函数时，是将实参数组 str 的地址传递给形参数组 s，所以数组 s 和数组 str 其实是同一个数组。在用数组名作函数的形参时，编译器实际上是把字符数组名处理成指针变量。

（2）用字符型指针变量作参数。

```c
#include <stdio.h>
```

```
#include <string.h>
void addspace(char *s)
{
  int len,n;
  len=strlen(s);
  n=len-1;
  *(s+2*n+1)='\0';
  while(n>=1)
  {
    *(s+n*2)=*(s+n);
    *(s+n*2-1)=' ';
    n--;
  }
  *(s+1)=' ';
}
int main()
{
  char str[255];
  gets(str);
  addspace(str);
  puts(str);
  return 0;
}
```

说明：addspace()函数中用字符型指针变量 s 来作形参，s 的值是实参数组 str 的首地址。函数中可以将指针变量名 s 作为数组名使用，并通过下标法来引用数组元素，如 s[0]表示下标为 0 的元素，即 str[0]。

6.4　指向函数的指针

如果在程序中定义了一个函数，在编译过程中编译器会给这个函数分配内存空间用于存储。和变量名以及数组名一样，函数名也代表这段内存空间的起始地址。函数被调用时，根据函数名得到函数的起始地址，从而执行函数。因此，函数名是函数的指针。

也可以重新定义一个指向函数的指针变量，用它来存放函数的起始地址。定义指向函数的指针变量的一般形式为：

类型名　（* 指针变量名）（函数参数列表）；

这里的"类型名"指函数返回值的类型。

例如：

```
int (*p)(int,int);
```

上述语句把 p 定义为一个指向函数的指针变量，它只能指向函数返回类型为整型，且有两个整型参数的函数。在定义了指向函数的指针变量 p 之后，就可以通过 p 来调用函数。

【例6-15】 通过函数求两个整数之和。

```c
#include <stdio.h>
int add(int a,int b)                //定义add()函数
{
    int sum;
    sum = a + b;
    return sum;
}
int main()
{
    int a,b,s;
    int (*p)(int,int);              //定义指向函数的指针变量p
    printf("Enter a and b: ");
    scanf("%d%d",&a,&b);
    p=add;                          //用p指向add()函数
    s=(*p)(a,b);                    //通过指针变量p调用add()函数
    printf("%d+%d=%d\n",a,b,s);
    return 0;
}
```

要通过指针变量 p 调用函数，必须先让 p 指向该函数。语句"p=add;"的作用是将函数 add()的起始地址赋给指针变量 p，这就让 p 指向函数 add()了。之后调用*p 就是调用 add()函数。所以语句"(*p)(a,b)"和语句"add(a,b)"是完全等价的，都能实现对 add()函数的调用。

指向函数的指针变量不能进行算术运算，p++、p--、p+n 都是毫无意义的。指向函数的指针变量可以指向不同的函数，只要该函数满足在定义指向函数的指针变量时所规定的函数返回类型和参数就可以。

6.5 返回指针值的函数

一个函数不仅可以返回一个整型数据的值、字符型数据的值和实型数据的值，还可以返回指针类型的数据，即地址。其相关概念和前面讲的一样，只是返回值的类型是指针类型而已。

返回指针的函数，一般定义格式为：

类型名 *函数名(参数列表)

例如：

```c
int *fun(int x, int y)
```

fun 是函数名，x 和 y 是形式参数。调用 fun()函数后，函数将返回一个指向整型数据的指针。

【例6-16】 从键盘输入两个字符串，分别保存到字符数组 s1 和 s2 中，并将 s2 连接到

s1 的末尾。

```c
#include<stdio.h>
#include<string.h>
char *concat(char *s1,char *s2)
{
    char *p=s1;
    while(*p!='\0')
        p++;
    while(*s2!='\0')
    {
        *p=*s2;
        p++;
        s2++;
    }
    *p='\0';
    return s1;
}
int main()
{
    char str1[50],str2[20];
    printf("Please input two strings:\n");
    gets(str1);
    gets(str2);
    puts(concat(str1,str2));
    return 0;
}
```

程序运行结果：

```
Please input two strings:
sichuan
chengdu
sichuanchengdu
```

说明：函数 concat()的两个形参 s1 和 s2 为字符型指针变量，分别指向主函数中的实参数组 str1 和 str2。函数 concat()的返回值为 s1，是一个指针变量，其值为实参数组 str1 的起始地址。主函数中的语句 puts(concat(str1,str2))等价于 puts(s1)，输出的就是完成连接后的 str1 数组。

6.6　指针数组

若一个数组的所有元素均为指针变量，就把这个数组称为指针数组。定义指针数组的格式为：

类型名　*数组名[数组长度]

例如：

```
char *str[4];
```

由于运算符"[ ]"的优先级比"*"高，因此，首先是 str 与[ ]结合以定义一个由 4 个数组元素构成的数组 str[4]（其中 4 个数组元素分别为 str[0]、str[1]、str[2]、str[3]）。然后再与"*"结合，表示每个数组元素都是一个指向字符的指针。即该语句的功能是：定义了一个由 4 个元素组成的指向字符的指针数组。

请注意不要和 char (*str)[4];混淆了，这是定义的指向一维数组的指针变量（行指针）。

指针数组比较适合用来指向若干个字符串，增加对字符串处理的灵活性。按一般方法，一个字符串需要使用一个一维字符数组来存放。要存放多个字符串，就必须定义一个二维字符数组。但是在定义二维字符数组时，需要指定二维数组的列数，必须按所有字符串的最大长度来定义列数，使得二维数组每一行能存储的字符个数相等。但实际上每个字符串的长度一般是不等的，这样就会浪费许多的内存单元。

可以使用指针数组来解决这个问题。用指针数组中的各个元素分别指向各个字符串，这样各字符串的长度可以不同。

【例 6-17】　完成对如图 6-8 所示若干城市名称的排序。

城市名称
Chengdu
Shanghai
Jinan
Xiamen
Guangzhou

C	h	e	n	g	d	u	\0
S	h	a	n	g	h	a	i	\0
J	i	n	a	n	\0
X	i	a	m	e	n	\0	\0
G	u	a	n	g	z	h	o	u	\0

图 6-8　城市名称

现在用指针的方法来处理城市名称字符串的问题。先定义字符类型的指针数组 name，包含 5 个元素，然后用指针数组 name 中的各个元素依次指向各个字符串，即 name[0]~name[4]的初值分别是字符串"Chengdu""Shanghai""Jinan""Xiamen"和"Guangzhou"的首地址，如图 6-9 所示。要完成对字符串的排序，只需修改指针数组中各元素的指向，和字符串本身的存储位置没有任何关系。这样处理的话，各字符串的长度可以不同，而且修改指针变量的值比移动字符串所花的时间少得多。

（a）排序前

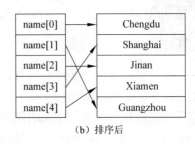
（b）排序后

图 6-9　指针数组与所指字符串

源程序如下。

```c
#include <stdio.h>
#include <string.h>
int main()
{
  int i,j,n;
  char *name[]={"Chengdu", "Shanghai", "Jinan", "Xiamen", "Guangzhou"};
  char *t;
  n=sizeof(name)/sizeof(char *);      //计算指针数组中的指针个数，即字符串个数
  printf("排序前：\n");
  for(i=0;i<n;i++)
      puts(name[i]);
  for(i=0;i<n-1;i++)                   //用冒泡法排序
      for(j=0;j<n-i-1;j++)
        if(strcmp(name[j],name[j+1])>0)
        {
            t=name[j];
            name[j]=name[j+1];
            name[j+1]=t;
        }
  printf("\n 排序后：\n");
  for(i=0;i<n;i++)
      puts(name[i]);
  return 0;
}
```

程序运行结果：

对各字符串用冒泡排序法按字符从小到大排序。name[j]和 name[j+1]是相邻两个字符串的起始地址，调用函数 strcmp 来比较 name[j]和 name[j+1]所指向的字符串的大小。如果 name[j]所指向的字符串大于 name[j+1]所指向的字符串，则通过指针变量 t 完成对 name[j]和 name[j+1]的交换，即 name[j]和 name[j+1]两个指针变量交换了指向，目的是让 name[j]指向小的字符串，name[j+1]指向大的字符串。在这个过程中，字符串并没有发生移动，改变的是指针变量的值，即指向。

6.7 多重指针

多重指针也叫指向指针的指针。如果第一个指针的值是第二个指针的地址，第二个指针的值才是目标变量的地址。那么，第一个指针就被称为多重指针。定义一个多重指针的格式为：

数据类型 ** 指针变量名

例如：

int **p;

*运算符的结合性是从右到左，**p 相当于*(*p)，(*p)表示 p 是指针变量，int *表示 p 指向的是 int *型的数据，即 p 指向的是一个整型的指针变量，这个整型的指针变量指向一个整型变量。

【例 6-18】 理解多重指针的用法。

```c
#include<stdio.h>
int main( )
{
  int x,*q,**p;
  x=10;
  q=&x;
  p=&q;
  printf(" **p=%d\n ",**p);      //使用**p 能实现对变量 x 的访问
  return 0;
}
```

程序运行结果：

```
**p=10
```

此处 q 是指针变量，指向整型变量 x；p 是一个双重指针，它指向的是指针变量 q，即 p 保存的是指针变量 q 在内存中的地址。

定义了双重指针 p 之后，可以使用**p 的形式去访问整型变量 x。

【例 6-19】 通过指向指针的指针输出各字符串。

```c
#include<stdio.h>
int main( )
{
  char **p;
  char *name[]={"Chengdu", "Shanghai", "Jinan", "Xiamen", "Guangzhou"};
  int i,n;
  n=sizeof(name)/sizeof(char *);
  p=name;
  for(i=0;i<n;i++)
```

```
    {
        puts(*p);
        p++;
    }
    return 0;
}
```

程序运行结果为：

说明：在这个例子中。name 数组是一个指针数组，它的 5 个元素都是字符型的指针变量，分别指向 5 个字符串，如图 6-10 所示。数组名 name 是数组元素 name[0]的地址，即 name 指向 name[0]，name[0]又指向字符串"Chengdu"。所以数组名 name 其实就是一个多重指针。在执行 p=name 之后，多重指针 p 也指向 name[0]，即 p=&name[0]，而*p 就为 name[0]的值，即字符串"Chengdu"的首地址。循环语句中的 p++，让多重指针 p 依次指向 name[0]~name[4]。

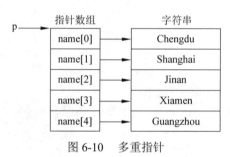

图 6-10　多重指针

6.8　动态内存分配

6.8.1　数据的内存分配方式

数据在内存中的分配方式是指在运行程序时以什么样的策略或机制来为数据安排、管理和释放内存单元。C 语言分配内存的方式有两种——静态内存分配和动态内存分配。动态内存分配方式又可以分为栈分配和堆分配。静态内存分配和动态栈分配由 C 系统根据事先设计的规则在编译和运行阶段完成分配和管理，不需要程序员的干预。堆分配则是由程序员根据需要在程序中自行调用内存管理的库函数来实现内存单元的分配和释放。

1. 静态内存分配

静态内存分配是指在 C 程序的编译阶段为变量或数组在静态存储区分配大小固定的存储区域，且在整个程序运行期间变量和数组一直占用所分配的固定大小和固定位置的存储单元，直到程序运行结束存储单元才被释放。外部变量和静态内部变量采用静态内存分配方式。

静态内存分配由编译器在编译阶段自动完成，不需要程序员干预和管理。但是，采用静态内存分配的方式所分配的存储空间大小是固定不变的，这就容易出现分配的空间过大或不够的情况。例如对于数组，必须事先知道数组的大小，否则数组定义大了会浪费存储空间，定义小了又不够用。

2. 动态内存分配

程序在运行时，操作系统通常把动态存储区划分为"栈"和"堆"两个区域，采用不同的分配方式。

1）栈

栈（stack）是动态存储区中以先进后出的方式管理的一段连续的存储区域。"先进后出"是指先分配的内存单元会最后被释放掉，而最后分配的内存单元会最先被释放掉，所以也可以说成"后进先出"。自动（auto）变量就是存放在动态存储区中的栈区的，只有当其所在的函数或复合语句被调用执行时才在栈区中为其临时分配存储单元。函数或复合语句执行结束后，所占用的存储单元就会被释放，且后分配的存储单元会被先释放。在栈区域中，每次分配的存储空间大小由程序中的变量或数组来决定，与静态分配一样也是事先确定的，例如，一个整型的自动变量在分配时一般占用4字节的存储单元。

2）堆

堆（heap）是动态内存区域中一部分自由空闲区域，一般是不连续的，使用链表的方式来管理。链表是一种通过指针把物理上非连续、非顺序的存储单元链接起来的存储结构。堆的优点是可以根据实际需要的大小来申请和分配存储空间，不需要时随时释放。在进行堆分配时，申请的空间不宜太大，因为如果堆中没有大于所申请大小的空闲区域的话，就会导致分配失败。

6.8.2 动态内存管理函数

C编译器会提供一组库函数来实现堆分配，主要有malloc()，calloc()，free()和realloc()这4个函数，它们包含在头文件stdlib.h中。

1. malloc()函数

malloc()函数的原型为：

```
void *malloc(unsigned int size);
```

malloc()函数的功能是在内存中分配size字节的连续存储空间，并返回所分配存储空间的起始地址，即指针；如果分配失败，则返回空指针NULL。

由于函数的返回值为void类型，即未确定指向任何具体的类型，因此在把返回值赋给某一具体数据类型的指针变量时，应该对返回值实行强制类型转换。

例如，现在要求为两个整型变量分配存储空间，并用指针变量p指向这段空间。由于两个整型变量需要8个字符的存储空间，所以实现的语句写为：

```
p=(int *)malloc(8);  //将void类型的指针强制转换为整型指针
```

因为每个数据所分配空间的大小可以用sizeof来求得，上面的语句又可以表示为：

```
p=(int *)malloc(2*sizeof(int));
```

2．calloc()函数

calloc()函数的原型为：

```
void *calloc(unsigned int n, unsigned int size);
```

calloc()函数的功能是在内存中分配一块连续的容量为（n×size）字节的存储空间，并返回所分配存储空间的起始地址；如果分配失败，则返回空指针 NULL。由于 calloc()函数的返回值也为 void 类型指针，在使用时也存在强制类型转换的问题。

为两个整型变量分配存储空间，也可以用 calloc()函数实现：

```
p=(int *)malloc(2, sizeof(int));
```

当用 calloc()函数为一维数组开辟动态存储空间时，n 应为数组元素个数，每个元素长度为 size。例如，要给一个 30 个元素的浮点型数组分配动态存储空间，可以写为：

```
p=(float *)malloc(30, sizeof(float));  //共分配120字节的内存空间
```

3．realloc()函数

realloc()函数的原型为：

```
void *realloc(void *p, unsigned int size);
```

realloc()函数的功能是重新分配动态存储区域，将 p 所指向的动态空间的大小改变为 size，p 的指向不变。如果已经通过 malloc()函数或 calloc()函数分配了动态存储空间，由指针变量 p 指向，之后想改变内存空间的大小，就可以用 realloc()函数重新分配。如果重新分配不成功，返回 NULL。例如：

```
realloc(p,200);  //将p所指向的内存空间的大小改为200字节
```

4．free()函数

free()函数的原型为：

```
void free (void *p);
```

函数的功能是释放指针变量 p 所指向的内存空间,该内存空间应由函数 malloc()、calloc()或 realloc()分配而来，释放之后的空间由操作系统重新分配，另作他用。例如：

```
free(p);  //释放指针变量p所指向的动态空间
```

【例 6-20】　编写程序，输入 n 个学生的英语成绩，并输出排在前 m 名的学生的成绩。

分析：按照题目的要求，n 和 m 的值都应该是由用户从键盘随机输入，n 个成绩值应该使用数组保存起来，以便后面进行排序。但 n 的值是变化的，最好的处理方式就是使用动态分配函数来实现数组的动态分配。

```
#include<stdio.h>
#include<stdlib.h>
int main()
{
```

```
    int i,j,n,m,max,t,*a;
    printf("Enter n:\n");
    scanf("%d",&n);
    printf("Enter m:\n");
    scanf("%d",&m);
    a=(int *)malloc(n*sizeof(int));
    if(a==NULL)                 //如果分配失败，给出提示信息并退出程序
    {
       printf("out of memory!");
       exit(1);                 //程序异常退出，将1返回给操作系统
    }
    printf("输入%d个学生的英语成绩：\n",n);
    for(i=0;i<n;i++)
       scanf("%d",&a[i]);
    for(i=0;i<n-1;i++)          //使用选择排序法对数组a排序
    {
       max=i;
       for(j=i+1;j<n;j++)
         if(a[j]>a[max]) max=j;
       if(max!=j)
       {
         t=a[i];
         a[i]=a[max];
         a[max]=t;
       }
    }
    for(i=0;i<m;i++)
       printf("%4d",a[i]);
    return 0;
}
```

程序运行结果：

```
Enter n:
8
Enter m:
3
输入8个学生的英语成绩：
87 76 89 90 93 96 81 95
  96  95  93
```

习　题　6

6.1　选择题

（1）若有语句 int *point,a=4;和 point=&a;下面均代表地址的一组选项是（　　　）。

A. a,point,*&a

B. &*a,&a,*point

C. *&point,*point,&a

D. &a,&*point,point

（2）若有说明 int *p,m=5,n;以下正确的程序段是（　　）。

　　A. p=&n;　　　　　B. p=&n;　　　　　C. scanf("%d",&n);　　D. p=&n;

　　　scanf("%d",&p);　　scanf("%d",*p);　　　*p=n;　　　　　　　*p=m;

（3）下面程序段的运行结果是（　　）。

```
char *s="abcde";s+=2;printf("%s",s);
```

　　A. cde　　　　　　　B. 字符'c'　　　　　C. 字符'c'的地址　　D. 无确定的输出结果

（4）设 p1 和 p2 是指向同一个字符串的指针变量，c 为字符变量，则以下不能正确执行的赋值语句是（　　）。

　　A. c=*p1+*p2;　　B. p2=c　　　　　C. p1=p2　　　　　D. c=*p1*(*p2);

（5）以下正确的程序段是（　　）。

　　A. char *p;　　　　　　　　　　B. char *p;

　　　scanf("%s",&p);　　　　　　　　scanf("%s",p);

　　C. char str[20];　　　　　　　　D. char str[20],*p=str;

　　　scanf("%s",&str[2]);　　　　　　scanf("%s",p[2]);

（6）以下程序的输出结果为（　　）。

```
#include<stdio.h>
char *alpha[6]={"ABCD","EFGH","IJKL","MNOP","QRST","UV WX"};
char **p;
int main()
{
  int i;
  p=alpha ;
  for(i=0;i<4;i++) printf("%c",*(p[i]));
    printf("\n");
  return 0;
}
```

　　A. AEIM　　　　　　B. BFJN　　　　　C. ABCD　　　　　D. DHLP

（7）下面程序的运行结果是（　　）。

```
#include <stdio.h>
#include <string.h>
int main()
{
    char *s1="AbDeG";
    char *s2="AbdEg";
    s1+=2; s2+=2;
    printf("%d\n",strcmp(s1,s2));
    return 0;
}
```

　　A. 正数　　　　　　B. 负数　　　　　C. 零　　　　　　D. 不确定的值

（8）若有以下定义，则对 a 数组元素的正确引用是（　　）。

```
int a[5],*p=a;
```

    A. *&a[5]   B. a+2   C. *(p+5)   D. *(a+2)

（9）若有定义：int a[2][3],则对 a 数组的第 i 行 j 列元素地址的正确引用为（　　）。

    A. *(a[i]+j)   B. (a+i)   C. *(a+j)   D. a[i]+j

（10）若有以下定义，则 p+5 表示（　　）。

```
int  a[10],*p=a;
```

    A. 元素 a[5]的地址   B. 元素 a[5]的值
    C. 元素 a[6]的地址   D. 元素 a[6]的值

6.2　填空题

（1）下面程序段的运行结果是＿＿＿＿＿。

```
char s[80],*sp="HELLO!";
sp=strcpy(s,sp);
s[0]='h';
puts(sp);
```

（2）下面程序段的运行结果是＿＿＿＿＿。

```
char str[]="abc\0def\0ghi",*p=str;
printf("%s",p+5);
```

（3）若有定义"int a[]={2,4,6,8,10,12},*p=a;"，则*(p+1)的值是＿＿＿＿＿＿，*(a+5)的值是＿＿＿＿＿＿＿。

（4）若有定义"int a[2][3]={2,4,6,8,10,12};"，则 a[1][0]的值是＿＿＿＿＿＿，*(*(a+1)+0))的值是＿＿＿＿＿＿。

（5）若有定义"int a[3][5],i,j;"(0<=i<3,0<=j<5)，则 a 数组中任一元素可用五种形式引用。它们是：

① a[i][j]
② *(a[i]+j)
③ *(*＿＿＿＿＿＿);
④ (*(a+i))[j]
⑤ *(＿＿＿＿＿+5*i+j)

（6）下面程序的运行结果是＿＿＿＿＿＿＿＿。

```
int main()
{
    char *a[]={"Pascal","C language","dBase","Coble"};
    char **p;
    int j;
    p=a+3;
    for(j=3;j>=0;j--)
```

```
        printf("%s\n",*(p--));
    return 0;
}
```

（7）以下程序将数组 a 中的数据按逆序存放，请填空。

```
#include<stdio.h>
#define M 8
int main()
{
    int a[M],i,j,t;
    for(i=0;i<M;i++)
        scanf("%d",a+i);
    i=0;
    j=M-1;
    while(i<j)
    {
        t=*(a+i);
        _____;
        _____;
        i++; j--;
    }
    for(i=0;i<M;i++)
        printf("%3d",*(a+i));
    return 0;
}
```

（8）下面程序的功能是将两个字符串 s1 和 s2 连接起来，请填空。

```
#include<stdio.h>
int main()
{
    void conj(char *p1,char *p2);
    char s1[80],s2[80];
    gets(s1); gets(s2);
    conj(s1,s2);
    puts(s1);
    return 0;
}
void conj(char *p1,char *p2)
{
    char *p=p1;
    while(*p1)  _____;
    while(*p2)
    {
        *p1=_____;
        p1++;
        p2++;
```

```
    }
    *p1='\0';
}
```

（9）以下程序是把输入的十进制数转换为十六进制数的形式输出，请填空。

```
#include<stdio.h>
#include<string.h>
int main()
{
    char b[]="0123456789ABCDEF";
    int c[64],d,i=0,base=16;
    long n;
    scanf("%ld",&n);
    do{
        c[i]=_____;
        i++;
        n=n/base;
    }while(n!=0);
    for(--i; i>=0; --i)
    {
        d=c[i];
        printf("%c\n", *(_____));
    }
}
```

6.3 输入两个字符串，不用库函数 strcmp()，比较这两个字符串是否相等。要求用指针的方法实现。

6.4 有 n 个整数，使其前面各数顺序向后移 m 个位置，最后 m 个数变成最前面的 m 个数。要求用指针的方法实现。

例如：

```
n=6，m=2
6个整数为 1 2 3 4 5 6
则移动后的数据为：5 6 1 2 3 4
```

6.5 输入一个字符串，判断该字符串是否是"回文"。（顺读和倒读都一样的字符串称为"回文"，如"level"）。用函数实现"回文"的判断，参数用指针。

6.6 输入两个字符串 s1 和 s2，检查字符串 s1 是否包含字符串 s2。如果有，则输出 s2 在 s1 中的起始位置；如果没有，则显示"NO"；如果 s2 在 s1 中多次出现，则输出 s2 在 s1 中出现的次数及每次出现的起始位置。

6.7 编写一个函数 fun(int *a,int n,int *odd,int *even)，函数的功能是分别求出数组 a 中所有奇数之和以及所有偶数之和。形参 n 表示数组中数据的个数，利用指针 odd 返回奇数之和，利用指针 even 返回偶数之和。

例如，数组中的值依次为 1,8,2,3,11,6。奇数之和为 15，偶数之和为 16。

6.8　利用指向行的指针变量求 5×3 的数组各行元素之和。

实验 9　指　　针

一、实验目的

1. 掌握指针变量的定义和使用方法。

2. 掌握指针与数组的关系，指针与数组有关的算术运算、比较运算。

3. 学会用指针作为函数参数的方法。

二、实验内容

1. 读程序，分析以下程序的运行结果。

```c
#include<stdio.h>
int fun(int x, int y, int *cp, int *dp)
{
    *cp=x+y;
    *dp=x-y;
}
int main()
{
    int a,b,c,d;
    a=50;b=40;c=30;d=20;
    fun(a,b,&c,&d);
    printf("%d,%d\n",c,d);
    return 0;
}
```

分析：fun()函数包含 4 个参数，普通变量 x、y 和指针变量 cp、dp。发生函数调用时，实参 a、b 的值分别传递给形参 x、y，采用"值传递"的方式；实参 c、d 的地址分别传递给形参指针变量 cp、dp，采用"地址传递"的方式。

2. 完成程序，分别用四种不同的方法输出数组元素。

```c
#include<stdio.h>
int main()
{
  int i;
  int a[5]={1,2,3,4,5};
  int *p = a;
  for(i = 0; i < 5; i++)
    printf("%4d",_____ );
  printf("\n");
  for(i = 0; i < 5; i++)
    printf("%4d", _____ );
  printf("\n");
  for(i = 0; i < 5; i++)
    printf("%4d", _____ );
```

```
        printf("\n");
        for(i = 0; i < 5; i++)
            printf("%4d", _____ );
        printf("\n");
        return 0;
    }
```

分析：用指针变量指向数组之后，可以通过指针变量来访问数组元素，p[i]和*(p+i)都表示数组元素 a[i]。

3. 读程序，分析运行结果。

```
#include<stdio.h>
int main()
{
    int a[10]={1,2,3,4,5,6,7,8,9,10};
    int *p=&a[5],*q=p-2;
    printf("%d",*p+*q);
    return 0;
}
```

4. 程序填空。该程序的功能是从键盘上输入 10 个整型数据到一维数组 a 中，然后找出数组中的最大值及其下标并输出。

```
#include<stdio.h>
int main()
{
    int a[10],*p1,*p2,i;
    for(i=0;i<10;i++)
        scanf("%d",&a[i]);
    for(p1=a, p2=a; p1-a<10; p1++)
        if(*p1>*p2)  p2=____①____ ;
            printf(" MAX=%d, INDEX=%d\n",*p2, ____②____ );
    return 0;
}
```

分析：本题练习通过指针变量访问数组。从已经给出的代码分析得知，循环结束后，指针变量 p2 应该指向数组 a 中的最大值。指针变量 p1 初始状态指向 a[0]，p1++表示指针变量 p1 会依次往后指向每个数组元素。for 循环条件 p1-a<10，可以等价为 p1<a+10，即 p1 最大等于 a+9，即指针变量 p1 最终指向 a[9]。也就是说，指向变量 p1 会依次指向所有的数组元素。在这个过程中，一旦找到值更大的元素，就用指针变量 p2 指向。最后要输出最大值元素的下标，可以用 p2-a 求得。两个指针相减，结果表示这两个指针之间相差的元素个数。

5. 设有如下数组定义：

```
int a[3][4]={{1,3,5,7},{9,11,13,15},{17,19,21,23}};
```

计算下面各项的值（设数组 a 的首地址为 2000，一个 int 型数占 4 字节）。

注意： 地址则输出地址，变量则输出变量值。

（1）a[2][1]　　（2）a[1]　　（3）a　（4）a+1　（5）*a+1

（6）*(a+1)　　（7）a[2]+1　　（8）*(a+1)+1　　（9）*(*(a+2)+2)

6. 从键盘任意输入一个字符串，将字符串逆序存放并输出。要求用字符指针实现。

分析：本题是对指针指向字符串的练习。要实现逆序存放，基本方法是对字符的交换。第一个字符与最后一个字符交换，第二个字符与倒数第二个字符交换，……可以设置两个字符指针变量 p、q。初始状态，p 指向字符串首部，q 指向字符串末尾，交换 p、q 所指向的字符，然后执行 p++、q--。

第7章

用户自定义数据类型

C 语言提供了许多基本的数据类型供用户使用。例如之前学习过的整型、浮点型、字符型等，这些数据类型的类型名如 int、float、char 等都是 C 语言已经事先定义好的关键字，可以直接使用。但是由于程序处理的问题往往比较复杂，而且呈多样化，使得已有的数据类型不能满足应用的要求。因此 C 语言允许用户根据自己的需要声明一些类型，例如结构体、共用体和枚举三种类型，这些类型统称为用户自定义类型。

7.1 结构体类型

7.1.1 问题的提出

在本书前面的章节中已经介绍了基本数据类型的变量，也介绍了一种构造类型数据——数组。数组中的各元素是属于同一种类型的。但是只有这些数据类型是不够的，有时需要将不同类型的数据组合成一个有机的整体，以便于使用。这些组合在一个整体中的数据项是互相联系的，例如，学生的学号（num）、姓名（name）、性别（gender）、年龄（age）、成绩（score）、家庭地址（address）等，这些数据项都与学生相联系。如果将这些数据项分别定义为互相独立的变量，就难以反映它们之间的内在联系。更合适的方式是把它们组织成一个组合项，这个组合项中包含若干个类型不同的数据项。C 语言允许用户自己定义这样的一种数据类型，称为结构体（structure）类型。

例如，可以定义表示学生的结构体类型 struct student：

```
struct student
{
    int num;
    char name[20];
    char gender;
    int age;
    float score;
    char address[30];
};
```

声明了结构体类型后，就可以使用该类型来定义变量并进行相应的处理。

另外，学习、理解结构体类型数据的概念、思想和用法，有利于将来进一步学习 C++ 等面向对象程序设计语言。在结构体类型数据的基础上延伸，可以更好地理解面向对象程序设计的概念。如果做一个相应的比较，那么结构体类型相当于一个简单的"类"（一个只有数据成员没有方法的类），结构体变量相当于一个简单的"对象"（其中，结构体变量中的成员变量相当于"对象"的成员变量）。有关面向对象程序设计及语言的概念，可参考有关面向对象程序设计的书籍。

7.1.2　用 typedef 为已有数据类型创建新类型名

除了可以直接使用 C 提供的标准类型名（如 int、char、float、double 等）外，C 语言还允许使用 typedef 为已有数据类型名乃至特定长度的数组、结构体等全部数据或数据类型定义新的类型名。例如：

```
typedef  int  INTEGER;
```

这就定义了一个新类型名 INTEGER，相当于类型名 int 的别名，与 int 等价。因此，以下两行语句等价：

```
int i, j;
INTEGER i, j;
```

此外，还可以这样使用 typedef：

```
(1) typedef int NUM[100];      //声明 NUM 为整型数组类型
    NUM a;                     //定义 a 为整型数组变量，等价于 int a[100];
(2) typedef char* CHARPTR;      //声明 CHARPTR 为指向 char 类型的指针类型
    CHARPTR p;                 //定义 p 为 char 类型的指针变量，等价于 char *p;
```

归纳起来，声明一个新的类型名的方法是：

typedef 类型名 新类型名

其中，"类型名"必须是在此语句之前已经定义的类型标识符。"新类型名"是一个用户定义的标识符，用作新的类型名。

关于 typedef 的几点说明：

（1）用 typedef 可以指定各种类型名，但不能用来定义变量。用 typedef 可以声明数组类型、字符串类型，使用比较方便。例如，定义数组，原来使用语句：

```
int a[10], b[10], c[10];   //定义 a、b 和 c 分别为 10 个元素的整型数组
```

由于 a、b 和 c 都是一维数组，大小也相同，因此可以先将此数组类型命名为一个新的名字 ARRAY：

```
typedef int ARRAY[10];
```

然后用 ARRAY 去定义数组：

```
ARRAY a, b, c;
```

可以看到，用 typedef 可以将数组类型和数组变量分离开来，利用数组类型可以定义多

个数组。同样可以定义字符串类型、指针类型等。

（2）用 typedef 语句只是对已经存在的类型指定一个新的名字，并未产生新的类型。

（3）当不同源文件用到同一数据类型时，常常使用 typedef 声明一些数据类型，并放在头文件里，然后在需要的地方用#include 命令把相应的头文件包含进来。

（4）使用 typedef 之后，可以增加程序的可移植性。C 语言本身就是便于移植和混合编程的语言，但不同的计算机系统或语言对数据类型的长度可能不同。这样，我们可以将数据类型用 typedef 来声明，当程序进行移植时改变 typedef 中的定义即可。使用 typedef 的第二点好处是可以增加程序的可读性，可以根据程序的功能通过 typedef 将一些变量或数组定义为"见名思义"的名字。

7.1.3　结构体类型与结构体变量

1．结构体类型

结构体（structure）是由多个相关的变量序列构成的一个集合体。在结构体中各个相关的变量称为该结构体的成员（member），各成员的类型可以相同也可以不同，可以是任何基本类型或构造类型的数据。结构体的主要用途和好处是，可以在程序中把相关的数据更好地组织在一起。例如前面举过的例子，把学生的相关信息放在结构体中。

```
struct student
{
    int num;
    char name[20];
    char gender;
    int age;
    float score;
    char address[30];
};   //注意不要省略最后的分号
```

上面声明了一个新的结构体类型 struct student，其中，struct 是声明结构体类型时所必须使用的关键字，不能省略。它向编译系统声明这是一个"结构体类型"，包括 num、name、gender、age、score、address 等不同类型的数据项。struct student 是一个类型名，它和系统提供的标准类型（如 int、char、float、double 等）具有相同的作用，都是可以用来定义变量的类型，只不过用户必须根据需要自己事先声明结构体类型。

声明一个结构体类型的一般形式为：

struct 结构体名
{
**   成员列表；**
};

注意：结构体类型的名字是由关键字 struct 和结构体名二者组合而成的。结构体名是由用户指定的，又称"结构体标记"，以区别于其他结构体类型。上面的结构体声明中 student 就是结构体名。花括号内是该结构体中的各个成员，由它们组成一个结构体。

说明：

（1）结构体类型并不是只有一种，而是可以设计出许多种结构体类型。例如，除了可以建立上面的 struct student 结构体类型外，还可以根据需要建立名为 struct teacher，struct date 等的结构体类型。

（2）结构体类型中的成员也可以是一个结构体变量。例如：

```
struct date                  //声明一个结构体类型 struct date
{
   int month;
   int day;
   int year;
};
struct student               //声明一个结构体类型 struct student
{
   int num;
   char name[20];
   char gender;
   int age;
   struct date birthday;     //birthday 是 struct date 类型的变量
   char address[30];
};
```

2. 结构体类型变量的定义

在声明了结构体类型之后，它只相当于一个模型，其中并无具体数据，系统也不为其分配实际的内存单元。为了能在程序中使用结构体类型的数据，应当定义结构体类型的变量，并在其中存放具体的数据。可以采取以下 3 种方法定义结构体类型变量。

（1）先声明结构体类型再定义结构体变量。定义格式为：

struct 结构体名 结构体变量名列表

例如，首先声明结构体类型 struct student：

```
struct student
{
   int num;
   char name[20];
   char gender;
   int age;
   float score;
   char address[30];
};
```

然后再定义结构体类型 struct student 的变量：

```
struct student std1, std2;
```

这种形式和定义其他类型的变量形式是一致的。在定义了结构体类型的变量后，系统会为之分配内存单元。

（2）在定义结构体类型的同时定义变量。定义的一般形式为：

struct [结构体名]
{
    成员变量列表；
} 结构体变量名列表；

在这种方式中，结构体名可以省略不写。例如：

```
struct
{
    int num;
    char name[20];
    char gender;
    int age;
    float score;
    char address[30];
}std1, std2;
```

这种方式声明了一个没有名字的结构体类型，并定义了两个该类型的变量 std1 和 std2。

（3）使用 typedef 声明。

例如，首先声明结构体类型 struct student：

```
struct student
{
    int num;
    char name[20];
    char gender;
    int age;
    float score;
    char address[30];
};
typedef struct student stud;  //声明 stud 为 struct student 类型的别名
```

然后再定义结构体类型 stud 的变量：

```
stud std1, std2;
```

也可以将结构体类型的声明与 typedef 的使用合二为一。

```
typedef struct student
{
    int num;
    char name[20];
    char gender;
    int age;
    float score;
    char address[30];
```

```
}stud;
```

然后再定义结构体类型 stud 的变量：

```
stud std1, std2;
```

3. 结构体变量的初始化

像定义其他变量一样，定义结构体变量时可以对部分或全部变量进行初始化。初始化数据用一对大括号括起来，每个成员变量的值之间用逗号隔开，数据初值的类型应该与成员的类型匹配，即初值的类型能够自动转换为成员的类型。

例如：

```
struct student std1 = { 1, "Zhang San", 'M', 19 , 90 , "Beijing" },
               std2 = { 2, "Li Fang", 'F', 18 , 92.5, "Chengdu" };
```

上面的语句在定义结构体变量 std1 和 std2 的同时对变量进行了初始化。其中，结构体类型成员 name 和 address 都是字符型数组，用字符串常量进行初始化。

结构体类型的成员在内存空间中是按定义的先后顺序连续存放的。由于每个成员都要占用存储单元，因此，一个结构体类型的变量所占用的存储单元数等于所有成员所占存储单元数的总和。对于上面定义的结构体变量 std1 和 std2，系统将为它们各自分配连续的 63（4+20+1+4+4+30）字节的存储单元，用于存放成员的值。结构体变量 std1 在内存中的存储结构如图 7-1 所示。

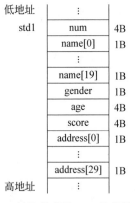

图 7-1　结构体变量 std1 的存储结构

可以用 sizeof 运算符来得到一个结构体类型变量所占的存储单元数，其形式为：

```
sizeof(结构体类型名/结构体变量名)
```

但是需要说明的是，在运行语句 printf("%d", sizeof(stud)); 后，运行结果并不是刚刚计算出来的理论值 63，而是 68。这是因为计算机对内存的管理是以"字"为单位的。一般情况下，一个字包含 4 字节。对于字符型变量的存储，一个字符型变量虽然只占 1 字节，但该字中的其他 3 字节，不会再用来存储下一个数据。下一个数据将从下一个字开始存放。所以在存储字符型的结构体成员 gender 时，理论上只占 1 字节，但实际将占用 4 字节。存储成员字符型数组 address，理论上占用 30 字节，但实际占用 32 字节。

4. 结构体类型变量的引用

对于结构体类型变量的引用，必须遵守一个原则，那就是只能引用其成员变量，而不能将结构体变量作为一个整体进行引用。

（1）成员变量的引用格式为：

结构体变量名.成员名

其中，点号（.）为成员运算符，其优先级最高。"结构体变量名.成员名"的含义通俗来说就是指"某个结构体变量中的成员"。例如，std1.num 表示 std1 变量中的 num 成员。可以对变量的成员赋值，例如：

```
std1.num = 10001;
```

如果成员本身又属于一个结构体类型，则要用若干个成员运算符，一级一级地找到最低一级的成员。只能对最低级的成员进行赋值、存取以及运算。例如，前面定义的两个结构体类型如下。

```
struct date                  //声明一个结构体类型 struct date
{
    int month;
    int day;
    int year;
};
struct student               //声明一个结构体类型 struct student
{
    int num;
    char name[20];
    char gender;
    int age;
    struct date birthday;     //birthday 是 struct date 类型的变量
    char address[30];
};
```

然后定义 struct student 类型的变量 std 如下：

```
struct student std;
```

对结构体变量 std，可以这样访问各成员：

```
std.num;                 //访问结构体变量 std 中的成员 num
std.birthday.month;      //访问结构体变量 std 中的成员 birthday 中的成员 month
```

注意：不能用 std.birthday 来访问 std 变量中的成员 birthday，因为 birthday 本身是一个结构体变量。

（2）一个成员数据从本质上来说相当于一个同类型的普通数据。因此，对一个结构体成员来说，其允许进行的操作与同类型普通数据所允许的操作（如输入、输出、算术运算、取地址等）是完全相同的。

【**例 7-1**】 定义结构体类型 struct student，通过键盘输入一个学生的数据，然后将学生的学号、姓名和平均成绩输出到屏幕上。

```
#include<stdio.h>
struct stu
{
    int num;
    char name[20];
```

```
        int score[3];
    };
    int main()
    {
        struct stu s1;
        float average;
        printf("Enter number:\n");
        scanf("%d",&s1.num);
        printf("Enter name:\n");
        scanf("%s",s1.name);
        printf("Enter scores:\n");
        scanf("%d%d%d",&s1.score[0],&s1.score[1],&s1.score[2]);
        average=(s1.score[0]+s1.score[1]+s1.score[2])/3.0;
        printf("Num:%d,Name:%s,average:%.2f\n",s1.num,s1.name,average);
    return 0;
    }
```

程序运行实例如下：

```
Enter number:
10001
Enter name:
王芳
Enter scores:
99 92 100
Num:10001,Name:王芳,average:97.00
```

在上面的程序中，对结构体类型 struct stu 的定义也可以放在 main()函数的内部，在所有变量定义之前即可。

程序中对结构体变量 s1 的成员变量进行了输入、算术运算和输出等操作。

由于成员运算符（.）的优先级高于地址运算符（&），&s1.num、&s1.score[0]相当于 &(s1.num)、&(s1.score[0])，且&后的括号是完全可以省略不写的。

（3）相同类型的结构体变量可以互相赋值，例如：

```
struct student std1 = { 1, "Zhang San" , 'M' , 19 , 90 , "Beijing" },std2;
            std2 = std1;
```

（4）可以引用结构体变量成员的地址，也可以引用结构体变量的地址。例如：

```
scanf("%d", &std1.num);        //输入 std1.num 的值
printf("%#x", &std1);          //以十六进制输出 std1 的起始地址
```

7.1.4　结构体数组

一个 struct student 结构体类型的变量 std1 可以存放一个学生的学号、姓名、成绩等数据。那如果有 10 个学生的数据需要进行处理，就可以使用结构体数组。结构体数组中的每个数组元素都是一个结构体类型的变量，它们都分别包括各个数据成员项。

1. 定义结构体数组

定义结构体数组与定义结构体变量的方法类似。定义一维数组的格式为：

```
struct 结构体名 结构体数组名[数组长度];
```

例如，定义有 10 个元素的结构体数组 s1 的语句如下：

```
struct student s1[10];
```

这种方法是先定义结构体类型，再定义结构体数组。跟定义结构体变量一样，也可以在定义结构体类型的同时定义结构体数组。用这种方法定义一维数组的一般格式为：

struct [结构体名]
{
    成员变量列表
}结构体数组名[数组长度];

例如：

```
struct student
{
  int num;
  char name[20];
  char gender;
  int age;
  float score;
  char address[30];
}s1[10];
```

其中的结构体名 student 可以省略。

定义结构体数组时，也可以使用 typedef 重命名类型名。

2. 结构体数组的初始化

定义结构体数组时可以对其中的全部或部分元素进行初始化，例如：

```
struct student s2[3] = {{10001, "Li Jun", 'M', 18, 82.0, "Beijing"},
                        {10002, "Zhang Fang", 'F', 19, 86.2, "Shanghai"},
                        {10003, "Wang Wei", 'M', 20, 87.5, "Kunming"}
                        };
```

从上面的定义可以看出，结构体数组初始化的一般形式是在定义结构体数组的后面加上"= {初值列表};"。

结构体数组在存储时仍然是按元素标号从 0 开始顺序、连续地存放的，每个结构体元素的内部也是按成员定义的顺序连续存放，这种存储特性便于我们在程序中使用指针来处理结构体数组。

3. 结构体数组应用举例

【例 7-2】 对候选人得票进行统计。假设有 3 个候选人，选民每次输入一个候选人的姓名，要求最后输出各人得票结果。

分析：在本题中，每位候选人的相关信息有两个，一个是姓名，一个是得票数。因此通过结构体类型来描述候选人的这两个信息。由于总共有 3 个候选人，所以需要定义一个有 3 个元素的结构体数组，每个元素保存一个候选人的信息。每次在输入候选人姓名后，就与结构体数组元素中的"姓名"成员比较，如果相等，就给这个候选人的票数加上 1。

```c
#include <string.h>
#include <stdio.h>
typedef struct Candidate
{
    char name[20];
    int count;
}Cand;
int main( )
{
    int i, j;
    char name[20];
    Cand candidates[3] ={{"Zhao", 0}, {"Zhang", 0}, {"Wang", 0}};
    for (i = 1; i <= 10; i++)
    {
        printf("please input candidate's name: ");
        scanf("%s", &name);
        for (j = 0; j < 3; j++)
            if (strcmp(name, candidates[j].name) == 0)
                candidates[j].count++;
    }
    printf("\nresult: \n");
    for (i = 0; i < 3; i++)
    {
        printf("%s: %d\n", candidates[i].name, candidates[i].count);
    }
    return 0;
}
```

程序输入及运行结果：

```
please input candidate's name: Zhao
please input candidate's name: Wang
please input candidate's name: Zhang
please input candidate's name: Wang
please input candidate's name: Wang
please input candidate's name: Wang
please input candidate's name: Zhao
please input candidate's name: Wang
please input candidate's name: Wang
please input candidate's name: Zhao

result:
Zhao: 3
Zhang: 1
Wang: 6
```

7.1.5　结构体指针

结构体指针就是指向结构体类型数据的指针，一个结构体变量在内存中的起始地址就是这个结构体变量的指针。如果把一个结构体变量的起始地址存放在一个相同类型的指针变量中，这个指针变量就指向该结构体变量。

1. 定义结构体类型的指针变量

与定义结构体类型变量类似，定义结构体类型的指针变量也可以采用以下三种方式。

（1）先定义结构体类型，再定义结构体指针变量。定义的一般格式为：

struct 结构体名 *指针变量名

例如，在前面定义了 struct student 结构体类型的基础上，可以用下面的语句来定义指针变量 ps：

```
struct student *ps;       //ps 可以指向 struct student 类型的变量或数组
```

（2）在定义结构体类型的同时定义指针变量。定义的一般格式为：

struct [结构体名]
{
　成员变量列表
}*指针变量名;

例如：

```
struct student
{
  int num;
  char name[20];
  char gender;
  int age;
  float score;
  char address[30];
} *ps;
```

其中，结构体名 student 可以省略。

（3）用 typedef 声明。

这种方法可以先用 typedef 给结构体指针类型重命名，一般格式为：

typedef struct 结构体名* 新类型名

然后再用新类型名定义结构体指针变量，一般格式为：

新类型名 指针变量名;

例如：

```
typedef struct student * stuptr; //声明 stuptr 为 struct student * 类型的别名
stuptr p1,p2;                    //定义了两个结构体指针变量 p1 和 p2
```

注意： stuptr 代表的是结构体类型 struct student 的指针类型，用 stuptr 来定义结构体指针变量的时候就不能再加说明符"*"了。

如果将结构体类型的声明与 typedef 的使用合并，可以有如下的等价代码。

```
typedef struct
{
  int num;
  char name[20];
  char gender;
  int age;
  float score;
  char address[30];
} *stuptr;
stuptr p1,p2;
```

上述代码中，声明结构体类型时省略了结构体类型名，将结构体类型的指针类型重命名为 stuptr。

另外，定义结构体类型的指针变量时也可以进行初始化，初始值应该是同类型结构体变量或数组元素的地址。例如：

```
struct student std1 = { 1,"Zhang San",'M',19 ,90 ,"Beijing" };
struct student *ps=&std1;
```

同类型的结构体指针变量之间也可以相互赋值。

2. 结构体指针变量的使用

结构体类型的指针变量的主要用途是，通过该指针变量来引用其所指向的结构体类型数据（变量或数组元素）的值。如果 s 是一个结构体类型的变量，p 是指向 s 的结构体指针变量，则可以使用以下三种方式来访问结构体变量 s 中的数据成员。

（1）s.成员变量名。

（2）(*p).成员变量名。

（3）p->成员变量名。

"->" 是一个新的运算符，称为 "指向成员运算符"，用于结构体和共用体成员。

【例 7-3】 通过指向结构体变量的指针输出该结构体变量的信息。

```
#include <stdio.h>
#include <string.h>
struct student
{
    int num;
    char name[20];
    char gender;
    float score;
};
typedef struct student stud;
int main( )
{
    stud std;                //定义 struct student 类型的变量
    stud *stdptr;            //定义指向 struct student 类型变量的指针
```

```
    stdptr = &std;
    std.num = 10001;
    strcpy(std.name, "Li Jun");
    std. gender = 'M';
    std.score = 89.5;
    printf("num: %d\nname: %s\n gender: %c\nscore: %.2f\n",
            stdptr->num, stdptr->name, stdptr->gender, stdptr->score);
    return 0;
}
```

程序运行结果：

```
num: 10001
name: Li Jun
gender: M
score: 89.50
```

在本例中，结构体类型的指针变量 stdptr 指向结构体变量 std，并且通过 stdptr 实现了对各成员变量的访问。

【例 7-4】 有 N 个学生，每个学生的数据包括学号、姓名、3 门课程的成绩。要求从键盘输入 N 个学生的数据，输出所有学生的 3 门课程的平均成绩，并输出平均分最高学生的所有数据。

```
#include<stdio.h>
#define N 5
struct stu {
    int num;                    //学号
    char name[20];              //姓名
    int score[3];               //3 门课程的成绩
    float average;              //平均分
};
int main()
{
    int i;
    struct stu s[N],*p,*q;
    printf("输入数据（以空格分隔）:\n");
    for(p=s,i=1;p<s+N;p++,i++)
    {
        printf("第%d 个学生: ",i);
        scanf("%d %s %d %d %d",
            &p->num,&p->name,&p->score[0],&p->score[1],&p->score[2]);
            p->average=(p->score[0]+p->score[1]+p->score[2])/3.0;
    }
    printf("各学生的平均成绩为:");
    for(p=s;p<s+N;p++)
        printf("%.2f ",p->average);
    q=s;
    for(p=s+1;p<s+N;p++)          //用指针变量 q 指向 average 值最大的数组元素
```

```
        if(p->average>q->average)  q=p;
    printf("\n 平均分最高的学生: ");
    printf("学号: %d, 姓名: %s, 分数: %d %d %d, 平均分: %.2f\n",
q->num,q->name,q->score[0],q->score[1],q->score[2],q->average);
    return 0;
}
```

程序运行结果为：

```
输入数据（以空格分隔）:
第1个学生: 10001 Wang 87 77 90
第2个学生: 10002 Liu  90 84 88
第3个学生: 10003 Zhao 91 83 80
第4个学生: 10004 Wu   99 95 99
第5个学生: 10005 Li   89 94 93
各学生的平均成绩为:84.67 87.33 84.67 97.67 92.00
平均分最高的学生: 学号: 10004, 姓名: Wu, 分数: 99 95 99, 平均分:97.67
```

程序中用结构体指针变量 p 依次指向了结构体数组的每个元素。通过 p 访问结构体数组元素的方法，和之前学习过的用整型指针变量访问整型数组，用浮点型指针变量访问浮点型数组的方法是一样的。

7.1.6　结构体类型数据作函数参数

结构体变量的成员、结构体变量、结构体数组、结构体指针等都可以用来作为函数的参数。其中，结构体成员只能作实际参数，结构体变量、结构体数组、结构体指针既可以作形式参数，又可以作实际参数。

1. 结构体变量的成员作参数

例如，用 std1.num 或 std1.score 作函数的实际参数，发生函数调用时将实参值传给形参，用法与普通变量作实参是一样的。注意实参与形参的类型应该保持一致。

2. 用结构体变量作参数

用结构体变量作实参时，采取的也是"值传递"的方式，将结构体变量所占的内存单元的内容全部顺序传递给形参，形参也必须是相同类型的结构体变量。函数调用期间形参也要占用内存单元。这种传递方式在空间和时间上开销大，如果结构体的规模很大时，开销是很可观的。此外，由于采用值传递方式，如果在执行被调用函数期间改变了形参的值，该值不能返回到主调函数，这往往会造成使用上的不便。因此一般较少使用这种方法，而应考虑使用结构体指针来作参数。

3. 结构体数组作参数

结构体数组作参数时，采用的是"地址传递"，发生函数调用时是将实参数组的首地址传递给形参数组。实际参数可以是结构体数组名或指向结构体数组的指针变量名，形参应该为同类型的结构体数组名或者结构体指针变量。

4. 结构体指针作参数

用指向结构体变量的指针作实参，仍然采取的是"地址传递"的方式，将结构体指针所指向的结构体变量的地址传给形参，形参应该为相同结构体类型的指针变量或结构体数组名。

从上述第 3、4 点可知，当同类型的数组名和指针变量名作参数时，传递的都是地址，所以同类型的数组名与指针变量名可以互为形参和实参。即当形参为数组名或指针变量名时，实参可以是同类型的数组名和指针变量名。

【例 7-5】 用函数实现例 7-4 的功能。

分析：例 7-4 要求实现的功能如下。

（1）输入学生数据。

（2）输出每个学生的平均成绩。

（3）输出平均分最高的学生的所有信息。

用以下四个函数来实现上述功能。

（1）input()函数：实现数据的输入。

（2）printave()函数：实现每个学生平均分的输出。

（3）seekmax()函数：实现最高平均分的查找，返回指向平均分最高的数组元素的指针。

（4）printmax()函数：实现输出最高平均分的学生信息。

代码如下。

```c
#include<stdio.h>
#define N 5
struct stu {
    int num;
    char name[20];
    int score[3];
    float average;
};
typedef struct stu* sp;              //定义 sp 为结构体指针类型的别名
void input(struct stu s[],int n)     //实现数据的输入
{
    int i;
    for(i=0;i<n;i++)
    {
      printf("第%d个学生：",i+1);
      scanf("%d %s %d %d %d",&s[i].num,
          s[i].name,&s[i].score[0],&s[i].score[1],&s[i].score[2]);
          s[i].average=(s[i].score[0]+s[i].score[1]+s[i].score[2])/3.0;
    }
}
void printave(struct stu s)          //输出结构体变量中的平均值
{
    printf("%6.2f",s.average);
}
sp seekmax(sp p,int n)               //查找平均分最高的结构体数组元素，用结构体指针 q 指向
{
    sp q=p,r;
    for(r=p+1;r<p+n;r++)
```

```
        if(r->average>q->average)  q=r;
     return q;
}
void printmax(sp p)              //输出 p 所指向的结构体变量的值
{
     printf("\n 平均分最高的学生：");
     printf("学号: %d, 姓名: %s, 分数: %d %d %d, 平均分:%.2f\n", p->num,
            p->name,p->score[0],p->score[1],p->score[2],p->average);
}
int main()
{
   int i;
   struct stu s[N],*p;
   printf("输入数据（以空格分隔）:\n");
   input(s,N);
   printf("各学生的平均成绩为:");
   for(i=0;i<N;i++)
       printave(s[i]);
   p=seekmax(s,N);
   printmax(p);
   return 0;
}
```

程序运行结果为：

```
输入数据（以空格分隔）:
第1个学生: 10001 Wang 87 77 90
第2个学生: 10002 Liu  90 84 88
第3个学生: 10003 Zhao 91 83 80
第4个学生: 10004 Wu   99 95 99
第5个学生: 10005 Li   89 94 93
各学生的平均成绩为:84.67 87.33 84.67 97.67 92.00
平均分最高的学生: 学号: 10004, 姓名: Wu, 分数: 99 95 99, 平均分:97.67
```

说明：

（1）因为所有函数都要使用结构体类型 struct stu，因此必须把该类型名定义成全局类型，定义的位置在所有函数之前。

（2）input()函数使用结构体数组名作形参，发生函数调用时，把 main()函数中的实参数组 s 的起始地址传递给 input()函数中的形参数组 s（此处形参数组和实参数组同名），实质则为实参数组和形参数组表示同一个数组。数组长度作为另一个参数从 main()函数传递到 input()函数。

（3）printave()函数使用结构体变量名作形式参数，每次调用该函数都输出指定结构体数组元素的 average 成员值。因此在 main()函数中使用循环结构共调用了 5 次该函数来输出 5 个学生的平均分。

（4）seekmax()函数使用结构体指针作形式参数，发生函数调用时，把 main()函数中的实参数组 s 的起始地址传递给形参指针 p，p 即指向实参数组元素 s[0]。函数中通过比较后，用结构体指针变量 q 指向平均分最高的结构体数组元素，并将 q 作为返回值。所以函数

seekmax()的返回值类型是结构体指针类型。关于返回指针值的函数的相关知识在 6.5 节中讲述。

（5）printmax()函数也使用结构体指针作为形参，其功能是输出形参指针变量 p 所指向的结构体变量的值。main()函数中调用 seekmax()函数之后，将 seekmax()函数的返回值，即结构体指针 q，赋给结构体指针 p。p 再作为实参传递给 printmax()函数的形参指针 p（此处实参指针和形参指针同名）。

（6）main()函数、seekmax()函数、printmax()函数中都定义了名字为 p 的结构体指针变量。请注意，这 3 个指针变量 p 是局部变量，虽然同名，但它们的使用范围只在定义它们的函数内。

7.1.7　结构体应用——链表

1. 链表概述

链表是计算机中常见的一种数据结构（数据组织形式），它是动态地进行存储分配的一种结构，用来存放同类型的一组数据。链表在 C 程序中最适合于用结构体来处理。

前面学习过的数组就是用来存放同类型的一组数据的。数组元素在计算机内存中按下标值顺序存放在一段连续的存储单元中，只要知道数组的起始地址，就能找到所有的数组元素。数组是一种逻辑上连续，物理上（存储结构）也连续的数据结构，其逻辑连续性通过物理连续性体现。

而链表是一种逻辑上连续但是物理上可以不连续的数据组织形式，它与数组最本质的区别就在于存放数据的存储单元可以连续也可以不连续，而数组的存放一定是在连续的存储单元中。链表中的数据既然在内存中是分散存放的，那么，它是怎么来反映数据的前后关系呢？

假设链表中存放了 n 个数据 $a_1 \cdots a_n$，在存储数据 a_i（$1 \leqslant i \leqslant n$）时，除了存放 a_i 本身之外，还要存储其下一个数据 a_{i+1} 的地址，这样通过数据 a_i 就能找到其后续数据 a_{i+1}。把数据值 a_i 和数据 a_{i+1} 的地址作为一个整体，称为一个结点。一个结点就由两个部分构成，分别称为数据域和指针域。数据域保存数据本身的值，指针域保存下一个结点的地址。n 个结点首尾相接，就构成了一个链表。所以，链表是通过指针（地址）来反映数据的前后关系，即逻辑关系的。图 7-2 是最简单的一种链表（单链表）的结构示意图。

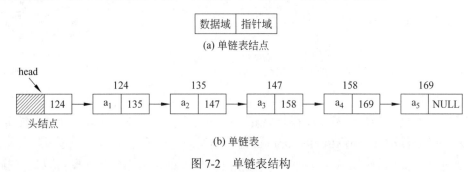

图 7-2　单链表结构

在上面的示意图中，链表共有 5 个数据 a_1、a_2、a_3、a_4、a_5，分别构成 5 个结点，每个结点除了保存数据值之外，还保存下一个结点的地址。比如结点 a_1（指数据域为 a_1 的结点）

中的 135 就是结点 a_2 的地址，结点 a_2 中的 147 就是结点 a_3 的地址。由于 a_5 是最后一个结点，其后没有结点了，其指针域应该表示成空指针，用 NULL 表示。并且为了操作的统一，可以在 a_1 的前面增加一个头结点，它的指针域用来存放结点 a_1 的地址，它的数据域一般为空。再用一个头指针 head 去指向头结点，即头指针 head 存储的是头结点的地址。对链表的所有操作必须从链表头部开始顺序进行，只要知道头指针 head 的值，便可依次访问到链表的所有数据元素。

链表是针对数组的不足而设计的。数组通过元素在内存中存储的相邻性来反映元素之间逻辑上的相邻关系。数组的这种存储方式具有存储结构简单、存储利用率高、存取速度快、查找方便等优点，但在某些情况下却极不方便，效率也比较低。首先，在使用数组时，数组长度必须事先固定，其存储空间大小在程序第一次为数组分配空间时就确定下来了，但在有些应用场合中数组的大小一开始难以确定，因此就不得不为数组分配一个足够大的内存空间以保证程序的正常运行，这样就极容易造成内存空间的浪费。再者，由于数组的长度是固定的，给数组分配的存储空间也是固定不变的，因此数组不能扩充长度（容量）。其次，在数组中插入或者删除一个元素的时候，通常情况下都要移动大量元素以保证各元素在物理存储上的连续性。当删除数组首元素时，或者在首元素之前插入数据时，这两种极端情况都要移动数组中的所有元素。

而链表由于其数据的存储单元不要求连续，可以快速地进行元素的插入和删除，不需要移动大量的数据，只需要修改几个相关结点的指针域的值即可。另外，链表中数据的存储空间可以在程序运行时动态分配，可以根据实际需要扩展或者释放存储空间，这样就能够在一定程度上避免存储空间的浪费。

链表可以分为单链表、双向链表、单向循环链表、双向循环链表等。在此，只讨论最简单的单链表。

单链表是指在每个结点中只包含一个指针域的链表。前面已经介绍过了，一个结点会包含数据域和指针域两部分，二者类型不同却又相关（属于同一结点），因此用结构体类型来描述链表的结点是最合适、最方便的。那么，表示结点的结构体类型就应该包括两类成员，一类是结点的数据域部分，用来保存实际的数据，有可能是多项数据；另一类是结点的指针域，用来保存下一个结点的地址。如果结点的数据域只是一个整型变量，则该单链表中结点的类型可以这样定义：

```
struct sample
{
  int  a;                    //数据域
  struct  sample * next;     //指针域
};
```

因为下一个结点的数据类型同样是 struct sample，因此指向下一个结点的指针变量 next 的类型就应该是结构体类型 struct sample 的指针类型。

在创建了结点的类型之后，就应该创建结点变量。创建结点变量，既可以使用静态分配的方法，也可以使用动态分配的方法。根据创建结点的方式不同，单链表又分为静态链表和动态链表。

2. 静态链表的建立

静态链表采用静态分配的方式创建结点，结点在内存中是事先定义好的，不需要时不能释放其所占用的存储单元。下面通过一个例子来说明如何建立和输出一个静态单链表。

【例7-6】 建立一个如图7-3所示的单链表，它保存了5本图书的数据信息。要求输出各结点中的数据。

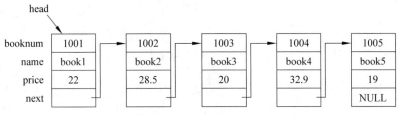

图7-3　图书信息单链表

上面的单链表共有 5 个结点，每个结点保存一本图书的相关信息，包括图书的编号、书名和价格。因此，该单链表结点的数据域应该由三部分组成。每个结点中的 next 成员保存下一个结点的地址。另外，该单链表没有使用头结点，只设置了头指针，头指针指向第一个结点。

```c
#include <stdio.h>
struct book                        //声明结构体类型 struct book
{
    int booknum;
    char name[50];
    float price;
    struct book *next;             //结点的指针域
};
void display(struct book *head);
void input(struct book *head);
int main( )
{
    struct book a,b,c,d,e,*head;   //定义 5 个结构体变量作为链表的结点
    int i;
    head=&a;                       //将结点 a 的起始地址赋给头指针 head
    a.next=&b;                     //将结点 b 的起始地址赋给 a 结点的 next 域
    b.next=&c;                     //将结点 c 的起始地址赋给 b 结点的 next 域
    c.next=&d;                     //将结点 d 的起始地址赋给 c 结点的 next 域
    d.next=&e;                     //将结点 e 的起始地址赋给 d 结点的 next 域
    e.next=NULL;                   //结点 e 为末尾结点，其 next 域应为空
    input(head);                   //调用 input 函数实现各结点数据的输入
    display(head);                 //输出各结点数据
    return 0;
}
void input(struct book *head)      //实现各结点数据的输入
{
```

```
    struct book *p = head;          //让 p 指向 a 结点
    int i=1;
    printf("请依次输入 5 本图书的信息：\n");
    while (p != NULL)
    {
        printf("%d.\n",i++);
        printf("书号：");  scanf("%d",&p->booknum);
        printf("书名：");  scanf("%s",p->name);
        printf("价格：");  scanf("%f",&p->price);
        p=p->next;                  //让 p 指向下一个结点
    }
}
void display(struct book *head)
{
    struct book *p = head;
    printf("\n");
    printf("图书信息：\n");
    while (p != NULL)                    //p 依次指向每个结点，输出各个结点的信息
    {
        printf("书号：%d 书名：%-20s 价格：%.2f\n", p->booknum,p->name,
p->price);
        p = p->next;                     //使 p 指向下一个结点
    }
}
```

本例中单链表的所有结点都是在程序中定义的，不是动态分配的，也不能用完后释放，这种链表称为"静态链表"。

3. 动态链表的建立

建立动态链表是指从无到有建立起结点和链表，结点可以根据需要创建或释放。建立动态链表包括两个重要的步骤：一是创建新的结点，二是将新结点链接到已有链表的末尾。

1）创建新结点

创建新结点时，首先要为新结点动态地分配存储单元，然后输入结点数据。

动态分配存储单元时要注意以下两点。

（1）给新结点分配的字节数应为表示结点的结构体类型所占的字节数，最方便的方法是使用 sizeof 运算求得。例如，用 sizeof(struct book)就可以求出例 7-6 中图书类型的字节数。

（2）仍然要进行指针的类型转换。不管是用 malloc()函数或是用 calloc()函数来实现动态分配，这两个函数都返回所分配存储区域的起始地址，即指针，该指针为 void 类型。而这段区域是用来存放结构体变量（结点）的，即返回的起始地址（void 类型）应该赋给指向结点（结构体类型）的指针变量，二者类型不同，在赋值时必须进行强制类型转换。

例如，对于例 7-6 中的链表，如果采用动态分配的方法，可以用下面的语句实现新结点的创建。

```
struct book *new;
```

```
new=(struct book*)malloc(sizeof(struct book));
```

执行上述语句后，如果分配成功，指针变量 new 就会指向新创建的结点，不会为 NULL。而如果 new 的值为 NULL，则说明存储空间分配失败。

在成功创建新结点之后，这个新结点只是个没有任何数据的空白结点，接下来应该往结点中输入数据，可以通过指针变量 new 给结点成员赋值或者从键盘输入。另外，由于新结点还是一个孤立的结点，没有后续结点，其指针域应赋以 NULL 值。例如：

```
new->booknum=1001;
strcpy(new->name,"book1");
new->price=22;
new->next=NULL;
```

上面的赋值语句就完成了对例 7-6 中动态分配的新结点的赋值。

至此，创建新结点的工作基本完成。

前面提到过，为了统一处理（如插入、删除操作）链表的第一个结点和其他结点，一般会在链表的第一个结点之前附设一个结点，称为头结点。头结点的指针域保存第一个结点的地址。增设了头结点的单链表如图 7-4 所示，头指针 head 指向头结点。

在例 7-6 的基础上，如果要创建带头结点的单链表，单链表的示意图如下。

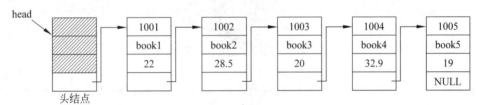

图 7-4　带头结点的图书信息单链表

要创建带头结点的单链表，首先就要创建头结点。创建头结点的方法和上述创建新结点的方法完全一样，只是不需要给头结点的数据域赋值。生成头结点的代码如下。

```
struct book *head;
head=(struct book *)malloc(sizeof(struct book));
head->next=NULL;
```

创建了头结点之后的单链表是一个空链表，还没有任何有效的结点。

2）将新结点链接到链表

建立动态链表的整个过程就是不断地创建新结点并将新结点链接在已有链表上。现在介绍将新结点链接到链表末尾的方法。

假设单链表已经创建了头结点，用头指针 head 指向。指针 new 指向待链接的新结点，新结点也已经用上述方法生成。用指针 rear 指向链表的末尾结点。那么在初始状态下，rear 也应该指向头结点，如图 7-5 所示。

要将新结点链接到链表上，需要进行的操作是使新结点成为原末尾结点的后续结点，即让原末尾结点的 next 指针指向新结点就可以了。在新结点链接到链表上之后，新结点成为新的末尾结点，这时还需要修改 rear 指针的指向，以保证让 rear 指针始终指向末尾结点。

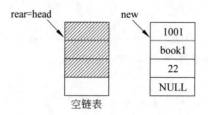

图 7-5　单链表初始状态

以上操作可以通过下面的代码实现：

```
rear->next=new;
//new 所指的新结点链接在 rear 所指结点的后面，成为新的末尾结点
rear=new;
//修改 rear，让 rear 指向新的末尾结点，即 new 所指结点
```

以上操作完成后，单链表如图 7-6 所示。

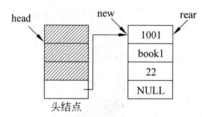

图 7-6　包含一个结点的单链表

如果还要继续在单链表的末尾增加新的结点，只需再次创建新结点并执行上述两个操作即可。链表创建完成后，应返回链表的头指针 head，以方便后续对链表的各种操作。

【例 7-7】　用动态方法创建如图 7-4 所示的单链表，并输出单链表各结点的信息。

```
#include <stdio.h>
#include <stdlib.h>
struct book
{
    int booknum;
    char name[50];
    float price;
    struct book *next;
};
struct book* creat();              //声明 creat()函数
void display(struct book *head);   //声明 display()函数
int main( )
{
    struct book *head;
    int i;
    head=creat();                  //用 head 指针指向单链表的头结点
    display(head);                 //输出链表信息
    return 0;
```

```
}
struct book* creat()                        //creat()函数建立动态单链表
{
    struct book *head,*rear,*n;             //定义头指针head、尾指针rear、新结点指针n
    int count,i;
    head=(struct book*)malloc(sizeof(struct book));  //创建头结点用head指向
    head->next=NULL;                        //将头结点的指针域赋成空值
    rear=head;                              //空链表时，rear和head都指向头结点
    printf("请输入图书数量: ");
    scanf("%d",&count);                     //count 表示单链表结点数
    for(i=1;i<=count;i++)                   //for循环完成所有结点的创建及结点信息的输入
    {
        n=(struct book*)malloc(sizeof(struct book));//创建新结点
        printf("\n请输入新图书的相关信息: \n");
        printf("书号: ");
        scanf("%d",&n->booknum);            //输入新结点的booknum成员的值
        printf("书名: ");
        scanf("%s",n->name);                //输入新结点的name成员的值
        printf("价格: ");
        scanf("%f",&n->price);              //输入新结点的price成员的值
        n->next=NULL;                       //新结点将成为新的末尾结点，其指针域应为空
        rear->next=n;                       //新结点链接在原末尾结点的后面
        rear=n;                             //rear指向新的末尾结点，即新结点
    }
    return head;                            //返回单链表的头指针
}
void display(struct book *head)
{
    struct book *p = head->next;
    //head->next 表示头结点的指针域，即第一个结点的地址
    //让指针变量p指向第一个结点
    printf("\n");
    printf("图书信息: \n");
    while (p != NULL)
    {
        printf("书号:%d 书名:%-20s 价格:%.2f\n", p->booknum,p->name,p->price);
        p = p->next;                        //使p指向下一个结点
    }
}
```

程序输入及运行结果:

```
请输入图书数量: 5

请输入新图书的相关信息:
书号: 00001
书名: 计算机基础
价格: 23.00
```

```
请输入新图书的相关信息：
书号：00002
书名：大学英语
价格：35.50

请输入新图书的相关信息：
书号：00003
书名：物理
价格：29.00

请输入新图书的相关信息：
书号：00004
书名：C语言程序设计
价格：38.00

请输入新图书的相关信息：
书号：00005
书名：数据结构与算法
价格：33.00

图书信息：
书号：1  书名：计算机基础        价格：23.00
书号：2  书名：大学英语          价格：35.50
书号：3  书名：物理              价格：29.00
书号：4  书名：C语言程序设计      价格：38.00
书号：5  书名：数据结构与算法      价格：33.00
```

4. 链表的插入

链表的插入操作是指将一个新的结点插入到已有链表的某个位置。基本方法是：首先找到插入位置，然后修改相关结点指针域的值，即修改指针的指向。

假设现在要求将值为 e 的新结点插入到链表的第 i 个结点的位置上，即插入到结点 a_{i-1} 与 a_i 之间，其中，i 的范围应为 $1 \leqslant i \leqslant n+1$，n 为单链表结点数。当 i=1 时，新结点插入到原第一个结点之前，成为新的第一个结点；当 i=n+1 时，新结点插入在链表的末尾。插入过程如图 7-7 所示。

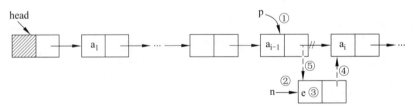

图 7-7　单链表的插入

插入过程包含以下 5 个步骤。

① 查找结点 a_{i-1} 并用指针 p 指向。

② 生成新结点，用指针 n 指向。

③ 给新结点的数据域赋值。

④ 将新结点的指针域指向结点 a_i。

⑤ 将结点 a_{i-1} 的指针域指向新结点。

注意：

（1）指针 p 指向的是插入位置的前驱结点。

（2）在上述步骤中，第④步和第⑤步一定不能交换，否则指针变量 p 所指结点后的结点将全部丢失。

　　编写函数 insert()来实现单链表的插入操作，将新结点插入到单链表的第 i 个位置，结构体类型为之前定义过的 sample，代码如下。

```
void insert(struct sample *head,int i)
{
    struct sample *p=head,*n;
    int j=0;
    while(j<i-1)                    //查找第 i-1 个结点，用 p 指向
    {
       p=p->next;
       j++;
    }
    n=(struct sample*)malloc(sizeof(struct sample));    //生成新结点
    scanf("%d",&n->a);              //输入新结点数据域的值
    n->next=p->next;               //新结点的指针域指向结点 a_i
    p->next=n;                     //结点 a_{i-1} 的指针域指向新结点
}
```

【例 7-8】 在图书信息单链表中插入一个新结点，插入位置由用户指定。

```
#include <stdio.h>
#include <stdlib.h>
struct book
{
    int booknum;
    char name[50];
    float price;
    struct book *next;
};
int count;                        //图书数量，即单链表结点数
struct book* creat();
void display(struct book *head);
void insert(struct book* head,int i);
int main( )
{
   struct book *head;
   int i,loc;
   head=creat();
   display(head);
   printf("\n 请输入待插入的位置（1~%d）: ",count+1);
   scanf("%d",&loc);
   insert(head,loc);
   display(head);
   return 0;
}
struct book* creat()
```

```
{
    struct book *head,*rear,*n;
    int i;
    head=(struct book*)malloc(sizeof(struct book));
    head->next=NULL;
    rear=head;
    printf("请输入图书数量: ");
    scanf("%d",&count);
    for(i=1;i<=count;i++)
    {
        n=(struct book*)malloc(sizeof(struct book));
        printf("\n请输入新图书的相关信息: \n");
        printf("书号: ");
        scanf("%d",&n->booknum);
        printf("书名: ");
        scanf("%s",n->name);
        printf("价格: ");
        scanf("%f",&n->price);
        n->next=NULL;
        rear->next=n;
        rear=n;
    }
    return head;
}
void display(struct book *head)
{
    struct book *p = head->next;
    printf("\n");
    printf("图书信息: \n");
    while (p != NULL)
    {
        printf("书号: %d 书名: %-20s 价格: %.2f\n", p->booknum, p->name,
p->price);
        p = p->next;                    //使p指向下一个结点
    }
}
void insert(struct book *head,int i)
{
    struct book *p=head,*n;
    int j=0;
    while(j<i-1)                        //查找第i-1个结点，用p指向
    {
        p=p->next;
        j++;
    }
    n=(struct book*)malloc(sizeof(struct book));    //生成新结点
    printf("\n请输入图书信息: \n");
```

```
    printf("书号: ");
    scanf("%d",&n->booknum);
    printf("书名: ");
    scanf("%s",n->name);
    printf("价格: ");
    scanf("%f",&n->price);
    n->next=p->next;
    p->next=n;
}
```

本例是将新结点插入到指定位置，也可以根据具体条件搜索目标结点，在目标结点之前或之后插入新结点。

5. 链表的删除

链表的删除操作是指删除已有链表上的某个结点，即将结点从链表上分离出来并保持链表上其他结点的链接关系，然后释放被删除结点所占用的内存单元。同插入结点一样，要删除指定位置的结点，首先应该找到该位置的前驱结点。

假设要删除单链表的第 i 个结点 a_i，i 的范围应为 $1 \leq i \leq n$（n 为单链表结点数），删除过程如图 7-8 所示。

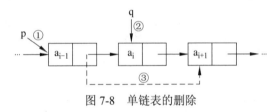

图 7-8 单链表的删除

删除过程的 4 个步骤如下。

① 查找被删除结点 a_i 的前驱结点 a_{i-1}，并用指针 p 指向。

② 用指针 q 指向待删除结点 a_i，以备释放。

③ 修改结点 a_{i-1} 的指针域指向 a_i 的直接后继结点 a_{i+1}。

④ 释放结点 a_i 的空间。

编写函数 del() 来实现上述单链表的删除操作，仍然使用结构体类型 sample，代码如下。

```
void del( struct sample *head, int i )
{
  struct sample *p=head,*q;
  int j=0;
  while( j<i-1 )            //查找第 i-1 个结点，并用指针 p 指向
  {
    p=p->next;
    j++;
  }
  q=p->next;               //用 q 指向第 i 个结点，即 q 指向 ai
  p->next=q->next;         //修改 ai-1 的指针域
  free(q);                 //释放指针 q 所指向的结点 ai
}
```

说明：

（1）语句 p->next=q->next 中，p->next 表示结点 a_{i-1} 的指针域，它应该存放后继结点的地址；q->next 表示结点 a_i 的指针域，它存放的是后继结点 a_{i+1} 的地址；现将 q->next 赋值给 p->next，那么表示将 a_{i+1} 的地址存放到 a_{i-1} 的指针域中，这就让 a_{i-1} 的后继结点变为 a_{i+1}，从而从链表中删除了结点 a_i。

（2）动态创建的结点在不需要的时候应该释放其占用的内存空间，在 C 语言中使用 free()函数来完成。

【例7-9】 在图书信息单链表中删除指定位置的结点。

```c
#include <stdio.h>
#include <stdlib.h>
struct book
{
    int booknum;
    char name[50];
    float price;
    struct book *next;
};
int count;
struct book* creat();
void display(struct book *head);
void del(struct book* head,int i);
int main( )
{
    struct book *head;
    int i,loc;
    head=creat();
    display(head);
    printf("\n请输入待删除图书的位置（1~%d）: ",count);
    scanf("%d",&loc);
    del(head,loc);
    display(head);
    return 0;
}
struct book* creat()
{
    struct book *head,*rear,*n;
    int i;
    head=(struct book*)malloc(sizeof(struct book));
    head->next=NULL;
    rear=head;
    printf("请输入图书数量: ");
    scanf("%d",&count);
    for(i=1;i<=count;i++)
    {
```

```
            n=(struct book*)malloc(sizeof(struct book));
            printf("\n请输入新图书的相关信息：\n");
            printf("书号：");
            scanf("%d",&n->booknum);
            printf("书名：");
            scanf("%s",n->name);
            printf("价格：");
            scanf("%f",&n->price);
            n->next=NULL;
            rear->next=n;
            rear=n;
        }
    return head;
}
void display(struct book *head)
{
    struct book *p = head->next;
    printf("\n");
    printf("图书信息：\n");
    while (p != NULL)
    {
        printf("书号：%d 书名：%-20s 价格：%.2f\n", p->booknum,p->name,
p->price);
        p = p->next;        //使p指向下一个结点
    }
}
void del( struct book *head, int i )
{
    struct book *p=head,*q;
    int j=0;
    while( j<i-1 )
    {
        p=p->next;
        j++;
    }
    q=p->next;
    p->next=q->next;
    free (q);
}
```

本例中实现的是删除指定位置的结点，也可以给定条件，删除满足条件的结点。

7.2　共用体类型

共用体也是一种用户自定义数据类型，共用体类型数据的使用类似于结构体类型数据，包括以下步骤。

（1）定义共用体类型，使用关键字 union。

（2）用已经定义好的共用体类型来定义共用体类型数据，包括变量、数组、指针变量等。

（3）对共用体类型数据操作。

7.2.1 共用体类型的概念

有时需要使几种不同类型的变量存储到同一段内存单元中。例如，可以把一个整型变量、一个字符型变量和一个浮点型变量放在同一个地址开始的内存单元中。三个变量在内存中所占的字节数不同，但都从同一地址开始存储。这种使几个不同的变量共占同一段内存的结构，称为"共用体"类型的结构，这些不同的变量构成共用体类型的成员。

结构体和共用体的区别在于：结构体的各个成员占用不同的内存，互相之间没有影响，各成员变量在存储时按声明的顺序连续存放；而共用体的所有成员占用同一段内存，那么在程序中改变其中一个成员变量的值就会影响到其他成员变量的值。共用体使用了内存覆盖技术，同一时刻只能保存一个成员的值，如果对新的成员赋值，就会把原来成员的值覆盖掉。结构体类型变量占用的内存等于所有成员占用的内存之和，共用体类型变量占用的内存等于最长的成员占用的内存。

7.2.2 共用体类型及变量的定义

1. 共用体类型的声明

声明共用体类型的格式为：

union 共用体名
{
　　成员列表；
};　//注意末尾的分号

union 是声明共用体类型的关键字，共用体名必须是一个合法的标识符，二者合在一起构成自定义的共用体类型，在使用该类型名时也不能将二者分开。共用体有时也被称为联合或者联合体，这也是 union 这个单词的本意。

成员列表中的成员可以是任何类型的变量或数组。

例如：

```
union data
{
    short int i;
    char ch;
    float f;
};
```

上面的代码定义了一个共用体类型 union data，它包含 i、ch、f 三个成员，这三个成员共占一段内存单元。该共用体类型的变量所占内存空间的大小为 4 字节，因为在其三个成员中，成员 f 所占的空间最大，为 4 字节。i、ch、f 三个成员在内存中的存放情况如图 7-9

所示。图中 i、ch、f 三个成员均从内存地址 1000 开始存放，每个方格表示一个内存单元。

1000

短整型	i		
字符型 ch			
浮	点	型	f

图 7-9 共用体类型成员存放情况

共用体成员变量也可以是自定义数据类型，如结构体、共用体或枚举类型等。例如：

```
union un
{
  short int i;
  char ch;
  float f;
};
union nestedun
{
  union un u1;
  double j;
};
```

上面的声明中定义了两个共用体类型并进行了嵌套使用，其中，union nestedun 包含一个名为 u1 的成员，其类型为 union un。

2. 共用体变量的定义

共用体变量的定义和结构体变量的定义相似，例如：

```
union data ud;
```

也可以在定义共用体类型的同时定义变量，例如：

```
union data
{
    int i;
    char ch;
    float f;
}ud;
```

在这种定义方式中，共用体名 data 可以省略。

也可以使用 typedef 语句，例如：

```
typedef union data udata;    //声明共用体类型 udata
udata ud;                    //定义共用体类型的变量 ud
```

还可以定义共用体类型的数组或指针变量，定义方法与定义结构体数组和指针变量类似，例如：

```
union data d[3];
```

```
union data *pu=d;
```

上面的代码定义了共用体数组 d 和指针变量 pu，并将指针变量 pu 的值初始化为数组 d 的首地址。

需要特别注意的是，共用体变量和共用体数组在定义时是不能进行初始化的，这是因为多个成员变量共用存储单元，系统无法判断将初值赋给哪个成员变量。共用体类型的指针变量可以初始化。

7.2.3 共用体数据的使用

共用体变量不允许进行整体操作，只能引用其成员变量。与结构体类似，共用体成员变量的引用方式有以下三种。

（1）共用体变量名.成员变量名。

（2）(*p).成员变量名（p 为指向共用体变量的指针）。

（3）p->成员变量名（p 为指向共用体变量的指针）。

对共用体成员变量的使用与同类型的普通变量的使用没有本质区别，可以进行赋值、输入、输出、取地址等操作。

共用体变量不能作为函数参数使用，因为共用体变量中包含多个成员，在某一具体时刻某些存储单元不一定有意义。同理，函数返回值也不能是共用体类型的数据。但可以使用共用体成员变量、共用体变量的指针或共用体成员变量的指针来作为函数的实际参数。

【例 7-10】 分析下面程序的运行结果，理解共用体的含义。

```
#include<stdio.h>
union mix
{
    short int i;
    char c[2];
};
int main()
{
    union mix m;
    m.i=343;
    printf("After i is assigned:");
    printf("i=%d,",m.i);
    printf("c[0]=%d,",m.c[0]);
    printf("c[1]=%d\n",m.c[1]);

    m.c[0]='A';
    printf("After c[0] is assigned:");
    printf("i=%d\n",m.i);

    m.c[1]='a';
    printf("After c[1] is assigned:");
    printf("i=%d\n",m.i);
    return 0;
```

```
}
```

程序运行结果：

```
After i is assigned:i=343,c[0]=87,c[1]=1
After c[0] is assigned:i=321
After c[1] is assigned:i=24897
```

上面的程序中，共用体类型 union mix 包含两个成员，即短整型变量 i 和字符数组 c，二者各占 2 字节，因此共用体变量 m 在内存中所占空间大小为 2 字节，m 在内存中的存放情况如图 7-10 所示。

i的低8位	i的高8位
c[0]	c[1]

图 7-10　共用体变量 m 的存放结构

最开始给成员变量 i 赋值为 343。十进制数 343 的二进制形式为 00000001 01010111。由于共用关系，成员 c[0] 的值就为 01010111，对应十进制数为 87；成员 c[1] 的值为 00000001，对应的十进制数为 1。因此，此时输出的 m.c[0]=87，m.c[1]=1。

当执行语句 m.c[0]='A';之后，c[0] 所在存储单元的值就变为字符'A'的 ASCII 码 65，其二进制形式为 01000001。由于共用关系，成员变量 i 的低 8 位就变为 01000001，高 8 位没有改变，所以 i 的二进制值为 00000001 01000001，对应的十进制是 321。

当执行语句 m.c[1]='a';之后，c[1] 所在存储单元的值就变为字符'a'的 ASCII 码 97，其二进制形式为 01100001。由于共用关系，成员变量 i 的高 8 位就变为 01100001，低 8 位没有改变，所以 i 的二进制值为 01100001 01000001，对应的十进制为 24897。

【例 7-11】　现有一张关于学生信息和教师信息的表格，如表 7-1 所示。学生信息包括姓名、编号、性别、职业、分数，教师的信息包括姓名、编号、性别、职业、教学科目。要求把这些信息放在同一个表格中，并设计程序输入人员信息然后输出。

表 7-1　学生、教师信息表

name	num	gender	profession	score/course
王明	1012	男	学生	89.5
李红	203	女	教师	数学
刘晶晶	225	女	教师	英语
赵强	1035	男	学生	95.0

如果把每个人的信息都看作一个结构体变量，那么教师和学生的前 4 个成员变量是相同的，第 5 个成员变量可能是 score 或者 course。当第 4 个成员变量的值是"学生"时，第 5 个成员变量就是 score；当第 4 个成员变量的值是"教师"的时候，第 5 个成员变量就是 course。根据分析，通过设计一个包含共用体的结构体类型来实现题目的要求，代码如下。

```
#include <stdio.h>
#include <string.h>
#define TOTAL 4                    //人员总数
```

```
        struct person{
            char name[20];
            int num;
            char gender[4];
            char profession[6];
            union{                          //声明无名共用体类型
                float score;
                char course[20];
            } sc;                           //结构体成员 sc 是共用体变量
        };
        struct person bodys[TOTAL];         //定义结构体数组
        int main()
        {
            int i;
            for(i=0; i<TOTAL; i++)          //输入人员信息
            {
              printf("Input info: ");
              scanf("%s %d %s %s",
                    bodys[i].name,&bodys[i].num,bodys[i].gender,
bodys[i].profession);
                if(strcmp(bodys[i].profession,"学生")==0)  //如果是学生
                    scanf("%f", &bodys[i].sc.score);
                else                        //如果是老师
                    scanf("%s", bodys[i].sc.course);
            }
            printf("\nName\tNum\tGender\tProfession\tScore/Course\n");
            for(i=0; i<TOTAL; i++)          //输出人员信息
            {
              if(strcmp(bodys[i].profession,"学生")==0)
                printf("%s\t%d\t%s\t%s\t\t%.2f\n",
                        bodys[i].name, bodys[i].num, bodys[i].gender,
                        bodys[i].profession, bodys[i].sc.score);
              else
                printf("%s\t%d\t%s\t%s\t\t%s\n",
                        bodys[i].name, bodys[i].num, bodys[i].gender,
                        bodys[i].profession, bodys[i].sc.course);
            }
            return 0;
        }
```

程序运行结果：

```
Input info: 王明      1012    男    学生    89.5
Input info: 李红      203     女    教师    数学
Input info: 刘晶晶    225     女    教师    英语
Input info: 赵强      1035    男    学生    95

Name      Num       Gender   Profession           Score / Course
王明      1012      男       学生                 89.50
李红      203       女       教师                 数学
刘晶晶    225       女       教师                 英语
赵强      1035      男       学生                 95.00
```

结构体类型 person 中包含共用体类型成员 sc，这个共用体成员又包含两个成员：浮点型变量 score 和字符数组 course。

在输入人员信息时，前 4 项数据的类型对于学生和教师是一样的，但输入第 5 项数据就有区别了，对于学生应该输入分数（浮点型），对于教师应该输入授课科目（字符串）。程序中用 if 语句进行判断后进行输入。通过使用共用体类型，就实现了用同一内存空间存储不同类型数据。

7.3　枚 举 类 型

如果一个变量只有几种可能的取值，则可以定义为枚举类型。所谓"枚举"是指将变量的值一一列举出来，变量的取值只限于列举出来的值的范围之内。

声明枚举类型以关键字 enum 开头，枚举类型中的每一个可取数据值称为枚举元素。定义枚举类型的格式为：

enum 枚举名 {枚举元素 1[=常量 1],枚举元素 2[=常量 2],…};

例如：

```
enum weekday
{ Monday, Tuesday, Wednesday, Thursday, Friday, Saturday, Sunday };
```

以上语句声明了一个名为 enum weekday 的枚举类型，其取值范围包括 7 个枚举元素。

在声明了枚举类型之后，就可以使用此类型来定义变量。与定义结构体类型数据和共用体类型数据类似，枚举类型数据的定义也有如下方式。

（1）先定义枚举类型，再定义枚举变量。格式为：

enum 枚举类型名 枚举变量名列表;

例如，在前面定义了 enum weekday 的基础上，可以定义该类型的变量：

```
enum weekday workday, weekend;
```

变量 workday 和 weekend 被定义为枚举变量，它们的取值只能是 Monday 到 Sunday 之一。例如：

```
weekend = Sunday;
```

（2）在定义枚举类型的同时定义变量。
例如：

```
enum color { red, yellow, blue, white } c1=yellow, c2;
```

上面的语句中声明了枚举类型 enum color，同时定义了该类型的变量 c1 和 c2，并把变量 c1 初始化为枚举元素值 yellow。所以，定义枚举类型数据时也可以对其进行初始化。

在这种格式中，枚举类型名 color 可以省略不写。

另外，也可以定义枚举类型的指针变量或数组，例如：

```
enum weekday wd[5], *pe;
pe=wd;
```

下面对枚举元素进行一些说明。

（1）C 编译器对枚举元素按常量处理，在定义时使它们的值从 0 开始递增。在上面的声明中，Monday 的值为 0，Tuesday 的值为 1，以此类推。例如：

```
weekend = Sunday;
printf("%d", weekend);
```

执行语句后，会输出整数 6。

也可以改变枚举元素的值，例如：

```
enum weekday
{ Monday = 1, Tuesday, Wednesday, Thursday, Friday, Saturday, Sunday };
```

这样，Monday 的值就被定义为 1，Tuesday 的值为 2，以此类推。

（2）枚举元素可以用来做判断比较，按其在初始化时指定的整数值进行比较。例如：

```
if (workday == Monday) {…}
if (workday > Saturday) {…}
```

下面举一个简单的例子来说明枚举类型数据的使用。

【例 7-12】 运行下面的程序并查看运行结果，熟悉枚举类型数据的使用。

```
#include<stdio.h>
int main()
{
    enum mon {Jan=1,Feb,Mar,Apr,May}mon1,mon2,mon3;
    enum mon *pe;
    pe=&mon3;
    mon1=Jan;
    printf("Input mon2:");
    scanf("%d",&mon2);
    mon3=(enum mon)(mon2+1);
    printf("mon1=%d,mon2=%d,mon3=%d\n",mon1,mon2,*pe);
    return 0;
}
```

程序运行结果如下：

```
Input mon2:2
mon1=1,mon2=2,mon3=3
```

程序中定义了 3 个 enum mon 类型的枚举变量 mon1、mon2、mon3，且像对待整型变量一样分别进行了输入、赋值运算、算术运算和输出等操作。另外，还定义了一个 enum mon 类型的指针变量 pe 指向 mon3 变量，输出时通过*pe 的形式引用 mon3 变量的值。需要注意的是，在语句 mon3=(enum mon)(mon2+1)中用枚举变量 mon2 进行了算术运算，运算结果是整型，在把结果赋给 mon3 时需要进行强制类型转换，将整型转换为 enum mon 类型。

在程序中可以用下面的形式：

枚举变量名=枚举元素

来赋值，如 mon1=Jan，但在输入时就不能直接输入枚举元素了，而只能以整型值形式输入。如果在上述程序运行时输入：

```
Feb✓
```

虽然程序运行不会发生错误，但得不到期待的结果。

【例 7-13】 从键盘输入一个整数，显示与该整数对应的枚举常量的英文名称。

```c
#include <stdio.h>
int main( )
{
    enum weekday {sun,mon,tue,wed,thu,fri,sat} day;
    int k;
    printf("input a number(0--6):");
    scanf("%d",&k);
    day=(enum weekday)k;
    switch(day)
    {
        case sun: printf("Sunday\n"); break;
        case mon: printf("Monday\n"); break;
        case tue: printf("Tuesday\n"); break;
        case wed: printf("Wednesday\n"); break;
        case thu: printf("Thursday\n"); break;
        case fri: printf("Friday\n"); break;
        case sat: printf("Saturday\n"); break;
        default: printf("Input error!\n"); break;
    }
    return 0;
}
```

程序运行结果为：

```
input a number(0--6):3
Wednesday
```

习 题 7

7.1 选择题

（1）若有以下说明语句：

```c
struct  student
{
    int num;
```

```
    char name[ ];
    float score;
}stu;
```

则下面的叙述不正确的是（　　）。

    A. struct 是结构体类型的关键字

    B. struct student 是用户定义的结构体类型

    C. num, score 都是结构体成员名

    D. stu 是用户定义的结构体类型名

（2）以下对结构变量 stu1 中成员 age 的非法引用是（　　）。

```
struct student
{
   int age;
   int num;
}stu1,*p;
p=&stu1;
```

    A. stu1.age   B. student.age   C. p->age   D. (*p).age

（3）设有如下定义：

```
struck sk
{
   int a;
   float b;
}data;
int *p;
```

若要使 p 指向 data 中的 a 域，正确的赋值语句是（　　）。

    A. p=&a;   B. p=data.a;   C. p=&data.a;   D. *p=data.a;

（4）根据下面的结构体类型定义和数组定义，值等于'A'的表达式是（　　）。

```
struct season
{
   char name[10];
   int day;
};
struct season s[4]={"Spring",90,"Summer",91,"Autumn",92,"Winter",92 };
```

    A. s[3].name[0]   B. s[3].name   C. s[2].name   D. s[2].name[0]

（5）有下面的程序段：

```
int *p;
p=_____malloc(sizeof(int));
```

要使指针变量 p 能正确赋值，在空白处应写上（　　）。

    A. int   B. int *   C. (int *)   D. (int)

（6）以下说法正确的是（　　）。

    A. 结构体成员变量可以用作函数的形式参数

    B. 结构体数组名可以用作函数参数，发生函数调用时传递的是地址数据

    C. 结构体数组的元素不能用作函数的实际参数

    D. 结构体成员变量的指针不能用作函数的实际参数

（7）已知

```
struct
{
  int x;
  char *y;
}tab[2] = { {1,"ab"}, {2,"cd"} }, *p=tab;
```

则表达式*p->y++的值为（　　）。

    A. 1   B. 'a'   C. "ab"   D. 'c'

（8）若结构体 struct person 定义如下：

```
struct person
{
    char name[20];
    int age;
};
```

下列声明和语句正确的是（　　）。

    A. struct person p1;　　scanf("%s%d",p1.name, p1.&age);

    B. struct person p1;　　p1={"Zhang",20};

    C. struct person p1;　　scanf("%s%d",p1->name, &p1->age);

    D. struct person p1 = {"Zhang",20};

（9）已知

```
union
{
    int x;
    struct
    { char c1,c2; }b;
}a;
```

执行语句 "a.x=0x1234;" 之后，a.b.c1 的值为（　　）。

    A. 0x12   B. 4   C. 34   D. '4'

（10）以下关于 typedef 的叙述中，错误的是（　　）。

    A. 使用 typedef 为固定长度的数组定义一个新的类型名

    B. 用 typedef 可以在 C 语言中创建新的数据类型

    C. 用 typedef 只是将已存在的类型用一个新的标识符来代表

    D. 使用 typedef 有利于程序的移植

（11）若已建立下面的链表结构，指针 p、s 分别指向图中所示的结点，则不能将 s 所指的结点插入到链表末尾的语句组是（　　）。

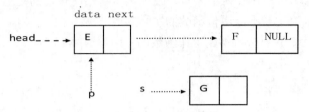

A. s->next=NULL; p=p->next; p->next=s;

B. p=p->next; s->next=p->next; p->next=s;

C. p=p->next; s->next=p; p->next=s;

D. p=(*p).next; (*s).next=(*p).next; (*p).next=s;

7.2　填空题

（1）以下程序的输出结果为＿＿＿＿。

```c
#include <stdio.h>
int main( )
{
  struct c
  {
   int r;
   int v;
  }cn[2]={1,3,2,7};
  printf("%d\n",cn[0].v/cn[0].r*cn[1].r);
  return 0;
}
```

（2）以下程序的输出结果为＿＿＿＿。

```c
#include <stdio.h>
int main( )
{
  union data
  {
    int i;
    char ch;
    float f,x;
  }a;
  a.i=1; a.ch='a'; a.f=1.5;
  printf("%4.1f,%4.1f\n", a.f, a.x);
  return 0;
}
```

（3）以下程序的输出结果为＿＿＿＿。

```c
#include <stdio.h>
```

```
union un
{
    struct
    { int x,y,z; }i;
    int k;
}u1;
int main( )
{
    u1.i.x=4; u1.i.y=5; u1.i.z=6;
    u1.k=0;
    printf("%d,%d,%d\n",u1.i.x, u1.i.y; u1.i.z);
    return 0;
}
```

（4）以下程序的输出结果为_____。

```
#include <stdio.h>
enum season {Spring, Summer=2, Autumn, Winter };
int main( )
{
    enum season s1,s2;
    s1=Spring;
    s2=Autumn;
    printf("%d,%d\n",s1,s2);
    return 0;
}
```

7.3 编写程序，定义一个结构体类型，表示银行账户信息：每个账户包含用户的账号、身份证号码、姓名、地址和账户金额 5 个信息。假定有 3 个账户，要求从键盘输入各个账户的相关信息，保存到结构体变量中，再依次输出所有账户的信息。

7.4 编写 find()函数，实现在 7.3 题中根据用户账号查找用户信息。如查找成功，返回指向目标账户的指针；如果查找不成功，给出相应提示。

7.5 编写程序，定义一个结构体类型，用于表示 2/3, 5/6 这样的分数。要求：

（1）结构体类型名为 Fraction。

（2）编写函数完成分数的加法和乘法。

```
Fraction add (Fraction a,  Fraction b);    //加法函数
Fraction mul (Fraction a,  Fraction b);    //乘法函数
```

7.6 有如下结构体类型定义，编写 creat()函数创建一个不带头结点的单链表，头指针指向首结点，当用户输入负数时结束创建。创建完成后输出所有结点数据。

```
struct node
{
    unsigned int a;
    struct node *next;
};
```

7.7 将 7.6 题创建的单链表反向，即把原来的末尾结点变为首结点，原来的首结点变为末尾结点。

实验 10　自定义数据类型

一、实验目的

1. 掌握结构体类型变量的定义和使用。

2. 掌握结构体类型数组的概念和使用。

3. 掌握链表的概念，初步学会对链表进行操作。

4. 掌握共用体的概念与使用。

二、实验内容

1. 下面程序的功能是按学生的姓名（假设没有重名）查询其成绩排名和平均成绩。查询可以连续进行，直到输入 0 时结束查询。请将程序补充完整。

```c
#include<stdio.h>
#include<string.h>
#define NUM 4
typedef struct
{
    int  code;
    char *name;
    float score;
}stud;
stud s[]=
{2,"Zhangsan",93.5, 4,"Liming",79, 1,"Wangning",98.5, 3,"Liuying",90};
int main()
{
    char str[10];
    int i ;
    do{
       printf("Enter a name:");
       scanf("%s",str);
       for(i=0;i<NUM;i++)
       if(strcmp(___①___,str)==0)
       {
           printf("Name:%8s\n",s[i].name);
           printf("code:%3d\n",s[i].code);
           printf("Aveage:%5.1f\n",s[i].score);
           break;
       }
       if(___②___)  printf("Not found\n");
    }while(___③___);
    return 0;
}
```

分析：第一个空用 strcmp()函数实现字符串的比较，所以此处应该填入一个字符串。很明显，应该用结构体数组元素 s[i]的 name 成员和用户输入的待查询的姓名 str 做比较。第二个空要给出判断查询失败的条件。在查询成功时，结构体数组下标 i 一定是小于 4 的。第三个空应该填 do-while 循环的条件。题目要求查询连续进行，输入 0 时结束。那么循环的条件应该是用户输入不为 0 时循环继续。要注意的是，用户输入的内容以字符串形式保存在 str 中，所以应该用函数 strcmp()进行比较。

2. 输入 N 个学生数据，然后输出学号(num 值)为奇数的学生数据。要求输入和输出操作均采用函数实现，且用结构体数组或结构体指针作参数。编写 input()、output()两个函数并在 main()函数中补充函数调用的语句。

```c
#include<stdio.h>
#define N 3
struct student
{
    int num;
    char name[10];
    int score[3];
};
void input(struct student *p,int n)
{ … }
void output(struct student s[],int n)
{ … }
int main()
{
    int i ;
    struct student s[N];
    printf("Input data:\n");
        …
    printf("\nOutput data:\n");
        …
}
```

分析：input()函数使用结构体指针作形参，通过结构体指针访问结构体成员用"->"运算符。output()函数使用结构体数组作形参，使用"."运算符访问结构体成员。

3. 已知结构体指针变量 head 指向一个单链表，add()函数的功能是求出链表中所有结点数据域的和并返回，请补全 add()函数。

```c
struct link
{
    int data;
    struct link * next;
};
int add(struct link * head)
```

```
{
  struct link *p;
  int s=0;
  p=____①____;
  while(p)
  {
    s+=____②____;
    p=____③____;
  }
  return s;
}
int main()
{
  struct link * head;
  ...                      //省掉的程序段，用于创建链表
  sum=add(head);
  printf("%d\n",sum);
  return 0;
}
```

分析：add()函数中的结构体指针变量 p 的作用是依次遍历指向每一个单链表结点，所以 p 的初始值应该等于头指针 head。整型变量 s 用来保存所有结点数据域的和，因此第二个空应该将 p->data 和 s 相加。第三个空应该实现让指针 p 向后指一个结点，因此应该填入 p=p->next。

4. 下面程序的功能是创建一张包含 4 名学生信息的单向链表并输出，请补全程序。

```
#include<stdio.h>
#include<malloc.h>
#define LEN sizeof(struct student)
struct student
{
  int data;
  ____①____;
};
int num=1;
struct student *creat()
{
  struct student *head,*p1,*p2;
  head=p1=p2=(struct student *)malloc(LEN);
  scanf("%d",&p1->data);
  while(num<4)
  {
    p1=(struct student *)malloc(LEN);
    scanf("%d",&p1->data);
    _____②_____;
    p2=p1;
```

```
        num++;
    }
    p1->next=NULL;
    return head;
}
int main()
{
    struct student *head,*p;
    head=creat();
    p=head;
    if(head!=NULL)
    do{
        printf("%d",p->data);
        _____③_____;
    }while(p!=NULL);
    return 0;
}
```

分析：

空①应该在结构体类型定义中补充定义结点指针域的语句，从后面的代码可知，指针域的名字为 next。

空②在 creat()函数中。分析 creat()函数，其功能是依次创建 4 个结点，构造单链表。scanf()语句用来输入结点数据域的值，可以发现在 while 循环中缺少对结点指针域赋值的语句。开始执行 while 循环之前，结构体指针变量 p1 和 p2 都指向创建的第一个新结点，之后 p1指向第二个新结点。显然，p1 指向的第二个新结点应该接在 p2 指向的第一个结点之后，所以应该设置第一个结点的指针域的值为 p2->next=p1。之后对每个结点的指针域的设置都如此。

空③在 main()函数的 do-while 循环中。do-while 循环的功能是输出各结点的值，此处用结构体指针变量 p 依次指向每个结点，所以应该填入 p=p->next。

5. 下面程序的运行结果是（　　　）。

```
#include<stdio.h>
union myun
{
    struct {int x,y,z;} u;
    int k;
}a;
int main()
{
    a.u.x=4;
    a.u.y=5;
    a.u.z=6;
    a.k=0;
```

```
    printf("%d %d %d\n",a.u.x,a.u.y,a.u.z);
    return 0;
}
```

A. 4 5 6   B. 6 5 4   C. 0 5 6   D. 0 6 5

分析：共用体类型 myun 包含两个成员，一个是结构体变量 u，一个是整型变量 k。在执行 a.k=0 之后，由于共用的原理，a.u.x 也即为 0。a.u.y 和 a.u.z 保持不变。

第8章

文 件

前面所学习的程序都是通过键盘输入获得数据，又将输出的结果显示到屏幕上，然而，当程序变得复杂时，难免要处理一些文件，或者要将程序运行的结果保存起来，涉及文件的读取和写入，即对文件的输入和输出。学习对文件的输入输出是 C 语言中的一块重要内容。C 语言提供了强大的文件输入输出功能，其标准输入输出头文件 stdio.h 中包含很多文件专用的库函数，可以很方便地读取和写入文件，本章将介绍常用的文件操作。

8.1 文件概述

我们已经编写过很多的 C 语言程序，对文件一定不会感到陌生，程序都是以文件形式保存在计算机的磁盘上，还有计算机上的照片、音乐、电影、文档等也都是一个一个的文件保存在磁盘当中。所有文件都由操作系统统一管理，而用户对不同类型文件的读写则需要相应的程序来完成。例如，音乐播放程序可以处理音乐文件，视频播放程序可以处理视频文件，C 语言编译器程序则处理 C 语言相关的程序文件。在使用程序读写文件之前，先了解一些关于文件的基本知识。

8.1.1 文件及其存储

计算机上的各种资源都是由操作系统管理和控制的，操作系统中的文件系统是专门负责将外部存储设备中的信息组织方式进行统一管理规划，以便为程序访问数据提供统一的方式。文件是操作系统管理数据的基本单位，文件一般是指存储在外部存储介质上的有名字的一系列相关数据的有序集合。它是程序对数据进行读写操作的基本对象。

文件有很多不同的类型，在程序设计中主要用到以下两种文件。

（1）**程序文件**：包括源程序文件（后缀为.c），目标文件（后缀为.o）以及可执行文件（后缀为.exe）等。这种文件里的内容是程序代码。

（2）**数据文件**：文件的内容不是程序，而是供程序运行时读写的数据，包括在程序运行过程中输出到磁盘（或其他外部存储设备）的数据，或在程序运行过程中供程序读入的数据，如学生成绩、员工工资表等。本章所涉及的文件主要是针对数据文件。

既然数据文件是供程序运行时读取的，那么程序文件如何知道数据文件的位置呢？一般情况下，我们的程序文件以及数据文件都是保存在磁盘中的，用户是通过一个唯一的文件标识来识别文件的，文件标识包括：文件所在路径、文件名、文件后缀。例如：

```
E:\Code\file.c
```

是一个可以在计算机上唯一定位到文件的标识，其中文件所在路径为 E:\Code\，表示了文件存储在磁盘上的位置，如果这个位置是从磁盘的根分区（如 E:\）开始的，则称为**绝对路径**，否则称为**相对路径**；文件名为 file；文件后缀为.c。通常情况下，通过文件后缀名可以知道文件的类型，例如，.c 表示 C 语言程序文件、.txt 表示文本文件，.exe 表示可执行文件、.doc 表示 Word 文档等。

如图 8-1 所示可以看到有 3 个文件，文件 E:\Code\file.c 和文件 E:\Code\file.exe 为程序文件，根据后缀名可以知道一个是源程序文件，一个是编译链接后生成的可执行文件，文件 E:\Code\Data\score.txt 是一个文本文件。

图 8-1　程序文件与数据文件

上面是使用绝对路径的方式表示文件，这种方法任何程序都可以唯一定位到该文件。实际上，这 3 个文件有一个共同的路径“E:\Code”，因此程序文件还可以使用相对路径标识“Data\score.txt”识别数据文件。更特殊的情况是，当程序文件和数据文件的所在路径完全一样时，程序文件访问数据文件可以完全省略数据文件的所在路径，只需要文件名和后缀名即可。

程序根据数据文件标识可以找到数据文件，如果要访问读写这个文件，还要认识数据文件中数据的组织形式。根据数据的组织形式不同，数据文件可分为**文本文件**和**二进制文件**。

为了更好地理解这两种类型的文件，先来了解一下计算机工作原理。至今，计算机的基本工作原理仍然是采用美籍匈牙利科学家冯·诺依曼于 1946 年提出的基本思想——二进制和存储程序，概括起来为：①采用二进制表示数据和指令；②采用存储程序的方式工作；③计算机由运算器、控制器、存储器、输入设备和输出设备组成，如图 8-2 所示。

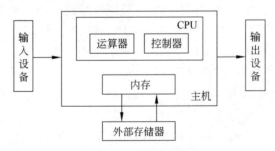

图 8-2　计算机组成

计算机的操作系统管理着整个系统中的程序，当有程序要运行时，预先把程序和程序需要的数据输送到计算机内部存储器（内存）中，CPU 从内存中依次取出指令，通过控制器的译码，按指令的要求，从内存中取出数据进行指定的运算和逻辑操作，然后再把结果送到内存中去，直至遇到停止指令（即程序结束）。程序所需的数据可以从输入设备（如键盘）或外部存储器（如数据文件）获取，程序的输出结果可以输出到输出设备（如显示器）或外部存储器（如数据文件）中。

前面所述的程序文件和数据文件都是存储在外部存储器上的，而计算机直接处理的程序和数据则是在内存中的，且都是以二进制形式存储的；如果把数据对应的二进制形式从内存直接输出到外部存储设备的文件中，保存为字节序列的文件就是**二进制文件**；如果把要存储的数据当成一系列字符组成，把每个字符的 ASCII 码值存入文件中，保存为字符序列的文件就是**文本文件**，又称为 ASCII 文件或字符文件。

例如，数据 123，如果按文本文件形式存储，则把数据看成三个字符：'1'、'2'、'3' 的集合，文件中依次存储三个字符的 ASCII 码值，格式如表 8-1 所示。

表 8-1 数据 123 的文本存储形式

字符	'1'	'2'	'3'
ASCII 码（十进制）	49	50	51
ASCII 码（二进制）	0011 0001	0011 0010	0011 0011

如果按二进制文件形式存储，则把数据 123 看成整型数据，若系统中整型数占 4B（例如 Dev-C++，不同编译器会有区别），则数据 123 以二进制形式存储的 4 字节如下：

0000 0000   0000 0000   0000 0000   0111 1011

总之，用 ASCII 码形式保存文件时，1 字节保存一个字符，便于对字符进行逐个处理，也便于输出字符，这类文件能够直观地显示具体数据，但一般占存储空间较多，而且从内存到文件保存时需要时间转换；用二进制形式保存文件时，可以节约外部存储器空间和转换时间，把内存中的存储单元中的内容原封不动地输出到外部存储器上，字节和字符之间没有对应关系。

8.1.2 C 语言对文件的处理方式

在 C 语言中，将输入设备和输出设备都看作"文件"，也就是输入和输出都是和文件相关的，即程序从文件中输入（读取）数据，程序向文件中输出（写入）数据。

ANSI C 标准采用缓冲文件系统处理文件，所谓缓冲文件系统就是系统自动地在内存区为程序中每一个正在使用的文件开辟一个文件缓冲区，在向文件输出数据时，它作为输出缓冲区，数据"装满"缓冲区或数据输出完成后一起保存到文件。在从文件输入数据时，它就作为输入缓冲区，先把数据输入到缓冲区，待缓冲区满或数据输入完成后，再把数据从缓冲区逐个输入到程序。

在使用 C 语言程序处理数据文件时，应注意以下两点。

第一，由于在 C 语言中'\'一般是转义字符的起始标志，故在路径中需要用两个 '\' 表示路径中目录层次的间隔，也可以使用 '/' 作为路径中的分隔符。例如，E:\\ch8.doc 或者 E:/ch8.doc，都表示文件 ch8.doc 保存在 E 盘根目录下。

第二，不同操作系统的文本文件的换行符不同。在 C 程序与文件的访问中，经常涉及换行操作，二进制文件与文本文件在换行规则上略有差别。在 UNIX 和 Linux 系统中，无论是二进制文件还是文本文件，均是以单字节 ASCII 值为 10 的换行符'\n'作为文件中的换行符；而在 DOS/Windows 系统中，文本文件使用双字节 ASCII 值为 13 和 10 的'\r'和'\n' 作为文本文件的换行符。

8.1.3　文件访问基础

ANSI C 为正在使用的每个文件分配一个文件信息区，该信息区中包含文件描述信息、该文件所使用的缓冲区大小及缓冲区位置、该文件当前读写到的位置等基本信息。这些信息全部封装在一个结构体类型中，该结构体类型为 FILE，其定义在 stdio.h 头文件中，不允许用户改变。每个 C 编译系统 stdio.h 文件中的 FILE 定义可能会稍有差别，但均包含文件读写的基本信息。例如，有一种 C 编译环境提供的 stdio.h 头文件中有以下文件类型声明。

```
typedef struct
{
  short level;                  //缓冲区"满"或"空"的程度
  unsigned flags;               //文件状态标志
  char fd;                      //文件描述符
  unsigned char hold;           //如缓冲区无内容不读取字符
  short bsize;                  //缓冲区大小
  unsigned char *buffer;        //数据缓冲的位置
  unsiged char *curp;           //文件位置标记指针当前的指向
  unsigned istemp;              //临时文件指示器
  short token;                  //用于有效性检查
}FILE;
```

每个 FILE 类型的变量都对应一个文件的信息区，来存放文件的相关信息，这些信息中在文件读写时由系统自动保存和修改，例如，文件位置标记 curp 在程序读一个字符后，会被修改为指向下一个字符。因此，一般不定义这个类型的变量，而是通过指向 FILE 类型变量的指针变量来引用 FILE 类型的变量，这样使用更方便。例如，可以定义一个指向 FILE 类型变量的指针变量：

```
FILE * fp1;
```

定义了名字为 fp1 指向 FILE 类型数据的指针变量。使文件指针变量 fp1 指向一个文件的信息区，通过 fp1 能够找到与它关联的文件。可以根据程序访问文件的个数，定义多个这样的指针变量。

8.2　打开与关闭文件

如何使文件指针变量指向某个磁盘上的文件是本节的主要内容。可以想象每个文件都有一个门，如果要去读或写这个文件，首先是打开文件的门，当读写完毕后也需要把门关上。因此，程序中访问数据文件并对其进行操作的一般步骤如下。

（1）打开或创建要操作的文件；
（2）对文件进行处理（读、写等操作）；

（3）关闭被操作的文件。

打开文件时文件建立相应的信息区和文件缓冲区，一般会指定一个指针变量指向该文件，并通过指针变量对文件进行操作。关闭文件时撤销文件的信息区和文件缓冲区，使文件指针变量不再指向该文件，也就不能通过指针变量读写文件了。

对文件的操作都是由标准输入输出头文件 stdio.h 中的库函数完成的，本节及后续小节将对不同操作的函数进行详细介绍。

8.2.1 打开文件

在 C 语言中，标准输入输出头文件 stdio.h 中提供了打开文件的函数。Fopen()函数用来打开一个文件，它的原型如下：

```
FILE *fopen(char *filename, char *mode);
```

函数原型中有两个形参，并且有一个返回值。

- 形参 filename 用来指定打开文件的名字（包括文件路径），如果不显式含有路径，则表示当前路径。例如，"D:\\f1.txt" 表示 D 盘根目录下的文件 f1.txt 文件。"f2.txt" 表示当前目录下的文件 f2.txt。
- 形参 mode 是用来指定打开文件的模式，指出对该文件可进行的操作，常见的打开模式如 "r" 表示只读，"w" 表示只写，"rw" 表示读写，"a" 表示追加写入，更多打开模式详见表 8-2。
- 返回值是 FILE 类型的指针，在函数内会获取文件信息，包括文件名、文件状态、当前读写位置等，并将这些信息保存到一个 FILE 类型的结构体变量中，然后将该变量的地址返回。

表 8-2　文件打开模式

打开模式	含义	说　明
r	只读	打开一个文本文件，只允许读数据
w	只写	打开或建立一个文本文件，只允许写数据
a	追加只写	打开一个文本文件，并在文件末尾写数据
rt+	读写	打开一个文本文件，允许读和写数据
wt+	读写	打开或建立一个文本文件，允许读和写数据
at+	读写	打开一个文本文件，允许读，或在文件末尾追加数据
rb	二进制读	打开一个二进制文件，只允许读数据
wb	二进制写	打开或建立一个二进制文件，只允许写数据
ab	二进制追加	打开一个二进制文件，并在文件末尾写数据
rb+	二进制读写	打开一个二进制文件，允许读和写数据
wb+	二进制读写	打开或建立一个二进制文件，允许读和写数据
ab+	二进制读写	打开一个二进制文件，允许读，或在文件末尾追加数据

在主调函数中通过函数返回的地址就可以访问文件的信息，这需要在主调函数中定义一个指向 FILE 类型的指针变量来保存这个地址。例如：

```
FILE *fp;
fp = fopen("demo.txt", "r");
```

定义一个指向 FILE 类型的指针变量 fp，再调用 fopen()函数以"只读"方式打开当前目录下的 demo.txt 文件，并赋值给 fp 变量使其指向该文件，这样就可以通过 fp 来操作 demo.txt 了，fp 通常被称为文件指针。又如：

```
FILE *fp = fopen("D:\\demo.txt","rb+");
```

表示以二进制方式打开 D 盘下的 demo.txt 文件，允许读和写。

关于打开文件的几点说明如下。

（1）文件打开模式是由 r、w、a、t、b、+ 六个字符拼成，各字符的含义如下。

- r(read)：读。
- w(write)：写。
- a(append)：追加。
- t(text)：文本文件，可省略不写。
- b(binary)：二进制文件。
- +：读和写。

（2）如果没有"b"字符，表示省略了 t，文件以文本方式打开。

（3）当打开模式中使用"r"时，**文件必须已经存在**，否则函数将出错。

（4）当打开模式中使用"w"时，若文件存在，文件中原有内容会被清除；若文件不存在，则创建文件，打开成功后返回文件指针，位置指针指向文件头部，这种模式下也叫对文件覆盖写。

（5）当打开模式中使用"a"时，表示在文件末尾添加新数据，若文件存在，则追加的内容添加在文件末尾，不会删除原有数据，若文件不存在，则创建文件，这种模式下也叫对文件追加写。

（6）当打开模式中使用"+"时，表示打开的文件既可以读也可以写。

（7）当打开模式中使用"b"时，表示二进制方式打开文件，实际上最大的区别在于换行的处理：当在 Windows 系统操作文件时，会将文件中的换行符号'\r'和'\n'两个字符与程序中的'\n'在读写时进行转换，对于文件真正的存储格式是文本形式还是二进制形式，不是由打开文件决定的，还由程序中使用的读写函数决定文件中数据的形式。例如，使用 fscanf() 和 fprintf()函数是按照 ASCII 码（文本）方式进行读写的，而 fread()和 fwrite()函数是按照二进制方式进行读写的，对文件的读写函数详见 8.3 节。如果文件中保存的是一批数据，且不供人阅读，可以使用 wb 模式打开文件，并以二进制方式读写。

（8）在打开一个文件时，如果出错，fopen()函数将返回一个空指针值 NULL。在程序中可以用这一信息来判别打开文件是否成功，并做相应的处理。因此常用以下程序段打开文件。

```
FILE *fp;
if( (fp=fopen("D:\\demo.txt","r") == NULL ){
    printf("Can not open D:\\demo.txt file!\n");
```

```
    getch();
    exit(1);
}
```

这段程序的意义是：定义一个指向 FILE 类型变量的指针变量 fp，在 if 条件中调用函数 fopen 并将返回值赋值给 fp 指针变量，判断如果 fp 指针为空，表示不能打开 D 盘根目录下的 demo.txt 文件，并给出提示信息 "Can not open D:\\demo.txt file!\n"，第 4 行 getch() 函数调用的功能是从键盘输入一个字符，该行的作用是等待用户阅读出错提示，并当用户从键盘按任一键后程序继续执行，当用户按键后执行 exit() 函数表示退出程序，exit() 函数是由 stdlib.h 库文件提供的，所以使用 exit() 函数时应该包含 stdlib.h 头文件。

8.2.2 关闭文件

文件一旦使用完毕，应该把文件关闭，目的是：①防止程序结束时数据丢失。因为向文件写数据时，是先将数据输出到缓冲区，待缓冲区充满后才正式输出给文件，当数据未充满缓冲区而程序结束运行，有可能使缓冲区的数据丢失。②防止内存资源浪费。如果一个文件已处理完，而未关闭文件，文件对应的信息区和缓冲区还会占用内存空间。

在标准输入输出头文件 stdio.h 中提供了关闭文件的库函数，fclose() 函数用来关闭一个文件，它的原型如下。

int fclose(FILE *fp);

函数原型中的形参 fp 为文件指针，指向待关闭的文件信息区。在打开文件时 fp 获得了文件指向，调用了该函数后 fp 将不再指向该文件。

函数的返回值是 int 类型，文件关闭成功时返回 0，否则返回 EOF（EOF 在 stdio.h 中定义，一般值为-1）。

【例 8-1】 用 C 语言程序在 D 盘下创建一个文件 demo.txt，如果文件已经存在，则清空文件。

分析：创建一个文件，文件标识为 D:\demo.txt，题目要创建或清空这个文件，这个条件刚好使用 w 模式打开文件就可以实现。

```
#include<stdio.h>
#include<stdlib.h>
int main()
{
    FILE *fp;
    char filename[255]="E:\\demo.txt";
    if((fp=fopen(filename,"w")) == NULL){
        printf("Can not open %s file!", filename);
        getch();
        exit(1);             //退出程序
    }
    //对文件的读写操作
    fclose(fp);
    return 0;
```

```
    }
```

说明：

（1）程序包含两个库文件，文件 stdio.h 中提供文件的打开、关闭功能的库函数，文件 stdlib.h 中提供退出程序功能的库函数。

（2）通过定义一个字符串变量来保存文件标识，并作为打开文件 fopen()函数的第一个实参，fopen()函数的第二个实参是"w"打开模式，来实现文件的创建或者清空，并将打开的文件信息区地址赋值给指针变量 fp，使其指向该文件。

（3）需要特别说明，这个程序创建文件成功的前提是计算机上存在 E 盘分区；如果题目变为创建"E:\\Data\\demo.txt"文件，这个程序则需要 E 盘分区存在，且 E:\Data 目录存在，否则文件打开函数会返回失败，也就是在使用 w 模式打开文件时，要求文件所在目录必须存在。

（4）最后调用 fclose()函数关闭文件。

8.3　文　件　读　写

打开文件之后，除了对文件的创建操作外，最常用的就是对文件的读写操作了，包括从文件读取（输入）数据和将程序中的数据保存（输出）到文件中。

默认情况下，文件的读写是顺序的，文件读写的顺序和数据在文件中的位置是一样的。在读数据时，第一次从文件最开头（最上面）读数据，后续每次接着上次的位置继续读文件中的数据；在写数据时，第一次向文件最开头或末尾（由文件打开方式决定是开头还是末尾）开始写数据，后续每次接着上次的位置继续向文件写数据。标准输入输出头文件 stdio.h 提供了多种文件读写的函数，包括：

（1）按字符进行读写的函数：fgetc()和 fputc()。

（2）按字符串进行读写的函数：fgets()和 fputs()。

（3）按数据块进行读写的函数：fread()和 fwrite()。

（4）按格式化读写的函数：fscanf()和 fprinf()。

以上函数都是 f 开头，代表文件相关函数，使用以上函数要包含头文件 stdio.h。本节将对这些函数的使用进行详细说明。

8.3.1　单字符读写函数

单字符读写函数是以字符（字节）为单位的读写函数，每次从文件读出或向文件写入一个字符，文件单字符读取库函数 fgetc()和文件单字符写入库函数 fputc()的函数原型如下。

```
int fgetc (FILE *fp);
int fputc(int ch, FILE* fp);
```

其中，fp 为文件指针，是打开文件时获得的，在读写文件之前必须成功打开文件。这两个函数功能如下。

Fgetc()函数是从文件指针 fp 所指向的文件中读取一个字符，当读取成功时返回读取到的字符，否则返回 EOF 表示失败。例如，读取到文件末尾，或遇到其他错误导致读取失败。

Fputc()函数是向文件指针 fp 指针所指向的文件中写入一个字符 ch，当写入成功时返回该字符，否则返回 EOF 表示写入失败，例如磁盘已满。

注意：这两个函数中使用到的字符非 char 类型，而是 int 类型，它们在进行文件读写时是以 unsigned char 的形式读写 1 字节，并在该字节前面补充若干位 0，使之扩展为该系统中的一个 int 型数据并返回，当读写失败时返回 EOF，值也为整数，故返回类型为 int，而非 char。如果误将返回类型当成 char，文件中特殊字符的读取可能会出现意想不到的逻辑错误。

在 FILE 类型内部有一个位置指针，用来指向当前读写的位置，也就是读写到第几字节。在打开文件时，该指针总是指向文件的首字节或最后 1 字节。每调用 fgetc()函数或 fputc()函数一次，该指针会向后移动 1 字节。通过下面的例子来学习这两个函数的用法。

【例 8-2】 将当前目录下文件 file1.txt 的内容过滤掉'#'字符后另存为 file2.txt，file1.txt 的内容如图 8-3 所示。

```
file1.txt - 记事本
文件(F)  编辑(E)  格式(O)  查看(V)  帮助(H)
#Hello C!
I# love C.
```

图 8-3　file1.txt 内容

```c
#include <stdio.h>
#include <stdlib.h>
int main( )
{
    FILE *in,*out;
    char ch;
    if((in=fopen("file1.txt","r"))==NULL)        //打开输入文件
    {
        printf("无法打开 file1 文件\n");
        getchar();
        exit(0);
    }
    if((out=fopen("file2.txt","w"))==NULL)        //打开输出文件
    {
        printf("无法打开或创建 file2 文件\n");
        fclose(in);                    //关闭输入文件
        getchar();
        exit(0);
    }
    ch=fgetc(in);                    //从输入文件读入一个字符，放在变量 ch 中
    while(!feof(in))                 //如果未遇到输入文件的结束标志
    {
        if(ch != '#')
        {
```

```
            fputc(ch,out);                    //将 ch 写到输出文件中
            putchar(ch);                      //将 ch 显示在屏幕上
        }
        ch=fgetc(in);                         //从输入文件读入一个字符，放在变量 ch 中
    }
    putchar('\n');                            //显示完全部字符后换行
    fclose(in);                               //关闭输入文件
    fclose(out);                              //关闭输出文件
    return 0;
}
```

程序运行结果为：

说明：

（1）定义了两个指向文件类型的指针变量 in 和 out，并用 in 指向 fopen()函数以只读方式打开的文件 file1.txt，如果打开失败则提示"无法打开 file1 文件"，如果打开成功，则再用 out 指向 fopen()函数以只写方式打开的文件 file2.txt，文件不存在时会创建，文件存在时会删除并重新创建，这里一定注意：当 file2.txt 打开失败时除了提示信息外，还应该将之前打开成功的 file1.txt 关闭。

（2）成功打开两个文件后，首先调用 fgetc()函数从 file1.txt 文件读取一个字符赋值给 ch，如果没有读到文件末尾，则循环判断字符 ch 是否为"#"，若不是则调用 fputc()函数将这个字符写入到 file2.txt 文件，并且调用 putchar()函数将该字符显示到屏幕上，若是则跳过，读取下一个字符直到文件末尾。

（3）在读写磁盘文件时，系统用"文件读写位置标记"记录当前文件访问的位置，使用 fgetc()函数和 fputc()函数对文件读写时，每调用一次则读取或写入 1 字节，这个位置标记就自动指向下一字节，当读到文件末尾时，这个标记为 EOF（值为−1）。

程序调用的库函数 feof()就是根据位置标记是否为 EOF（−1）判断的，当位置标记为 EOF 时返回真，否则返回假。所以，程序中的 while(!feof(in))还可以改写为：

```
while(ch != -1) 或 while(ch != EOF)
```

（4）最后，文件处理完毕后，将两个文件关闭。

（5）程序运行的结果保存在程序运行目录中的 file2.txt 文件，其内容为将 file1.txt 文件的内容去掉了#字符后的结果。

实际上，C 语言将磁盘文件外的输入输出设备也当成文件处理。从键盘输入字符不仅可以使用 getchar()实现，也可以使用库函数 fgetc(stdin)实现；向标准输出设备输出字符变量 ch 中保存的字符，不仅可以使用 putchar(ch)实现，也可以使用库函数 fputc (ch,stdout)实现。其中，stdin 指向标准输入设备——键盘所对应的文件，stdout 指向标准输出设备——显示器所对应的文件，而且文件指针 stdin 和 stdout 不需要调用库函数 fopen()和 fclose()来打开和关闭。

8.3.2　字符串读写函数

我们已经学习了通过逐个字符的方式读写文件，但是如果字符个数很多时，这种方式就显得复杂了，能否一次读写一个字符串呢？C语言提供了以字符串为单位的读写库函数，每次从文件读出或向文件写入一个字符串。文件字符串读取库函数 fgets()和文件字符串写入库函数 fputs()的函数原型如下。

```
char * fgets (char *str, int size, FILE *fp);
int fputs (const char *str, FILE *fp);
```

这两个函数的功能如下。

fgets()函数是从文件指针 fp 所指向的文件中读取若干字符，存入 str 所指向的缓冲区内存中（str 为字符数组名），并在其后自动添加字符串结束标志'\0'，直到遇到回车换行符或已读取 size-1 个字符或已读到文件结尾为止。该函数读取的字符串最大长度为 size-1。当读取成功时返回 str 地址，否则返回 NULL。

fputs()函数是向文件指针 fp 所指向的文件中写入字符指针 str（str 为字符数组名）所指向的字符串，当写入成功时返回非 0 值，否则返回 EOF 表示写入失败。

fgets()和 fputs()函数的功能类似于 gets()和 puts()函数，区别在于前者读写的对象是文件，后者是终端（键盘及显示器）。而且 fgets()函数比 gets()函数更安全，因为 fgets()函数传递了字符数组缓冲区 str 及其长度 size，如果读取的字符串长度超过了缓冲区 str 的大小，也不会因溢出而使程序崩溃，而是自动截取长度为 size-1 的字符串存入 str 指向的缓冲区中，而且利用系统已经打开的文件指针 stdin 和 stdout 可以实现向终端读写数据。

【例 8-3】 从键盘输入若干字符串存入 D 盘根目录下文件 file.txt 中，然后从该文件中读取所有字符串并输出到屏幕上。

```
#include<stdio.h>
#include<stdlib.h>
#define N 3                    //字符串个数
#define MAX_SIZE 30            //字符数组大小，要求每个字符串长度不超过29
int main ( )
{
    char file_name[30]="D:\\file.txt";
    char str[MAX_SIZE];
    FILE *fp;
    int i;
    fp=fopen (file_name, "w");  //"w"模式：只写
    if(NULL==fp)
    {
        printf ("Failed to open the file !\n");
        exit (0);
    }
    printf ("请输入%d 个字符串：\n",N);
    for(i=0;i<N;i++)
    {
```

```
        printf ("字符串%d:",i+1);
        fgets (str,MAX_SIZE, stdin) ;       //从键盘输入字符串，存入 str 数组中
        fputs (str, fp) ;                    //把 str 中字符串输出到 fp 所指文件中
    }
    printf ("字符串已保存至%s 文件.\n",file_name);
    fclose(fp);
    return 0;
}
```

程序运行结果：

```
请输入3个字符串:
字符串1:Hello C!
字符串2:How are you!
字符串3:Good_job.
字符串已保存至D:\file.txt文件.
```

D 盘中文件 file.txt 的内容如图 8-4 所示。

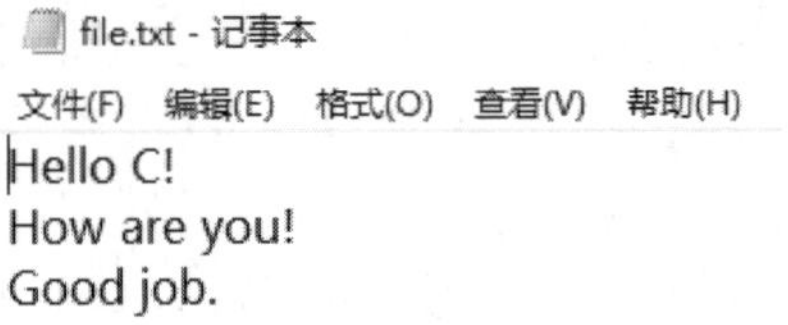

file.txt - 记事本
文件(F)　编辑(E)　格式(O)　查看(V)　帮助(H)
Hello C!
How are you!
Good job.

图 8-4　file.txt 内容

说明：

（1）宏定义 N 和 MAX_SIZE 定义字符串的个数和字符串的最大长度（包括字符串结束符号'\0'），并通过循环 N 次读取键盘输入的字符串。

（2）在循环中读取键盘输入使用的函数是 fgets()——文件读取字符串，来读取 MAX_SIZE-1 个字符到 str 字符串中，只是读取的文件是系统已打开的标准输入文件 stdin，来实现键盘输入。

（3）在循环中写入文件使用的函数是 fputs()——文件写入字符串，将 str 字符串的内容写入文件指针 fp 中，指针 fp 指向通过只写模式打开的 D:\file.txt 文件。

8.3.3　数据块读写函数

数据文件的组织形式有文本文件和二进制文件，而前面通过字符或字符串方式写入的数据文件都是可以直接查看内容的，即写入的都是文本文件，而二进制文件在写入时是将内存中数据原封不动、不加转换地写入磁盘文件，同样在读取时也不需要转换，尤其是当写入文件的数据结构复杂时，可以使用数据块读写文件，提高读写效率，节约存储空间。

下面介绍按数据块读写文件的库函数 fread()和 fwrite()，这两个函数主要用于对二进制文件的读写操作，不建议在文本文件中使用。文件数据块读取库函数 fread()和文件数据块写入库函数 fwrite()的函数原型如下。

```
unsigned fread (void *buf, unsigned size, unsigned count, FILE* fp);
unsigned fwrite (const void *buf, unsigned size, unsigned count, FILE* fp);
```

这两个函数功能如下。

fread()函数是从文件指针 fp 所指向的文件中读取 count 个数据块，每个数据块的大小为 size，把读取到的数据块存入 buf（void 类型指针，故可存放各种类型的数据，包括基本类型及自定义类型等）所指的缓冲区内存中。当读取成功时返回实际读取的数据块（非字节）个数，如果该值比 count 小，则说明已读到文件末尾或有错误产生，一般可采用函数 feof()及 ferror()来辅助判断，ferror()函数详见 8.5.1 节。

fwrite()函数是向文件指针 fp 所指向的文件中写入 buf（有 const 修饰的只读内存）所指向内存中的 count 个数据块，每个数据块的大小为 size。当写入成功时返回实际写入的数据块（非字节）个数，如果该值比 count 小，则说明 buf 所指空间中的所有数据块已写完或有错误产生。一般也采用 feof()及 ferror()来辅助判断。

注意： 使用函数 fread()和 fwrite()对文件读写操作时，fp 指针所指向的文件在打开时，一定要记住使用"二进制模式 b"打开，否则可能会出现意想不到的错误。

数据块存取的应用大多应用于数组或自定义的数据结构类型中，通过下面两个例子来对比学习这两个函数的使用。

【例 8-4】 从键盘输入若干名学生的姓名、年龄、地址信息，并将这些学生信息以二进制方式保存到当前目录文件 stud.dat 中，以 5 个为例，程序如下。

```c
#include <stdio.h>
#include <stdlib.h>
int main()
{
    struct Student{
        char name [10];
        int age;
        char addr [30];
    } stud [5];
    FILE * output  = fopen("stud.dat","wb");     //二进制只写模式打开
    int i;
    if(output == NULL)
    {
        printf("无法打开文件");
        exit(0);
    }
    for(i=0;i<5;++i)
    {
        printf("请输入第%d 个学生的姓名，年龄，地址:\n",i+1);
        scanf("%s%d%s",stud[i].name,&stud[i].age,stud[i].addr);
        fwrite(&stud[i],sizeof(struct Student),1,output);
    }
    fclose(output);
    return 0;
}
```

程序运行结果为：

```
请输入第1个学生的姓名，年龄，地址：
tom 11 street1
请输入第2个学生的姓名，年龄，地址：
jim 12 street2
请输入第3个学生的姓名，年龄，地址：
karl 13 street3
请输入第4个学生的姓名，年龄，地址：
levy 14 street4
请输入第5个学生的姓名，年龄，地址：
nancy 15 street5
```

说明：

（1）在 main()函数中定义了一个自定义结构体类型 Student，其中包含学生姓名、年龄、地址 3 个属性，并定义了一个该类型的数组 stud，包含 5 个元素。

（2）使用 fopen()函数打开当前目录下的（未指定文件路径，即为当前目录）stud.dat 文件，打开模式为 wb，表示对该文件只写入，并且是用二进制进行写入。

（3）通过 5 次循环，输入并保存每个学生的信息，保存使用的是 fwrite()函数进行数据块二进制写入，每次写入的数据为第 i 个学生的信息（即一个 Student 数据，包括姓名、年龄、地址），函数的第 1 个参数为数组中第 i 个元素的地址，故为&stud[i]；函数的第 2 个参数为数据块的大小，是一个 Student 类型的大小（一般常配合 sizeof 运算符来计算，而不是手工计算一个数值）；第 3 个参数为数据块的个数，每次写入的是一个学生信息，所以传递的是 1；最后一个参数是事先打开的文件指针。对于本例中的文件写入是在循环中分多次写入的，实际上，还可以在用户输入完所有数据之后——即 for 循环体之后，对 stud 数组一次性调用 fwrite()函数来写入：

```
fwrite(stud,sizeof(struct Student),5,output);
```

这里一定注意第 1 个参数是待写入数据块的地址为数组的地址，使用数组名；第 3 个参数是待写入数据的个数，一次性写入 5 个 Student 结构。在本程序中忽略了 fwrite()函数的返回值。

（4）程序运行后会在程序当前目录生成一个 stud.dat 文件，其中保存了 5 个学生的信息。需要注意的是，这个文件不能使用文本编辑器查看，即使打开看到的内容也可能和"乱码"一样，因为其数据的存储形式是二进制而非文本，通过判断文件的生成以及文件中部分显示正常的字符，可判断代码是否运行正确。

通过程序生成的二进制文件不能用文本查看，要如何使用呢？这样生成的文件一般还是程序来读取。下面通过例 8-5 来输出例 8-4 中文件的内容。

【例 8-5】 从当前目录中的 stud.dat 文件中读取 5 名学生的姓名、年龄、地址信息，并将这些学生信息显示到屏幕上。

```
#include <stdio.h>
#include <stdlib.h>
int main( )
{
    struct Student{
```

```
    char name [10];
    int age;
    char addr [30];
}stud [5];
FILE * output = fopen("stud.dat","rb");      //二进制只读模式打开
int i;
if(output == NULL)
{
    printf("无法打开文件");
    exit(0);
}
fread(stud,sizeof(struct Student),5,output);
for(i=0;i<5;++i)
    printf("第%d个学生的姓名%s，年龄%d，地址%s\n",
            i+1,stud[i].name,stud[i].age,stud[i].addr);
fclose(output);
return 0;
}
```

程序运行结果为：

```
第1个学生的姓名tom，年龄11，地址street1
第2个学生的姓名jim，年龄12，地址street2
第3个学生的姓名karl，年龄13，地址street3
第4个学生的姓名levy，年龄14，地址street4
第5个学生的姓名nancy，年龄15，地址street5
```

说明：这个程序和例 8-4 很像，它们定义了相同的数据结构。打开相同的文件，但是这里是读取二进制文件，所以打开模式为二进制只读，当打开成功后，调用了 fread()函数一次性读取了 5 个 Student 大小的数据并保存到 stud 数组中，并通过循环输出数组的每个值显示到屏幕上。

对于这个例子 fread()函数读取也可以放在循环内部，读取完一个数据后立刻显示，同样对数据读取的返回值可以进行判断其是否成功，这部分功能留给读者来实现。

8.3.4　格式化读写函数

上述几种文件写入和读取方法中，要么是按字符或按字符串写入文本文件，要么是按数据库一次性写入二进制文件，如果要将数据按照格式化读写时，还可以使用文件格式化输入输出库函数 fscanf()和 fprintf()，一定意义上就是 scanf()和 printf()的文件版本，程序设计者可根据需要采用多种格式灵活处理各种类型的数据，如整型、字符型、浮点型、字符串、自定义类型等，并将这些数据保存到文本文件中，这样就可以打开文件供用户阅读。文件格式化读取库函数 fscanf()和文件格式化写入库函数 fprintf()的函数原型如下。

int fscanf(文件指针，格式控制串，输入地址表列**)**；
int fprintf(文件指针，格式控制串，输出表列**)**；

这两个函数功能如下。

　　fscanf()函数是从文件指针所指向的文件中按照指定的格式读取数据，当遇到空格或者换行时结束。注意该函数遇到空格时也结束。当读取成功时返回读取的数据个数，否则读取失败，或已读取到文件结尾处，返回 EOF。

　　fprintf()函数是向文件指针所指向的文件中按照指定的格式写入输出表列中的数据。当写入成功时返回输出的字符数，否则输出失败，返回负数。

　　例如，若文本文件 f1.txt 中保存了若干整数，各整数之间用空格间隔，从该文本文件中读取两个整数，依次保存到两个整型变量中。程序代码段如下。

```
int a,b;
FILE *fp=fopen("f1.txt","r");
if(NULL==fp)
{
    printf ("Failed to open the file!\n");
    exit (0);
}
fscanf (fp,"%d%d",&a,&b) ;
//从 fp 所指文件中读取两个十进制整数保存到变量 a 和 b 中
fclose(fp);
```

　　如果 f1.txt 中的整数用逗号间隔，则读取两个整数时，函数 fscanf()的调用格式如下。

```
fscanf (fp,"%d,%d", &a, &b);          //两个%d 之间也必须用逗号隔开
```

　　在使用 fscanf()函数时，第二个参数"格式控制串"和第三个参数"输入地址列表"的使用与 scanf()标准输入函数相同。通过该函数可以将文本文件中的各种类型的数据按照文件格式读取到程序中。

　　除了可以读取格式化文本文件外，还可以将各种类型的数据按照指定格式写入文本文件，供用户阅读。例如，向当前目录文件 out.txt 中写入一个学生的姓名、年龄和地址，并且按照"姓名：%s 年龄：%d 地址：%s。"格式保存到文件中供用户阅读，参考代码段如下。

```
char name[10]="tom";
int age=12;
char addr[30]="street1";
FILE * output  = fopen("out.txt","w");
if(output == NULL){
    printf("无法打开文件");
    exit(0);
}
fprintf(output,"姓名：%s 年龄：%d 地址：%s。\n",name,age,addr);
fclose(output);
```

　　将上述代码段放在 main()函数中运行后，在当前目录下生成 out.txt 文件，并且其内容如图 8-5 所示。

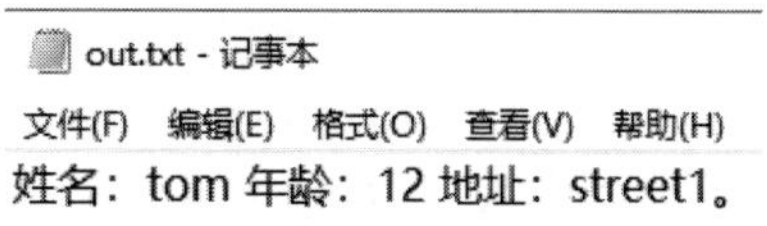

图 8-5 out.txt 文件内容

这种格式化读写方式可以将不同类型的数据按照不同格式写入文本文件，但文件存取的效率要低一些，因为存储时需要从二进制到 ASCII 码的转换。如果程序中频繁读写数据，而且只是为了将数据保存，建议不要使用格式化方式读写文件，而是使用数据块读写方式直接读写二进制文件。

8.4 文 件 定 位

8.3 节介绍了文件读写的几种方式，默认情况下这些函数对文件的读写是从前往后依次顺序读写的（即使是使用 a 模式打开文件，也是从文件末尾开始依次继续往后写的）。然而很多应用场景下，这样的读写效率并不高。例如，文件中保存 10 000 条数据，若只是想读取最后一条，必须先依次逐个读完前面 9999 条才能读到最后一条，如果数据量更大，很显然做了很多无用的读操作。

在 C 语言程序中，常使用 ftell()函数获取当前文件读写位置指针，使用 rewind()函数和 fseek()函数移动文件读写位置指针。本节将介绍这几个关于读写位置的函数，有了这些函数的帮助，可以根据需要了解当前文件读写位置，或调整文件读写指定位置的数据。这些库函数同样是由标准输入输出头文件 stdio.h 提供的。

8.4.1 获取当前读写位置

通过很多方式都可以读写一个文件，为了对读写进行控制，系统为每个打开的文件设置了一个读写位置标记，来指示接下来要读写的位置。一般情况下，刚刚打开的文件其初始位置在文件的开头，当读或写一个字符或字节时，这个读写位置将自动向后移动一个位置，对文件的读写都会改变这个位置标记。

当对文件进行顺序读写时，根据读写的数据量可以计算出这个位置，但是如果使用了8.4.2 节中的函数移动了这个位置标记，尤其是文件位置频繁地前后移动时，程序就不容易确定文件的当前位置了。而 C 语言给我们提供了一个 ftell()库函数获取文件当前读写位置标记的具体值。该函数的原型如下。

```
long ftell(FILE * fp);
```

该函数的功能是获取文件指针 fp 所指向文件当前读写位置标记的值，当成功时返回当前的读写位置标记的值，否则返回 EOF，表示失败。

【例 8-6】 分析下面程序的运行结果，并思考如果把打开方式改为 wb、a 或 ab 模式时，输出结果会有什么不同？

```
#include <stdio.h>
#include <stdlib.h>
```

```c
int main()
{
    FILE * fp = fopen("tell.txt","w");
    if(fp == NULL)
    {
        printf("无法打开文件");
        exit(0);
    }
    printf("Current position is %ld\n",ftell(fp));
    fprintf(fp,"hello");
    printf("Current position is %ld\n",ftell(fp));
    fprintf(fp,"hello\n");
    printf("Current position is %ld\n",ftell(fp));
    fclose(fp);
    return 0;
}
```

程序运行结果为：

```
Current position is 0
Current position is 5
Current position is 12
```

这个程序是以"w"只写模式打开了当前目录下的 tell.txt 文件，然后通过 3 次 printf() 函数调用打印了"Current position is"及 ftell()函数调用来显示文件的当前读写位置。第 1 次输出是在成功打开后立刻调用的，ftell()函数返回的是 0，表示当前位置指向文件的开头位置；第 2 次输出是在 fprintf()函数写入了 5 个字符 hello 之后，所以 ftell()函数返回的是 5；第 3 次输出是再一次写入了 5 个字符 hello 和一个换行符号，这时 ftell 的位置移动了 7 到达了 12 这个位置，这是由于文本打开模式为 w，即只写的默认为文本模式，在 Windows 中换行需要两个字符，文本模式会将换行符号转换为两个字符保存到文件中，所以比看起来的 6 个字符多了 1 个。

当把程序中的打开方式改为 wb、a 或 ab 模式后，再运行程序，得到的输出结果分别如下。

```
Current position is 0      Current position is 0      Current position is 0
Current position is 5      Current position is 16     Current position is 28
Current position is 11     Current position is 23     Current position is 34
```

从结果看，以上几种方式打开文件，在打开成功后第 1 次输出的位置标记都是 0，即在文件的开头，当写入了 5 个字符 hello 后，第 2 次输出的位置标记带 w 模式打开时都是 5，而带 a 模式打开时都是在前一次运行结果中最后一次输出的位置基础上增加 5，表示本次写入位置在文件末尾。对于第 3 次输出的位置标记前面已经解释过，带 b 模式打开时增加 6，不带 b 模式打开时增加 7。

本节这个例子仅仅是通过文本方式顺序写入简单字符串来说明这个位置标记的变化，对顺序读的位置标记和本例类似，在此不再赘述。在实际编程时，这个函数很少单独使用，而是和接下来要介绍的 fseek()函数配合使用。

8.4.2 移动文件指针

通过前面我们知道了位置标记，在实际解决问题时，经常不是顺序写入或读取文件的，比如对一个打开的文件写入完毕后，文件位置标记来到文件末尾，当又需要从开头读取文件时，只有关闭文件，然后再打开才能从头开始读取，因此，常常使用的是对文件任意位置随机读取或写入，比如在文件中间插入一个数据。C 语言提供了库函数 rewind() 和 fseek() 来实现这样的功能。库函数 rewind() 和库函数 fseek() 的函数原型如下。

```
void rewind(FILE *fp);
int fseek(FILE *fp, long offset, int origin);
```

这两个函数功能如下。

rewind() 函数是将文件指针 fp 所指向的文件位置标记移动到文件开头。没有返回值。

fseek() 函数是将文件指针 fp 所指向的文件位置标记移动到任意位置。把文件位置标记移动到从 origin 基点开始偏移 offset 处，即把文件读写指针移动到 origin+offset 处。执行成功时返回 0，失败时返回−1。

对于形参 fp 不再介绍，这里对形参 offset 和 origin 特别详细说明一下。

（1）offset：文件读写位置标记移动的偏移量，即位置要移动的字节数。当 offset 为正整数时，表示从基准点 origin 向后移动 offset 字节的偏移；若 offset 为负整数，表示从基准 origin 向前移动 offset 绝对值字节的偏移。

（2）origin：文件读写位置标记移动的基准点（参考点），也就是从何处开始计算偏移量。C 语言规定的基准点有三种，分别为文件开头（第一个有效数据的起始位置）、当前位置和文件末尾（最后一个有效数据之后的位置），每个位置都用对应的常量名及常量值。

也就是说，函数 fseek() 的第三个参数有如表 8-3 所示 3 种取值，一般建议不要使用 0、1、2 数字，最好使用可读性较强的常量名形式，例如：

```
fseek(fp,10L,SEEK_SET);
```

表示将 fp 指向文件的当前位置标记从文件开头处向后移动 10 字节。

表 8-3 位置标记基准点

基准点	常量名	常量值
文件开头	SEEK_SET	0
当前位置	SEEK_CUR	1
文件结尾	SEEK_END	2

【例 8-7】 获取例 8-6 中生成的 tell.txt 文件的长度。

```
#include <stdio.h>
#include <stdlib.h>
int main()
{
    long len;
    FILE *fp = fopen("tell.txt","rb");
```

```
    if(fp == NULL)
    {
        printf("无法打开文件");
        exit(0);
    }
    fseek(fp, 0L, SEEK_END);
    len =ftell(fp) + 1;
    printf("文件长度为：%d\n",len);
    fclose(fp);
    return 0;
}
```

程序运行结果为：

文件长度为：35

说明：程序首先以只读二进制方式打开文件，打开成功后，文件位置标记在文件开头（位置 0）处，执行了 fseek(fp,0L,SEEK_END)调用后，将位置标记移动到文件末尾，在调用 ftell()函数获取当前位置，即文件末尾的位置，因位置从 0 开始，所以文件长度是文件末尾最后一个标记加 1。

【例 8-8】 测试文件写入内容与读取内容是否一致。例如，写入 "hello" 字符串到当前目录下 rw.txt 文件，并读取文件内容显示到屏幕上。

```
#include <stdio.h>
#include <stdlib.h>
int main()
{
    char str[10];
    FILE *fp = fopen("rw.txt","w+");
    if(fp == NULL)
    {
        printf("无法打开文件");
        exit(0);
    }
    fputs("hello",fp);
    rewind(fp);
    fgets(str,10,fp);
    printf("文件内容为：%s\n",str);
    fclose(fp);
    return 0;
}
```

程序运行结果为：

文件内容为：hello

说明：这里涉及对一个文件的写入和读取，所以使用了 "w+" 模式打开当前目录下的

rw.txt 文件。打开成功后，调用 fputs()函数向文件写入字符串 hello，随着内容的写入，文件当前读写位置标记向后移动了 5 个位置，若此时立刻读文件会报 EOF 错误，因此在读文件之前，通过调用 rewind()函数将当前位置标记移动到文件开头，从头读取文件内容并保存到 str 字符数组中，最后输出 str 内容显示到屏幕上。

总之，根据程序需要合理利用本节的函数来获取或者移动文件当前读写位置标记，实现对文件的随机读取和写入。

8.5 文件状态与错误处理

以上介绍的文件操作库函数在被调用时可能会出现一些错误，除了可以通过函数返回值判断是否出错之外，C 语言还提供了一些函数来检查调用文件读写函数时可能出现的错误。

8.5.1 报告文件操作错误状态函数 ferror()

在调用文件读写函数时，如果发生错误，可以通过库函数 ferror()来检查，其函数原型如下。

```
int ferror(FILE *fp);
```

该函数可以获取文件读写后的结果。返回值为 0 表示未出错，如果返回一个非零值，则表示上一次读写函数的调用发生了错误。

这里需要注意的是，对同一个文件的每一次读写函数调用，都会有对应的错误函数值对应。因此对可能发生错误的读写函数调用应立即调用 ferror()函数检查，否则信息会丢失。

8.5.2 清除错误标志函数 clearerr()

当函数读写发生了错误时，这个错误如果是已知的（读到了文件末尾）或者是可以重试的（由于操作系统繁忙引起的文件繁忙），可以清除错误标志后继续读写文件，使用 C 语言提供的库函数 clearerr()，其原型如下。

```
void clearerr(FILE *fp);
```

该函数的作用是将文件错误标志和文件结束标志置为 0，假设在调用一个读写函数时出现了错误，ferror(fp)函数返回值为一个非零值。在调用 clearerr(fp)后，ferror(fp)的值变为 0。这样不会让前面读写的错误影响到对下一次读写的判断。

注意：文件读写错误标志被设置为非零值后就一直保留，直到对同一个文件调用 clearerr()函数或 rewind()函数，或其他任何一个读写函数。

本章对常用的文件操作函数做了基本的介绍，并通过一些简单的例子使读者了解文件操作的过程，为实现复杂工程打下了基础。

习　题　8

8.1　选择题

（1）下列关于 C 语言数据文件的叙述中正确的是（　　）。

  A. 文件是由 ASCII 码字符序列组成的，C 语言只能读/写文本文件

  B. 文件是由二进制数据序列组成的，C 语言只能读/写二进制文件

  C. 文件由数据流形式组成，可分为二进制文件和 ASCII 码字符序列组成的文本文件。C 语言可以读/写文本文件和二进制文件

  D. C 语言只能按格式化的方式读/写文件

（2）定义 fp 为文件型指针变量，使用 fopen()只读方式打开一个已存在的二进制文件，以下正确的调用形式为（　　）。

  A. fp=fopen("my.dat", "rb+");　　　　 B. fp=fopen("my.dat", "r+");

  C. fp=fopen("my.dat", "r");　　　　 D. fp=fopen("my.dat", "rb");

（3）若 fp 为文件型指针变量，则关闭文件的语句是（　　）。

  A. close( );　　　 B. fclose( );　　　 C. fclose(fp);　　　 D. close(fp);

（4）若 fp 为文件型指针变量，且已打开文件，有两个整型变量 a 和 b，若要从文件把数据读到其中，正确的形式是（　　）。

  A. fscanf("%d%d",&a ,&b, fp);　　　　 B. fprintf(fp,"%d",a ,b);

  C. fscanf(fp,"%d%d",&a ,&b);　　　　 D. fscanf(fp,"%d%d",a ,b);

（5）检查有 fp 指向的文件在读写时是否发生错误的函数是（　　）。

  A. feof(fp)　　　 B. ferror(fp)　　　 C. clearerr(fp)　　　 D. ferror()

8.2　填空题

（1）在 C 语言中，文件存取的基本单位是_____。

（2）调用 fopen()函数打开一文本文件，在"使用方式"这一项中，向已存在的文本文件尾增加数据需填入_____。

（3）函数 fgetc(FILE *fp)读到文件尾结束符时，函数返回一个文件结束标志 EOF，其值为_____。

（4）若执行 fopen()函数时发生错误，则函数的返回值是_____。

8.3　把从键盘输入的字符依次存放到当前目录文件 test.txt 中，用"#"作为结束输入的标志。

8.4　在计算机上找到一个文件，并统计文件中字符的个数。

8.5　将一个 C 语言代码文件 a.c 的每行添加//变成注释（即注释整个代码）并另存为文件 b.c。

8.6　输入一个字符串，要求将其中的字母'n'理解为回车符号'\n'，将转换后的字符串输出到文本文件中。（即通过'n'分隔两个字符串）

8.7　找出可以被 3、5、7 整除的最小的 10 个自然数，并将这些数保存到文本文件 C:\num.txt 中。

8.8　输入 10 个学生信息（包括学号、姓名、年龄、成绩），将第 1,3,5,7,9 个学生信息保存到当前目录 d.txt，将第 2,4,6,8,10 个学生信息保存到当前目录 o.txt 文件中。

实验 11　文　　件

一、实验目的

1. 掌握文件以及缓冲文件系统、文件指针的概念。
2. 学会使用文件打开、关闭、读、写等文件操作函数。
3. 学会用缓冲文件系统对文件进行简单的操作。

二、实验内容

1. 在当前目录中存在文件名为 data1.txt 的文本文件，现要求使用 fopen()函数命令打开该文件，读出里面的所有字符，遇到大写字母的，将其变为小写字母，其他字符不变，最后将所有字符按顺序在屏幕上输出。请补全程序。

例如：

data1.in 内容如下。

```
Hello my Dear:
Have a GooD Time!
```

在屏幕上输出结果如下。

```
hello my dear:
have a good time!
```

程序如下。

```c
#include <stdio.h>
int main()
{
    FILE *fp;
    char ch;
    if((_____①_____)==NULL)
    return 0;
    while(_____②_____)
    {
        if ('A'<=ch && ch<='Z')
        ch = ch + 32;
        _____③_____;
    }
    fclose(fp);
}
```

2. 由键盘输入任意个字符（以连着的三个小写字符 bye 作为结束标志），将所有字符（包括 bye），写入新建的文件 answer1.txt 中（注：文件放在当前目录）。请编写程序。

如键盘输入内容如下。

```
Can you write the code?
Yes, I can.bye
```

程序执行后，在文件 answer.txt 中内容如下。

```
Can you write the code?
Yes, I can.bye
```

3. 在当前目录有文件 data2.txt，文件里存放有多个英文单词，每行一个，单词未排序。现要求将文件中的所有单词按字典顺序排序，然后将排序好的单词写入新建文件 answer2.txt 中。请编程实现。

例如，data2.txt 文件中原内容如下。

```
shanghai
chengdu
beijing
kunming
```

程序执行后，文件 answer2.txt 的内容如下。

```
beijing
chengdu
kunming
shanghai
```

第9章

综合实训——学生档案管理系统

本章将通过一个综合实例——学生档案管理系统的开发过程，向读者介绍面向过程的编程思想以及程序设计的过程，巩固 C 语言程序设计的基本知识，为培养面向过程的编程思想以及程序设计过程打下坚实的基础。

9.1　程序设计步骤

进行程序设计时一般应遵循以下四个步骤：需求分析、系统设计、系统实现、测试与维护。

1. 需求分析

需求分析是指对要解决的问题进行详细的分析，弄清楚问题的要求，包括需要输入什么数据，要得到什么结果，最后应该输出什么。需求分析是进行大型程序开发的第一个环节，也是必不可少的环节。用户的需求包括功能需求、性能需求、环境需求、可靠性需求、安全保密要求、界面需求等。

2. 系统设计

系统设计分为概要设计和详细设计。概要设计包括总体设计、模块划分、用户界面设计、数据库设计等。详细设计则根据概要设计所做的模块划分，实现各模块的算法设计，实现用户界面设计、数据结构设计的细化，等等。

3. 系统实现

选择适当的程序设计语言，把详细设计的结果描述出来，即形成源程序，并上机运行调试源程序，修改发现的错误，直到得出正确的结果。

4. 测试与维护

测试也是程序开发过程中的一个重要组成部分，是在前期编码及调试的基础上进行整体验证和确认的过程，其目的是为了发现程序开发过程中存在的各种错误，包括是否满足用户的需求，是否存在 bug。

维护的目的是为了保证软件稳定地运行，包括修复 bug，保证安全，提高用户体验，当用户有新要求时要进行程序功能模块的更新，优化软件代码，提高效率。

9.2　综合设计实例

下面将按照以上各步骤，详细讲解一个学生档案管理系统的开发设计过程。

9.2.1 需求分析

对学生档案的管理，应该包含学生的各项基本信息，如姓名、性别、年龄、民族、专业、班级、入学时间、毕业时间等。要求便于档案的录入和管理，同时必须具备灵活、快捷的查询功能。

9.2.2 系统设计

1. 概要设计

1）总体设计

系统的主要功能如下。

（1）提供简单的操作菜单。

（2）完成对学生档案信息的基本操作，包括录入、显示、修改等。

（3）限制学生的学号取值唯一，添加学生信息时能够及时给出提示。

（4）能对学生信息进行查询和删除。

（5）实现密码检测和管理。

本系统中的学生档案信息存储在文件中，不使用数据库管理系统，利用结构体数据结构和数据文件的形式实现对数据的管理。

2）系统模块划分

（1）输入模块。

其功能为让用户输入学生的档案信息，包括学号、姓名、性别、年龄、备注和密码信息。首先打开存储数据的文件，并统计文件中记录的条数。如果文件中存储了记录，则显示所有记录信息，否则提示用户"没有记录"。然后让用户选择是否需要录入信息。用户录入信息时，首先输入学号，并检测该学号是否已存在，如果存在，提示用户重新输入。

（2）显示信息模块。

其功能为显示已存储的所有档案信息。

（3）删除信息模块。

其功能为删除已不在校的学生的信息。要求用户输入学生的学号，然后以学号为关键字进行查找。若查找成功则删除该信息，若查找失败则提示用户"没有找到"。

（4）修改信息模块。

首先根据学号进行待修改信息的查找，如果已有记录中没有该学号，则提示没有该信息，如果已有记录中存在该学号，则要求输入密码，密码检测通过后可以进行各项信息的修改。

（5）查询信息模块。

其功能为查找指定学生，显示相关信息。用户可以分别根据学号、姓名、性别和年龄进行查找，若存在符合条件的学生信息，将其全部显示在屏幕上。

（6）人数统计模块。

其功能为显示系统中记录的学生总人数。

3）界面设计

系统以菜单方式工作，各功能对应一个相应的菜单选项。

2. 详细设计

1）系统数据结构

```
struct student
{
  int no;                //学号
  char name[15];         //姓名
  char gender[6];        //性别
  int age;               //年龄
  char ps[40];           //备注
  char pswd[16];         //密码
};
```

2）函数设计

```
void in();             //录入学生信息
void show();           //显示学生信息
void del();            //删除学生信息
void modify();         //修改学生信息
void menu();           //主菜单
void total();          //统计总人数
void search();         //查找学生信息
```

3）用户界面

```
void menu()            //自定义函数实现菜单功能
{
  system("cls");
  printf("\n\n\n\n\n");
  printf("\t\t|----------------班级档案管理系统------------------ |\n");
  printf("\t\t|\t 0. 退出                                  |\n");
  printf("\t\t|\t 1. 学生基本信息录入                       |\n");
  printf("\t\t|\t 2. 学生基本信息显示                       |\n");
  printf("\t\t|\t 3. 学生基本信息删除                       |\n");
  printf("\t\t|\t 4. 学生基本信息修改                       |\n");
  printf("\t\t|\t 5. 学生基本信息查询                       |\n");
  printf("\t\t|\t 6. 人数总计                              |\n");
  printf("\t\t|-------------------------------------------------- |\n\n");
  printf("\t\t\tchoose(0-6):");
}
```

9.2.3　系统实现

```
#include<stdio.h>
#include<stdlib.h>
#include<conio.h>
#include<dos.h>
#include<string.h>
```

```c
#define LEN sizeof(struct student)
#define FORMAT "%-5d%-12s%-8s%-6d%-40s\n"
#define DATA stu[i].no,stu[i].name,stu[i].gender,stu[i].age,stu[i].ps

struct student        //定义学生档案结构体
{ int no;             //学号
  char name[15];      //姓名
  char gender[6];     //性别
  int age;            //年龄
  char ps[40];        //备注
  char pswd[16];      //密码
};

struct student stu[50];//定义结构体数组
void in();               //录入学生成绩信息
void show();             //显示学生信息
void del();              //删除学生成绩信息
void modify();           //修改学生成绩信息
void menu();             //主菜单
void total();            //计算总人数
void search();           //查找学生信息

int main()               //主函数
{
  int n;
  menu();
  scanf("%d",&n);        //输入选择功能的编号
  while(n)
  {
    switch(n)
    {
      case 1: in();break;
      case 2: show();break;
      case 3: del();break;
      case 4: modify();break;
      case 5: search();break;
      case 6: total();break;
      default:break;
    }
    getch();
    menu();              //执行完操作再次显示菜单界面
    scanf("%d",&n);
  }
}

void menu()              //自定义函数实现菜单功能
{
```

```
  system("cls");
  printf("\n\n\n\n\n");
  printf("\t\t|----------------班级档案管理系统----------------|\n");
  printf("\t\t|\t 0. 退出                                    |\n");
  printf("\t\t|\t 1. 学生基本信息录入                          |\n");
  printf("\t\t|\t 2. 学生基本信息显示                          |\n");
  printf("\t\t|\t 3. 学生基本信息删除                          |\n");
  printf("\t\t|\t 4. 学生基本信息修改                          |\n");
  printf("\t\t|\t 5. 学生基本信息查询                          |\n");
  printf("\t\t|\t 6. 人数总计                                 |\n");
  printf("\t\t|---------------------------------------------- |\n\n");
  printf("\t\t\tchoose(0-6):");
}


void in()                     //录入学生信息
{
  int i,m=0;                  //m 表示记录条数
  char ch[2];
  FILE *fp;
  if((fp=fopen("data.txt","a+"))==NULL)
  {
     printf("can not open\n");
     return;
  }
  while(!feof(fp))
  {
     if(fread(&stu[m],LEN,1,fp)==1)
     m++;                     //统计当前记录条数
  }
  fclose(fp);
  if(m==0)  printf("No record!\n");
  else
  {
     system("cls");
     show();                 //调用 show()函数，显示原有信息
  }
  if((fp=fopen("data.txt","wb"))==NULL)
  {
     printf("can not open\n");
     return;
  }
  for(i=0;i<m;i++)
     fwrite(&stu[i] ,LEN,1,fp);                 //向指定的磁盘文件写入信息
  printf("please input(y/n):");
  scanf("%s",ch);
  while(strcmp(ch,"Y")==0||strcmp(ch,"y")==0)    //判断是否要录入新信息
  {
```

```
            printf("no:");
            scanf("%d",&stu[m].no);                //输入学生学号
            for(i=0;i<m;i++)
               if(stu[i].no==stu[m].no)
                 {
                    printf("the no is existing,press any to continue!");
                    getch();
                    fclose(fp);
                    return;
                 }
            printf("姓名:");
            scanf("%s",&stu[m].name);              //输入学生姓名
            printf("性别:");
            scanf("%s",&stu[m].gender);            //输入学生性别
            printf("年龄:");
            scanf("%d",&stu[m].age);               //输入学生年龄
            printf("备注:");
            scanf("%s",&stu[m].ps);                //输入备注
            printf("密码:");
            scanf("%s",&stu[m].pswd);              //输入密码
            if(fwrite(&stu[m],LEN,1,fp)!=1)        //将新录入的信息写入指定的磁盘文件
            {
               printf("can not save!");
               getch();
            }
            else
            {
               printf("%s saved!\n",stu[m].name);
               m++;
            }
            printf("continue?(y/n):");             //询问是否继续
            scanf("%s",ch);
        }
    fclose(fp);
    printf("OK!\n");
}

void show()
{
    FILE *fp;
    int i,m=0;
    fp=fopen("data.txt","rb");
    while(!feof(fp))
    {
        if(fread(&stu[m] ,LEN,1,fp)==1)
        m++;
    }
```

```
      fclose(fp);
      printf("no    name      gender    age    ps      \t\n");
      for(i=0;i<m;i++)
          printf(FORMAT,DATA);              //将信息按指定格式输出
  }

void total()
{
  FILE *fp;
  int m=0;
  if((fp=fopen("data.txt","r+"))==NULL)
      printf("can not open\n");  return;
  while(!feof(fp))
      if(fread(&stu[m],LEN,1,fp)==1)  m++;
  if(m==0)
  {
      printf("no record!\n");
      fclose(fp);
      return;
  }
  printf("the class are %d students!\n",m);//将统计的个数输出
  fclose(fp);
}

void Search_no()                              //学号查找
{
  FILE *fp;
  int sno,i,m=0;
  char ch[2];
  if((fp=fopen("data.txt","rb"))==NULL)
  {
      printf("can not open\n");
      return;
  }
  while(!feof(fp))
      if(fread(&stu[m],LEN,1,fp)==1)
          m++;
  fclose(fp);
  if(m==0)
  {
      printf("no record!\n");
      return;
  }
  printf("please input the sno:");
  scanf("%d",&sno);
  for(i=0;i<m;i++)
    if(sno==stu[i].no)                       //查找输入的学号是否在记录中
```

```
            {
                printf("find the student,show?(y/n)");
                scanf("%s",ch);
                if(strcmp(ch,"Y")==0||strcmp(ch,"y")==0)
                {
                    printf("no    name        sex     age     ps        \t\n");
                    printf(FORMAT,DATA);           //将查找出的结果按指定格式输出
                    break;
                }
            }
        if(i==m) printf("can not find the student!\n");  //未找到要查找的信息
}


void Search_name()                         //姓名查找
{
    FILE *fp;
    int i,m=0,flag=0;
    char ch[2],sname[15];
    if((fp=fopen("data.txt","rb"))==NULL)
    {
        printf("can not open\n");
        return;
    }
    while(!feof(fp))
        if(fread(&stu[m],LEN,1,fp)==1)
            m++;
    fclose(fp);
    if(m==0)
    {
        printf("no record!\n");
        return;
    }
    printf("please input the name:");
    scanf("%s",&sname);
    for(i=0;i<m;i++)
        if(strcmp(sname,stu[i].name)==0)      //查找输入的性别是否在记录中
        {
            flag=1;
            printf("no    name        gender      age     ps        \t\n");
            printf(FORMAT,DATA);              //将查找出的结果按指定格式输出
        }
    if(flag==0) printf("Can not find the student!\n");// 未找到要查找的信息
}


void Search_gender()                        //性别查找
{
    FILE *fp;
```

```
    int i,m=0,flag=0;
    char ch[2],sgender[6];
    if((fp=fopen("data.txt","rb"))==NULL)
    {
       printf("can not open\n");
       return;
    }
     while(!feof(fp))
        if(fread(&stu[m],LEN,1,fp)==1)
            m++;
    fclose(fp);
    if(m==0)
    {
        printf("no record!\n");
        return;
    }
    printf("please input the gender:");
    scanf("%s",&sgender);
    for(i=0;i<m;i++)
        if(strcmp(sgender,stu[i].gender)==0) //查找输入的性别是否在记录中
        {
            flag=1;
            printf("no    name      gender    age      ps      \t\n");
            printf(FORMAT,DATA);                //将查找出的结果按指定格式输出
        }
     if(flag==0)
         printf("Can not find the student!\n");//未找到要查找的信息
}

void Search_age()                          //年龄查找
{
    FILE *fp;
    int sage,i,m=0,flag=0;
    char ch[2];
    if((fp=fopen("data.txt","rb"))==NULL)
    {
        printf("can not open\n");
        return;
    }
     while(!feof(fp))
        if(fread(&stu[m],LEN,1,fp)==1)
            m++;
    fclose(fp);
    if(m==0)
    {
      printf("no record!\n");
      return;
```

```
    }
    printf("please input the age:");
    scanf("%d",&sage);
    for(i=0;i<m;i++)
    if(sage==stu[i].age)                  //查找输入的年龄是否在记录中
    {
        flag=1;
        printf("no    name      gender   age   ps        \t\n");
        printf(FORMAT,DATA);               //将查找出的结果按指定格式输出
    }
     if(flag==0)
        printf("Can not find the student!\n");  //未找到要查找的信息
}

void search()
{
    int o;
    printf("请输入对应数字选择查找方式: ");
    printf("1.按学号查询");
    printf("2.按姓名查询");
    printf("3.按性别查询");
    printf("4.按年龄查询");
    printf("\n");
    scanf("%d",&o);                        //输入选择功能的编号
    switch(o)
    {
        case 1:Search_no();break;
        case 2:Search_name();break;
        case 3:Search_gender();break;
        case 4:Search_age();break;
        default:break;
    }
}

void modify()                             //修改
{
    FILE *fp;
    int i,j,m=0,sno;
    if((fp=fopen("data.txt","r+"))==NULL)
    {
     printf("can not open\n");
     return;
    }
    while(!feof(fp))
        if(fread(&stu[m],LEN,1,fp)==1)
            m++;
    if(m==0)
```

```
        {
            printf("no record!\n");
            fclose(fp);
            return;
        }
        show();
        printf("please input the number of the student which do you want to modify!
\n");
        printf("modify number:");
        scanf("%d",&sno);
        for(i=0;i<m;i++)
        {
            if(sno==stu[i].no)                    //检索记录中是否有要修改的信息
            {
                char pswd[16];
                printf("find the student!\n");
                printf("please input your password:\n");
                scanf("%s",&pswd);
                if(strcmp(pswd,stu[i].pswd)==0)
                {
                    printf("姓名:");
                    scanf("%s",&stu[i].name);     //输入修改的名字
                    printf("性别:");
                    scanf("%s",&stu[i].gender);  //输入修改的性别
                    printf("年龄:");
                    scanf("%d",&stu[i].age);       //输入修改的年龄
                    printf("备注:");
                    scanf("%s",&stu[i].ps);        //输入修改的备注
                    printf("modify successful!");
                }
                else printf("密码错误! \n");
                if((fp=fopen("data.txt","wb"))==NULL)
                {
                    printf("can not open\n");
                    return;
                }
                for(j=0;j<m;j++)                              //将新修改的信息写入指定的磁盘文件中
                    if(fwrite(&stu[j] ,LEN,1,fp)!=1)
                    {
                        printf("can not save!");
                        getch();
                    }
                fclose(fp);
                return ;
            }
        }
        printf("没有找到匹配信息! \n");
```

```
    }

void del()                          //删除
{
    FILE *fp;
    int sno,i,j,m=0;
    char ch[2];
    if((fp=fopen("data.txt","r+"))==NULL)
    {
       printf("can not open\n");
       return;
    }
    while( !feof(fp) )
       if(fread(&stu[m],LEN,1,fp)==1)
           m++;
    fclose(fp);
    if(m==0)
    {
       printf("no record!\n");
       return;
    }
    show();
    printf("please input the no:");
    scanf("%d",&sno);
    for(i=0;i<m;i++)
    {
       if(sno==stu[i].no)
       {
          printf("find the student,delete?(y/n)");
          scanf("%s",ch);
          if(strcmp(ch,"Y")==0||strcmp(ch,"y")==0)   //判断是否要进行删除
          for(j=i;j<m;j++)
             stu[j]=stu[j+1];                  //将后一个记录移到前一个记录的位置
          m--;                                 //记录的总个数减1
          if((fp=fopen("data.txt","wb"))==NULL)
          {
             printf("can not open\n");
             return;
          }
          for(j=0;j<m;j++)                     //将更改后的记录重新写入指定的磁盘文件中
             if(fwrite(&stu[j] ,LEN,1,fp)!=1)
             {
                printf("can not save!\n");
                getch();
             }
          fclose(fp);
          printf("delete successfully!\n");
```

```
            return;
        }
    }
    printf("没有找到要删除的信息!\n");
}
```

9.2.4　测试与维护

在以上代码的编写过程中，每完成一个功能模块的编写，都应及时对其进行调试，直至正确实现该模块的功能。在完成系统所有的编码后，应设计不少于 50 条的记录对系统进行整体测试。主要包括各项子菜单能否正常进入和返回，各个功能能否得到正确结果，并根据测试结果修改程序。

在程序正式投入使用之后，很有可能出现在开发及测试阶段都没有发现的错误，此时必须及时对程序进行修改和维护。用户在使用一段时间之后，也有可能对程序提出新的功能需求，这就需要对程序进行维护和升级。所以，程序的维护是一个长期性的工作。

ASCII码表

ASCII 码值	控制字符	ASCII 码值	控制字符	ASCII 码值	控制字符	ASCII 码值	控制字符
0	NUL	32	(space)	64	@	96	`
1	SOH	33	!	65	A	97	a
2	STX	34	"	66	B	98	b
3	ETX	35	#	67	C	99	c
4	EOT	36	$	68	D	100	d
5	ENQ	37	%	69	E	101	e
6	ACK	38	&	70	F	102	f
7	BEL	39	'	71	G	103	g
8	BS	40	(	72	H	104	h
9	HT	41	)	73	I	105	i
10	LF	42	*	74	J	106	j
11	VT	43	+	75	K	107	k
12	FF	44	,	76	L	108	l
13	CR	45	-	77	M	109	m
14	SO	46	.	78	N	110	n
15	SI	47	/	79	O	111	o
16	DLE	48	0	80	P	112	p
17	DC1	49	1	81	Q	113	q
18	DC2	50	2	82	R	114	r
19	DC3	51	3	83	S	115	s
20	DC4	52	4	84	T	116	t
21	NAK	53	5	85	U	117	u
22	SYN	54	6	86	V	118	v
23	ETB	55	7	87	W	119	w
24	CAN	56	8	88	X	120	x
25	EM	57	9	89	Y	121	y
26	SUB	58	:	90	Z	122	z
27	ESC	59	;	91	[	123	{
28	FS	60	<	92	\	124		

ASCII 码值	控制字符	ASCII 码值	控制字符	ASCII 码值	控制字符	ASCII 码值	控制字符
29	GS	61	=	93	]	125	}
30	RS	62	>	94	^	126	~
31	US	63	?	95	_	127	DEL

说明：本表只列出了标准的 ASCII 字符，其中 0～31 为控制字符，属于不可见字符，32～127 为可打印字符。

附录B

C语言运算符表

优先级	运算符	名称或含义	使用形式	结合方向	说明
1	[]	下标运算符	数组名[常量表达式]	从左到右	
	()	圆括号	（表达式）/函数名(形参表)		
	.	成员选择（对象）	对象.成员名		
	->	成员选择（指针）	对象指针->成员名		
2	−	负号运算符	−表达式	从右到左	单目运算符
	(类型)	强制类型转换	(数据类型)表达式		
	++	自增运算符	++变量名/变量名++		
	--	自减运算符	--变量名/变量名--		
	*	取值运算符	*指针变量		
	&	取地址运算符	&变量名		
	!	逻辑非运算符	!表达式		
	~	按位取反运算符	~表达式		
	sizeof	长度运算符	sizeof(表达式)		
3	/	除	表达式/表达式	从左到右	双目运算符
	*	乘	表达式*表达式		
	%	余数（取模）	整型表达式%整型表达式		
4	+	加	表达式+表达式	从左到右	双目运算符
	-	减	表达式-表达式		
5	<<	左移	变量<<表达式	从左到右	双目运算符
	>>	右移	变量>>表达式		
6	>	大于	表达式>表达式	从左到右	双目运算符
	>=	大于或等于	表达式>=表达式		
	<	小于	表达式<表达式		
	<=	小于或等于	表达式<=表达式		
7	==	等于	表达式==表达式	从左到右	双目运算符
	!=	不等于	表达式!= 表达式		
8	&	按位与	表达式&表达式	从左到右	双目运算符
9	^	按位异或	表达式^表达式	从左到右	双目运算符
10	|	按位或	表达式|表达式	从左到右	双目运算符

优先级	运算符	名称或含义	使用形式	结合方向	说明
11	&&	逻辑与	表达式&&表达式	从左到右	双目运算符
12	||	逻辑或	表达式||表达式	从左到右	双目运算符
13	?:	条件运算符	表达式1? 表达式2: 表达式3	从右到左	三目运算符
14	=	赋值运算符	变量=表达式	从右到左	双目运算符
	/=	除后赋值	变量/=表达式		
	*=	乘后赋值	变量*=表达式		
	%=	取模后赋值	变量%=表达式		
	+=	加后赋值	变量+=表达式		
	-=	减后赋值	变量-=表达式		
	<<=	左移后赋值	变量<<=表达式		
	>>=	右移后赋值	变量>>=表达式		
	&=	按位与后赋值	变量&=表达式		
	^=	按位异或后赋值	变量^=表达式		
	|=	按位或后赋值	变量|=表达式		
15	,	逗号运算符	表达式,表达式,…	从左到右	从左向右顺序运算

C语言常用库函数

库函数由编译系统提供，不同的编译系统提供的库函数不完全相同。标准 C 提出了数百个建议提供的标准库函数。本附录仅从教学角度列出最基本的一些函数。读者如有需要，请查阅有关手册。

1. 数学函数

调用数学函数（表 C-1）时应包含头文件 math.h。

表 C-1　数学函数

函数名	函数原型	功能	返回值	说明
abs	int abs(int x)	求整数 x 的绝对值	计算结果	
fabs	double fabs(double x)	求双精度实数 x 的绝对值	计算结果	
acos	double acos(double x)	计算 $\cos^{-1}(x)$ 的值	计算结果	$x\in[-1,1]$
asin	double asin(double x)	计算 $\sin^{-1}(x)$ 的值	计算结果	$x\in[-1,1]$
atan	double atan(double x)	计算 $\tan^{-1}(x)$ 的值	计算结果	
atan2	double atan2(double x)	计算 $\tan^{-1}(x/y)$ 的值	计算结果	
cos	double cos(double x)	计算 $\cos(x)$ 的值	计算结果	x 的单位为弧度
cosh	double cosh(double x)	计算双曲余弦 $\cosh(x)$ 的值	计算结果	
exp	double exp(double x)	求 e^x 的值	计算结果	
fabs	double fabs(double x)	求双精度实数 x 的绝对值	计算结果	
floor	double floor(double x)	求不大于双精度实数 x 的最大整数		
fmod	double fmod(double x, double y)	求 x/y 整除后的双精度余数		
frexp	double frexp(double val, int *exp)	把双精度数 val 分解尾数和以 2 为底的指数 n，即 $val=x\times2^n$，n 存放在 exp 所指的变量中	返回位数 x $0.5\leqslant x<1$	
log	double log(double x)	求 lnx	计算结果	x>0
log10	double log10(double x)	求 $\log_{10}x$	计算结果	x>0
modf	double modf(double val, double *ip)	把双精度数 val 分解成整数部分和小数部分，整数部分存放在 ip 所指的变量中	返回小数部分	
pow	double pow(double x, double y)	计算 x^y 的值	计算结果	
sin	double sin(double x)	计算 $\sin(x)$ 的值	计算结果	x 的单位为弧度

续表

函数名	函数原型	功能	返回值	说明
sinh	double sinh(double x)	计算 x 的双曲正弦函数 sinh(x)的值	计算结果	
sqrt	double sqrt(double x)	计算 x 的开方	计算结果	x≥0
tan	double tan(double x)	计算 tan(x)	计算结果	
tanh	double tanh(double x)	计算 x 的双曲正切函数 tanh(x)的值	计算结果	

2. 字符函数

调用字符函数（表 C-2）时应包含头文件 ctype.h。

表 C-2　字符函数

函数名	函数原型	功能	返回值
isalnum	intisalnum(intch)	检查 ch 是否为字母或数字	是，返回 1；否则返回 0
isalpha	intisalpha(intch)	检查 ch 是否为字母	是，返回 1；否则返回 0
iscntrl	intiscntrl(intch)	检查 ch 是否为控制字符	是，返回 1；否则返回 0
isdigit	intisdigit(intch)	检查 ch 是否为数字	是，返回 1；否则返回 0
isgraph	intisgraph(intch)	检查 ch 是否为 ASCII 码值在 ox21 到 ox7e 的可打印字符（即不包含空格字符）	是，返回 1；否则返回 0
islower	intislower(intch)	检查 ch 是否为小写字母	是，返回 1；否则返回 0
isprint	intisprint(intch)	检查 ch 是否为包含空格符在内的可打印字符	是，返回 1；否则返回 0
ispunct	intispunct(intch)	检查 ch 是否为除了空格、字母、数字之外的可打印字符	是，返回 1；否则返回 0
isspace	intisspace(intch)	检查 ch 是否为空格、制表或换行符	是，返回 1；否则返回 0
isupper	intisupper(intch)	检查 ch 是否为大写字母	是，返回 1；否则返回 0
isxdigit	intisxdigit(intch)	检查 ch 是否为十六进制数	是，返回 1；否则返回 0
tolower	inttolower(intch)	把 ch 中的字母转换成小写字母	返回对应的小写字母
toupper	inttoupper(intch)	把 ch 中的字母转换成大写字母	返回对应的大写字母

3. 字符串函数

调用字符串函数（表 C-3）时应包含头文件 string.h。

表 C-3　字符串函数

函数名	函数原型	功能	返回值
strcat	char *strcat(char *s1,char *s2)	把字符串 s2 接到 s1 后面	s1 所指地址
strchr	char *strchr(char *s,intch)	在 s 所指字符串中，找出第一次出现字符 ch 的位置	返回找到的字符的地址，找不到返回 NULL
strcmp	intstrcmp(char *s1,char *s2)	对 s1 和 s2 所指字符串进行比较	s1<s2，返回负数；s1==s2，返回 0；s1>s2，返回正数
strcpy	char *strcpy(char *s1,char *s2)	把 s2 指向的串复制到 s1 指向的空间	s1 所指地址
strlen	unsigned strlen(char *s)	求字符串 s 的长度	返回串中字符（不计最后的'\0'）个数
strstr	char *strstr(char *s1,char *s2)	在 s1 所指字符串中，找出字符串 s2 第一次出现的位置	返回找到的字符串的地址，找不到返回 NULL

4. 输入输出函数

调用输入输出函数（表 C-4）时应包含头文件 stdio.h。

表 C-4　输入输出函数

函数名	函数原型	功能	返回值
clearer	void clearer(FILE *fp)	清除与文件指针 fp 有关的所有出错信息	无
fclose	intfclose(FILE *fp)	关闭 fp 所指的文件，释放文件缓冲区	出错返回非 0，否则返回 0
feof	intfeof(FILE *fp)	检查文件是否结束	遇文件结束返回非 0，否则返回 0
fgetc	intfgetc (FILE *fp)	从 fp 所指的文件中取得下一个字符	出错返回 EOF，否则返回所读字符
fgets	char *fgets(char *buf,int n, FILE *fp)	从 fp 所指的文件中读取一个长度为 n-1 的字符串，将其存入 buf 所指存储区	返回 buf 所指地址，若遇文件结束或出错返回 NULL
fopen	FILE *fopen(char *filename, char *mode)	以 mode 指定的方式打开名为 filename 的文件	成功，返回文件指针（文件信息区的起始地址），否则返回 NULL
fprintf	intfprintf(FILE *fp, char *format, args,…)	把 args,… 的值以 format 指定的格式输出到 fp 指定的文件中	实际输出的字符数
fputc	intfputc(char ch, FILE *fp)	把 ch 中字符输出到 fp 指定的文件中	成功返回该字符，否则返回 EOF
fputs	intfputs(char *str, FILE *fp)	把 str 所指字符串输出到 fp 所指文件	成功返回非负整数，否则返回-1（EOF）
fread	intfread(char *pt,unsigned size,unsigned n, FILE *fp)	从 fp 所指文件中读取长度 size 为 n 个数据项存到 pt 所指文件	读取的数据项个数
fscanf	intfscanf(FILE *fp, char *format,args,…)	从 fp 所指的文件中按 format 指定的格式把输入数据存入到 args,… 所指的内存中	已输入的数据个数，遇文件结束或出错返回 0
fseek	intfseek(FILE *fp,long offer, int base)	移动 fp 所指文件的位置指针	成功返回当前位置，否则返回非 0
ftell	long ftell(FILE *fp)	求出 fp 所指文件当前的读写位置	读写位置，出错返回 -1L
fwrite	intfwrite(char *pt,unsigned size,unsigned n, FILE *fp)	把 pt 所指向的 n×size 字节输入到 fp 所指文件	输出的数据项个数
getc	intgetc (FILE *fp)	从 fp 所指文件中读取一个字符	返回所读字符，若出错或文件结束返回 EOF
getchar	intgetchar(void)	从标准输入设备读取下一个字符	返回所读字符，若出错或文件结束返回-1
gets	char *gets(char *s)	从标准设备读取一行字符串放入 s 所指存储区，用'\0'替换读入的换行符	返回 s，出错则返回 NULL
printf	intprintf(char *format,args, …)	把 args,… 的值以 format 指定的格式输出到标准输出设备	输出字符的个数
putc	intputc (intch, FILE *fp)	同 fputc()	同 fputc()

续表

函数名	函数原型	功能	返回值
putchar	intputchar(char ch)	把 ch 输出到标准输出设备	返回输出的字符,若出错则返回 EOF
puts	int puts(char *str)	把 str 所指字符串输出到标准设备,将'\0'转成回车换行符	返回换行符,若出错,返回 EOF
rename	int rename(char *oldname, char *newname)	把 oldname 所指文件名改为 newname 所指文件名	成功返回 0,出错返回 −1
rewind	void rewind(FILE *fp)	将文件位置指针置于文件开头	无
scanf	intscanf(char *format,args,…)	从标准输入设备按 format 指定的格式把输入数据存入到 args,…所指的内存中	已输入的数据的个数

5. 动态分配函数和随机函数

大部分的 C 编译系统都将 calloc()、malloc()、free()和 realloc()四个动态存储分配函数放在 malloc.h 头文件中,随机函数 rand()和 exit()放在头文件 stdlib.h 中,如表 C-5 所示。

表 C-5　动态分配函数和随机函数

函数名	函数原型	功能	返回值
calloc	void *calloc(unsigned n, unsigned size)	分配 n 个数据项的内存空间,每个数据项的大小为 size 字节	分配内存单元的起始地址;如不成功,返回 0
free	void *free(void *p)	释放 p 所指的内存区	无
malloc	void *malloc(unsigned size)	分配 size 字节的存储空间	分配内存空间的地址;如不成功,返回 0
realloc	void *realloc(void *p, unsigned size)	把 p 所指内存区的大小改为 size 字节	新分配内存空间的地址;如不成功,返回 0
rand	int rand(void)	产生 0~32 767 的随机整数	返回一个随机整数
exit	void exit(int state)	程序终止执行,返回调用过程,state 为 0 正常终止,非 0 非正常终止	无

图书资源支持

感谢您一直以来对清华版图书的支持和爱护。为了配合本书的使用，本书提供配套的资源，有需求的读者请扫描下方的"书圈"微信公众号二维码，在图书专区下载，也可以拨打电话或发送电子邮件咨询。

如果您在使用本书的过程中遇到了什么问题，或者有相关图书出版计划，也请您发邮件告诉我们，以便我们更好地为您服务。

我们的联系方式：

地　　址：北京市海淀区双清路学研大厦 A 座 714

邮　　编：100084

电　　话：010-83470236　010-83470237

客服邮箱：2301891038@qq.com

QQ：2301891038（请写明您的单位和姓名）

资源下载：关注公众号"书圈"下载配套资源。

资源下载、样书申请

书 圈

图书案例

清华计算机学堂

观看课程直播